湖南省普通高等学校教育教学改革研究立

职业素养
——从理论到实践探索

ZHIYE SUYANG
CONG LILUN DAO SHIJIAN TANSUO

刘益民 ◎ 著

重庆大学出版社

图书在版编目（CIP）数据

职业素养：从理论到实践探索／刘益民著．--重庆：重庆大学出版社，2022.8

ISBN 978-7-5689-3338-4

Ⅰ．①职⋯　Ⅱ．①刘⋯　Ⅲ．①职业道德—研究　Ⅳ．①B822.9

中国版本图书馆 CIP 数据核字（2022）第 092885 号

职业素养——从理论到实践探索

刘益民　著

策划编辑：顾丽萍

责任编辑：杨育彪　　版式设计：顾丽萍

责任校对：夏　宇　　责任印制：张　策

*

重庆大学出版社出版发行

出版人：饶帮华

社址：重庆市沙坪坝区大学城西路 21 号

邮编：401331

电话：（023）88617190　88617185（中小学）

传真：（023）88617186　88617166

网址：http://www.cqup.com.cn

邮箱：fxk@cqup.com.cn（营销中心）

全国新华书店经销

重庆华林天美印务有限公司印刷

*

开本：787mm×1092mm　1/16　印张：13.75　字数：329 千

2022 年 8 月第 1 版　　2022 年 8 月第 1 次印刷

印数：1—3 000

ISBN 978-7-5689-3338-4　定价：50.00 元

Preface ■■■ 前　言 ■

　　职业素养的养成，是职业要求和规范在从业者个体身上的内化，是从业者生理和心理结构及潜能向一定社会职业对人的行为要求与规范的定向发展与开发，是一个动态过程。职业素养不像职业素质那样相对稳定与固化，职业素质强调的是从业者所具有的内在的相对稳定的身心特性。在对大学生选择职业有影响的素质中，有先天的，如符合某一职业的体能，也有后天的，如技术和经验等，而职业道德和职业心理素质等，则是后天形成的，这些通过后天职业生活形成的适应岗位需要的素质，就是职业素养。从业者的职业素养决定了单位的未来发展，也决定了从业者自身的未来发展。从业者是否具备职业化的意识、道德、态度和职业化的技能、知识与行为，直接决定了单位和从业者自身发展的潜力大小和成功与否。因此，对大学生来说，"职业素养"这门课程的开设就显得越来越迫切和必要。

　　本书分为职业素养、职业理想、职业意识、职业道德、语言素养、礼仪素养、沟通素养、自我管理素养、解决问题素养、团队合作素养、实践执行素养、职业发展素养、创新能力素养十三个章节。通过对每章节的学习，提升学生的职业素养和职业能力。

　　本书既可作为高等专科学校、高等职业学校、成人高校和各类技术学院的专业教材，也可作为机关、团体和企事业单位工作人员的必备参考书。本书参考了一些最新的教材和专著，还参考和借鉴了许多文献资料，由于时间仓促，未能和各位作者一一联系，在此一并表示诚挚的谢意。

　　由于编者水平有限，书中难免有不足之处，敬请读者批评指正。

编　者

2022 年 3 月

Contents ■■■ 目　录 ■

绪　论

一、职业素养概论

现代社会，一个人要想融入社会生活，成为一个社会人，首先要融入社会分工体系，成为一个职业人，而一个人要融入社会分工体系，成为一个职业人，必须符合社会分工体系不断专业化、职业化的要求，即职业生活对参与其中的人的职业素质的基本要求。因此，良好的职业素养就成为每个职业人进入职业生活必不可少的基本素养，职业素养提升也成为每个职业人在职业生活中的必修课。这正是"现代职业素养"这门公共必修课程的意义和价值所在。

开展职业素养提升教育与学习，首先要从理论认识上明确何谓职业素养。

在阅读相关教材、资料时，我们经常发现一个有意思的现象：人们经常用"职业素质"的概念来理解"职业素养"一词。这在研究"职业素养"的论文的英文对中文的译文中比较常见。以"职业素养"为关键词检索其英译词，我们能够找到诸如"professional""attainment""professional accomplishment""quality""vocational accomplishment""career quality""occupation cultivated manners and professional attitude"等词汇。这些英译词都无一例外地用"职业素质"来理解"职业素养"。

中英文对译的相互参照，可以从语言逻辑的内在结构上帮助我们正确理解概念，以及概念所指向的事物及其特征。对于"职业素养"这一概念，我们理解为：职业人进入职业生活和在职业生活中必须具备的职业素质的养成。因此，"职业素养"是一个英语意境下的"-ing"的进行时态。我们认为，"职业素养"一词的英译词应该是"professional quality cultivating"，即"职业素养的养成"。

因此，所谓的职业素养，就是职业生活对职业人所要求的职业素质的养成，是由涵盖职业认识与选择、职业意识、职业价值观、职业道德、职业能力、职业心理等方面的职业素质的养成教育过程及可以量化的状态。因此可以说，职业素养是一个立足当前、展望未来的范畴，是一个指向未来的"-ing"时态范畴。世界著名的人力资源公司 Hay Group 认为，职业素养是那些以提高绩效为目的的知识、技巧、价值观、道德操守、特质、能力等素质的养成。这与我们对职业素养的理解是一致的。

如果将职业素养状态进行量化，就要引入"职商"这一概念，其对应的英译词为"career quotient"，简称"CQ"。CQ 指的是上述职业素养中各种职业素质的养成、可以数据量化的指标状态。当然，这需要建立起相应的量表测评体系。在职业生活中，我们从职业生活的要求出发，可以通过具体的测试量表检测自我的职商水平，进而有针对性地提升自身职业素质养成的水平，使自己更好地胜任职业岗位工作、适应职业发展的要求。这一过程就是职业素养提升。

二、提升职业素养的目的

大学生为什么要提升职业素养？这主要源于大学生作为未来社会生产的主要生产力来源和社会生活的主要成员的特性，即大学生是社会主义建设事业的宝贵人才资源和重要生力军。大学生受教育的水平决定着国家、社会的未来发展前景。作为未来社会生产的主要生产力来源，大学生是社会经济结构主要的劳动力来源，是社会分工体系的主要参与者。未来经济社会的发展前景就取决于高校对大学生的知识、能力与素质的培养水平，特别是职业素质的培养水平。

如何采取积极有效的措施促使大学生顺利就业、成功胜任职业岗位工作和适应职业发展的要求？这对高校大学生职业发展与就业指导工作提出了更高、更急迫的要求，培养和提升大学生就业、从业的职业素质、知识储备和技能水平，成为高校职业发展和就业指导工作的主要任务。"职业素养提升"与"职业生涯与发展规划""就业指导"一起构成了高校大学生职业发展与就业指导的课程体系，成为实现这一主要任务必不可少的重要一环。

2007年12月28日，教育部办公厅下发的《大学生职业发展与就业指导课程教学要求》（教高厅〔2007〕7号）文件明确提出：大学生职业发展与就业指导课程教学既强调职业在人生发展中的重要地位，又关注学生的全面发展和终身发展。其从态度层面引导大学生树立职业生涯发展的自主意识、积极正确的人生观、价值观和就业观念——正确认识个人发展和国家需要、社会发展的一致性，确立正确的职业意识，形成个人生涯发展和社会发展积极努力的职业态度；从知识层面指导大学生认识职业、职业发展的特点及自身的职业特征，了解就业的形势、政策与法规等基本知识；从技能层面帮助大学生掌握自我探索、求职就业、生涯决策、职场适应与发展等诸多技能，帮助学生提升诸如职场礼仪、沟通表达、问题解决、自我管理和人际交往等各种通用技能。

就业是民生之本、安国之策，是社会经济发展、社会文明进步的关键，是劳动者的谋生手段，是公民融入社会分工体系、实现个人价值、服务社会的一种途径。可以说就业是个人安身立命之道，职业是个人安身立命之所。而对于大学生来说，就是个人自我全面发展与价值实现的途径之一。因此，如果一个人要进入社会分工体系、投入社会生产生活实践，自然就需要选择一份力所能及的、适合自己的职业，在职业生活中实现自己的人生追求。那么要想顺利实现自己的人生追求，首要的、最基本的就是顺利就业，然后才是在职业生活中出色地胜任职业岗位职责、实现自身的人生追求。因此，为了做到顺利就业、出色地胜任职业岗位职责，大学生在大学学习期间就要加强职业素养的培养与提升，为顺利进入职业生活做好充分准备。进入职业生活之后，就更应该有针对性地、不断地提升自身的职业素养。

三、需要提升哪些职业素养

目前，我国主管大学生就业教育的部门并未对大学生职业素养提升的课程内容做出具体界定，对职业素养提升课程教学所涉及的理论、观点、认识还没有形成较为权威的意见。各相关院校开展职业素养提升教学基本上是"摸着石头过河"，主要依据的是教育部的相关政策。因此，我们根据前述对职业素养概念的理解，认为大学生需要从以下8个方面提升职业素养。

第一,职业认识:从什么是职业、职业生活需要什么样的素养、如何选择合适的职业等方面展开对职业的认识、对自我的认识与对职业选择等问题的理解。

第二,职业意识:对职业生活中所必须具备的相关主体观念意识的自觉,体现在某一特定职业实践应该具备的主体观念意识及一般职业实践应该具备的主体观念意识的自觉,多侧重于一般职业实践应该具备的主体观念意识的自觉。

第三,职业价值观:围绕职业生活所形成的关于职业对个人、社会的价值的认识与评判,以及对这些价值观念的自觉。

第四,职业道德:人们在职业生活中形成的具有特定职业特征的道德观念、行为规范和伦理关系,在职业生活中体现为对这些道德观念、行为规范、伦理关系的自觉遵守和践行。

第五,职场礼仪:在职业生活中必备的仪容礼仪、办公礼仪及职场通信礼仪等礼仪规范,以及对这些礼仪规范的认知、理解与运用。

第六,职场法律:围绕某一特定职业所涉及的相关法律规范以及职业生活所涉及的通用法律规范。就职业素养提升而言,是对职业法律规范的认识、理解、遵守和运用。

第七,职业能力:顺利完成特定职业实践活动的能力以及围绕某一职业实践所展开的通用能力。在这方面的职业素养提升表现为职业技能的培养和提高。

第八,职业心理:围绕职业生活实践中存在的或可能出现的心理问题以及对这些问题的自主调适与解决。

四、如何提升职业素养

职业素养的提升不能脱离个人的先天的生理技术来建立"空中楼阁",但也不能只是束缚于先天的基础而不敢有所突破。中国古人既讲"绘事后素",也喜欢讲"锦上添花",这对于职业素养提升而言,就是既强调在良好的素质养成的基础上不断提升职业素质养成的水平,也强调可以在未经训练的情况下培养人的职业素质、描绘出丰富多彩的人生画卷。可见,职业素养提升必须基于职业素质的养成才可以展开,职业素质的养成首先立足于职业素质。因此,要提升职业素养,其根本就是提升职业素质、职业认知、职业意识、职业价值观、职业道德、职业能力、职业心理等方面的知识、技能、素质及操守。

职业素养的提升离不开实践主体与客体在社会实践活动中的交互作用,更离不开实践主体的主观意识能动性对外部客观世界的能动作用。因此,大学生要提升职业素养首先要积极参与社会生产、生活的实践活动,在实践中积极发挥自身的主观能动性,形成正确的职业认识、健全的职业意识、正确的职业价值观念、优秀的职业技能及良好的职业道德、职业法律和职业心理。

影响职业素养的因素很多,主要有受教育程度、实践经验、家庭和社会环境、职业经历、个人生理和心理条件等。因此,职业素养提升对于大学生而言,则要求大学生通过课程的学习,在相关的知识、技能和素质等方面对职业认识、职业意识、职业价值观、职业礼仪、职业道德、职业法律、职业能力和职业心理等形成理论认识、价值认同、经验积累和实践智慧。因此,知识的学习、规范的遵循、技能的训练、素质的养成可促进职业素养的提升。

第一章 职业素养

对大学生而言,"入对行"是实现自己对社会的贡献和个人的社会价值的前提和条件,专业或职业与个人的适配能开发个人深厚的潜力和无穷的智慧,能给人带来工作的快乐和精彩的人生。

"对行"最好的途径是:首先,要知道你是"谁"、你的兴趣爱好、你的技能特长、你的气质特征,还要清楚自己的需要和所求;其次,你要通晓职位的内容和担任该职位所需要的技能;再次,将这些信息和职场资讯相吻合。这样你就在选择的职业上有了明显的优势,因为你对这个职业有兴趣,它承载着你的生活理想,是你人生价值得以实现的载体。因而你会热情投入、全身心地拼搏,即使所选择的职业领域竞争激烈,你也会一往无前、不屈不挠,最终脱颖而出。

第一节 职业概述

一、职业的含义

在现实生活中,人要生存,总要从事一定的职业活动以获得生活资料。但是人们很容易产生一种误区,即经常把职业与工作混为一谈。事实上,职业与工作有很大的区别。

什么是职业? 美国社会学家塞尔兹认为,职业是一个人为了生活需要不断取得收入而连续从事的具有市场价值的特殊活动。这种活动决定着从事它的那个人的社会地位。

近代以来,我国很多学者就"职业"一词从词义上进行了解释:"职",是指职位、职责,包含着权利与责任的意思;"业"是指行业、事业,包含着独立工作、从事事业的意思。

这种观点认为职业即"责任和业务",职业的外延包括三方面的内容:工作、收入、工作时间限度。由此可见,职业不同于工作,它更多的是指一种事业。

《现代汉语词典》将职业解释为:"个人在社会中所从事的作为主要生活来源的工作。"

《中华人民共和国职业分类大典》明确规定了职业的5个要素:一是职业名称;二是职业活动的工作对象、内容、劳动方式和场所;三是特定的职业资格和能力;四是职业所提供的各种报酬;五是在工作中建立的各种人际关系。

综上所述,所谓职业,是指人们为了生存和发展而参与的社会分工,利用专门知识和技能创造物质财富、精神财富,获得合理报酬,满足物质生活、精神生活的社会活动。职业至少包括两个方面的含义：首先，职业体现了专业的分工，没有高度的专业分工，也就不会有现代意义上的职业观念，职业化意味着要专门从事某项事务；其次，它体现了一种精神追求，职业发展的过程也是个人价值不断实现的过程，职业要求个人对它有忠诚度。

二、职业的特征

（一）社会性

在人类社会初期，并未有职业可言。随着社会的不断进步，人类在长期的生产活动中产生了劳动分工，职业也由此产生和发展。也就是说，职业存在于社会分工中，人们的社会角色是不一样的，一定的社会分工或社会角色的持续出现，也就形成了职业。职业作为人类在生产劳动过程中的分工现象，它体现的是劳动力与劳动资料直接的结合关系，其实也体现出劳动者之间的关系，而劳动产品的交换体现了不同职业直接的劳动交换关系。这种劳动过程中结成的人与人之间的关系无疑是社会性的，他们之间的劳动交换反映的是不同职业之间的等价关系，反映了职业活动及其职业劳动成果的社会属性。

（二）规范性

职业的规范性包含两层含义：一是指职业内部操作的规范性；二是指职业道德的规范性。在劳动过程中，不同的职业有不同的操作规范性，这是保证职业活动的专业性要求。当不同职业在对外展现其服务时，还存在一个伦理范畴的规范性，即职业活动必须符合国家法律规定和社会伦理道德准则。这两种规范性构成了职业规范的内涵与外延。

（三）功利性

职业的功利性也叫职业的经济性，是指职业作为人们赖以谋生的手段，劳动者在承担职业岗位职责并完成工作任务的过程中索要经济报酬，这既是社会、企业及用人部门对劳动者付出劳动的回报，也是维持家庭和社会稳定的基础。职业活动既满足职业者自己的需要，也满足社会的需要。只有把职业的个人功利性与社会功利性相结合，职业活动才具有生命力和意义。

（四）技术性

职业的技术性是指不同的职业都有相应的职业技术要求，每一种职业往往都表现出相应的技术要求。要求从业人员具备一定的专业技能知识，包括较长时间的专业知识学习或技能培训。

（五）时代性

职业的时代性是指随着科技的发展，人们的生活习惯、方式等因素的变化，职业被打上那个时代的"烙印"。

（六）稳定性

职业产生后，总是保持相对稳定，不会因为社会形态的不同和更替而改变。当然，这种稳定性是相对的，随着现代化的快速发展，特别是科学技术的日新月异，一些新的职业顺应时代的需要而产生，而原有的职业或在时代的大发展中屹然挺立，或被时代的潮流淹没。

（七）群体性

职业的存在常常和一定数量的从业人员密切相关。凡是从业人员达不到一定数量的劳动，都不能称其为职业。群体性不仅表现为一定数量的从业人员，更重要的是一定数量的从业人员所从事的不同工序、工艺流程表现出来的协作关系，以及由此产生的人际关系。从业者由于处于同一企业、同一车间或同一部门，他们总会形成语言、习惯、利益、目的等方面的共同特征，从而使群体成员产生群体认同感。

总之，职业的特征与人类的需求和职业结构相关，强调社会分工；与职业的内在属性相关，强调利用专门的知识和技能；与社会伦理相关，强调创造物质财富和精神财富，获得合理报酬；与个人生活相关，强调物质生活来源，并满足精神生活需求。

三、职业与事业

（一）事业的内涵

事业是人们所从事的，具有一定目标、规模和系统的对社会发展有影响的经常活动。简单地说，事业就是做了自己喜欢的事情，同时又帮助了他人。

（二）职业与事业的关系

（1）职业是满足最基本的生产需要，事业更多偏向于精神层面。

（2）职业是阶段性的，事业是终身性的。

（3）职业是一个人的谋生手段；事业是自觉的，是由奋斗目标和进取心促成的，是一种愿意为之奋斗一生的"职业"。

四、职业分类

（一）职业分类的概念

职业是随着人类社会进步与劳动分工而产生和发展起来的，它是社会生产力发展和科技进步的结果。随着职业的发展变化，社会形成与之适应的管理体系，在客观上促进了职业分类的产生和发展。

所谓职业分类，是指采用一定的标准和方法，依据一定的分类原则，对从业人员从事的各种专门化的社会职业进行的全面系统的划分与分类。职业分类的目的是将社会上复杂、数以万计的现行工作类型划分成类系有别、规范统一、井然有序的层次或类别。

我国是世界上最早出现职业分类的国家。《春秋穀梁传》就写道:"古者有四民,有士民,有商民,有农民,有工民。"文章论述了我国古代不同职业的分工和职责,并有着非常精细的分类和详尽的描述。古时,职业有很强的世袭性,甚至产生了以职业作为姓氏的现象,如师、贾、陶、桑等,反映人们当时对职业的认同感和归属感。

当今世界上经济发达国家都分外重视职业分类的问题研究,因为职业分类不仅是形成产业结构概念和进行产业结构、产业组织及产业政策研究的前提,同时也是对劳动者及劳动进行分类管理、分级管理及系统管理的需要。

(二)职业分类的特征

1.产业性

世界各国将产业主要划分为三类:第一产业包括农业、林业、畜牧业和渔业;第二产业包括工业和建筑业,工业包括采掘业、制造业等;第三产业是流通和服务业。在传统农业社会,农业人口比重最大;在工业化社会,工业领域中的职业数量和就业人口显著增加;在经济、科技高度发达的社会,第三产业的职业数量和就业人口显著增加。

2.行业性

行业是根据生产工作单位所生产的物品或提供服务的不同而划分的,主要按企业、事业单位机关团体和个体从业人员所从事的生产或其他社会经济活动的性质的同一性来分类。可以说,行业表示的是人们所在的工作单位的性质。

3.职位性

所谓职位是一定的职权和相应的责任的集合体。职权和责任是组成职位的两个基本要素,职权相同、责任一致,就是同一职位。在职业分类中的每一种职业都含有职位的特性。例如,大学教师这种职业包含助教、讲师、副教授、教授等职位;再如,国家机关公务员包括科级、处级、厅(局)级、省(部)级等职位。

4.组群性

无论以何种依据分类,职业都带有组群特点。如科学研究人员中包含哲学研究人员、社会学研究人员、经济学研究人员、理学研究人员、工学研究人员、医学研究人员等,再如咨询服务工作者包括科技咨询工作者、心理咨询工作者、职业咨询工作者等。

5.时空性

随着社会的发展和进步,职业变化迅速,除弃旧更新外,同一种职业的活动内容和方式也不断变化,所以职业的分类带有明显的时空性。在职业数量较少的时期,职业与行业是同义语,但现在职业与行业是既有联系又有区别的两个概念,在职业分类中,行业一般作为职业的门类。空间上,职业种类分布有区域、城乡、行业之间或者国别上的差别。

(三)职业分类的内容

1.国际职业分类

根据西方国家一些学者提出的理论,国际上职业一般分为以下 3 种类型。

第一,按脑力劳动和体力劳动的性质、层次进行分类。按这种分类方法,工作人员可被划分为白领工作人员和蓝领工作人员两大类。白领工作人员包括：专业性和技术性的工作人员，农场以外的经理和行政管理人员、销售人员、办公室人员。蓝领工作人员包括：手工艺及类似工种的工人、非运输的技工、运输装置机工人、农场以外的工人、服务性行业工人。这种分类方法明显地表现出职业的等级性。

第二，按心理的个别差异进行分类。这种分类方法根据美国著名的职业指导专家霍兰创立的"人格-职业"类型匹配理论，把人格类型划分为6种，即现实型、研究型、艺术型、社会型、企业型和常规型，与这6种人格类型相对应的是6种职业类型。

第三，依据各个职业的主要职责或"从事的工作"进行分类。这种分类方法较为普遍，以两种代表示例。其一是国际标准职业分类。国际标准职业分类把职业由粗至细分为4个层次，即8个大类、83个小类、284个细类、1 506个职业项目，总共列出职业1 881个。其中8个大类是：①专家、技术人员及有关工作者；②政府官员和企业经理；③事务工作者和有关工作者；④销售工作者；⑤服务工作者；⑥农业、牧业、林业工作者及渔民、猎人；⑦生产和有关工作者、运输设备操作者和劳动者；⑧不能按职业分类的劳动者。这种分类方法便于提高国际职业统计资料的可比性和进行国际交流。其二是加拿大《职业岗位分类词典》的分类。它把分属于国民经济中主要行业的职业划分为23个主类，主类下分81个子类、489个细类、7 200多个职业。此种分类对每种职业都有定义，逐一说明了各种职业的内容及从业人员在受教育程度、职业培训、能力倾向、兴趣、性格及体质等方面的要求，有较大的参考价值。

2. 我国的职业分类

参照国际标准和方法，1986年，我国国家统计局和国家标准局首次颁布了中华人民共和国国家标准《职业分类与代码》，并启动了编制国家统一职业分类标准的宏大工程。这次颁布的《职业分类与代码》将全国职业分为8个大类、63个中类、303个小类。1992年，劳动部会同国务院各行业部委组织编制了《中华人民共和国工种分类目录》，这个目录根据管理工种的需要，按照生产劳动的性质和工艺技术的特点，将当时我国近万个工种归并为分属46个大类的4 700多个工种，初步建立起行业齐全、层次分明、内容比较完整、结构比较合理的工作分类体系，为进一步做好职业分类工作奠定了坚实基础。

20世纪90年代中期，随着社会主义市场经济体制的逐步建立和科学技术的迅猛发展，我国的社会经济领域发生了重大变革，这对人力资源管理提出了新的要求。为此，国家提出要制定各种职业的资格标准和录用标准，实行学历文凭和职业资格两种证书制度。

《中华人民共和国劳动法》明确规定："国家确定职业分类，对规定的职业制定职业技能标准，实行职业资格证书制度。"根据社会经济发展的需要，1995年2月，劳动和社会保障部、国家统计局和国家质量技术监督局联合中央各部委共同成立了国家职业分类大典和职业资格工作委员会，组织社会各界上千名专家，经过4年的艰苦努力，于1998年12月编制完成了《中华人民共和国职业分类大典》，并于1999年5月正式颁布实施。

《中华人民共和国职业分类大典》将我国职业归为8个大类、66个中类、413个小类、1 838个细类（职业）。这是我国第一部对职业科学分类的权威性文献。由于它的编制与国家标准《职业分类与代码》的修订同步进行，相互完全兼容，因此，它本身就代表着国家标准。

《中华人民共和国职业分类大典》的重要贡献在于，它在广泛借鉴国际先进经验（特别是《国际标准职业分类》）和深入分析我国社会职业构成的基础上,突破了过去行业管理机构为主体,以归口部门、单位甚至用工资形式来划分职业的传统模式,采用了以从业人员工资性质的同一性作为职业划分标准的新原则,并对各个职业的定义、工作活动的内容和形式及工作活动的范围等作了具体描述,体现了作业活动本身固有的社会性、目的性、规范性、稳定性和群体性特征。《中华人民共和国职业分类大典》科学、客观、全面地反映了当前我国社会的职业构成,填补了我国长期以来在国家统一职业分类领域存在的空白,具有深远的意义,应用领域广泛。

为保证各地劳动力市场使用的职业分类与代码的科学性和规范性,有利于劳动力市场信息联网,劳动和社会保障部在主持编纂《中华人民共和国职业分类大典》的同时,根据重新修订的职业分类国际标准《职业分类与代码》和《中华人民共和国职业分类大典》,制定了《劳动力市场职业分类与代码》,并于 2002 年对其进行了修改。修改后的《劳动力市场职业分类与代码》将职业分为 6 个大类、56 个中类、236 个小类、17 个细类。

(四)职业分类的意义

职业分类对国家合理开发、利用和综合管理劳动力,提高劳动者的素质,促进民族兴旺和国家昌盛意义重大。

(1)同一性质的工作,往往具有共同的特点和规律。把性质相同的职业归为一类,便于国家对职工队伍进行分类管理,根据不同的职业特点和工作要求,采取相应的录用、调配、考核、培训、奖惩等管理方法,使管理更具有针对性。

(2)职业分类分别确定了各个职业的工作责任、履行责任及完成工作所需要的职业素质,为实行岗位责任制提供了依据。

(3)职业分类有助于建立合理的职业结构和职工配制体系。

(4)职业分类是对职工进行考核和智力开发的重要依据。考核就是要考查职工能否胜任他所承担的职业工作及是否完成了他应完成的工作任务。这就需要制定出考查标准,对各个职业岗位工作任务的质量、数量提出要求,而这些都是职业分类的基础,具备了从业条件,才能完成。职业分类中规定的各个职业岗位的责任和工作人员的从业条件,不仅是考核的基础,同时是进行培训的重要依据。

(5)对高职教育来说,科学的职业分类为国家职业教育培训事业确定了目标和方向,我国近年来相继通过的《中华人民共和国劳动法》和《中华人民共和国职业教育法》等从立法高度明确规定了国家确定职业分类,并以此指导职业教育培训工作和职业资格证书制度建设。这充分表明,职业分类在国家人力资源开发体系中具有重要的基础性地位。

(6)职业分类也使大学生能及早了解社会职业领域的总体状况,增强大学生的职业意识,促使大学生有意识、有计划、有目的、有针对性地不断提高职业素质。

五、我国职业的发展情况

(一)我国职业发展的特点

在社会发展的进程中,我国的职业是动态发展的。从总体上看,我国职业的发展呈现出

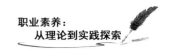

以下 8 种特点：

1. 社会职业种类越来越多, 职业出现的频率逐渐加快

随着社会生产力的发展、社会分工的细化, 职业的种类越来越多, 现有的职业已远远超过"三百六十行"。有关资料显示, 职业总和在隋朝有 100 个左右, 在宋朝达到 220 个左右, 在明朝增至 300 个。中华人民共和国成立后, 全国各种职业的总和已发展到 10 000 种左右。改革开放以来, 随着经济结构、产业结构的变化, 传统的职业种类逐渐消亡, 新职业不断涌现。据统计, 现在每年平均有 600 多种新职业产生, 同时有 500 多种传统职业被淘汰。例如, 随着电话、传真、电子计算机技术的发展, 诸如电报员、电报投递员等传统职业不复存在, 铅字打字员、票证管理员等职业正逐步消失; 汽车进入家庭, 司机这个职业开始局限于驾驶大型运输车辆; 而计算机出现以后, 有了操作员、程序员、计算机销售员、维修员等多种职业岗位; 近年来, 物流师、心理咨询师、项目管理师、舞台灯光师、茶艺师等各种新兴职业也在不断涌现。

2. 职业分工由简单到精细

以农业为例, 早期农业是指种植业, 随着生产力的发展, 现代的种植业又可细分为粮食作物种植业、经济作物种植业、蔬菜瓜果种植业、果树种植业等。再如建筑业, 从原始的土建这一单一的职业发展到现在的建筑设计、土建、装修装潢等一系列的职业。

3. 社会职业结构变迁的速度越来越快

从农业革命到工业革命经历了数千年, 工业革命到新的产业革命用了 200 多年, 而电子行业从产生到发展成为一个主要行业, 只用了几十年。

4. 职业活动的内容不断更新

在不同的时代, 同一职业的活动内容发生了变化。例如, 设计院的工程师以前设计图纸时, 使用图板、丁字尺、画笔, 而现在运用 CAD 软件。再如, 邮政业古代靠骑马传送邮件, 而现在除了用飞机、火车、汽车等交通工具传送邮件, 还使用电话、网络、传真等手段传送信息。

5. 脑力劳动职业增加

随着教育、文化、科学技术等的发展, 脑力劳动者和专业技术人员在总劳动人口中所占的比重不断增大。

6. 职业的专业化越来越强

若不具备一定的专业能力, 达不到专业要求, 则不能从事该职业。

7. 职业活动自由化

职业活动自由化表现在 3 个方面: 首先, 职业活动场所自由化, 如网上办公。其次, 职业活动时间自由化, 如记者、律师、设计师等, 他们没有严格的上下班时间限制, 只要完成一定的工作任务即可。最后, 自由职业者, 如自由撰稿人、作家等, 他们没有具体的工作单位, 以完成某项工作、任务的形式来履行职业职责。

8. 第三产业的职业数量大幅度增加

随着科技水平的提高, 第三产业的职业数量大幅度增加, 在发达国家其就业人数已超过全体就业人数的 50%。第三产业所具有的就业容量大、流动性大及弹性高的特点, 将会吸引更多的高职院校毕业生从事第三产业的职业。

（二）21 世纪职业发展的趋势

职业发展是和经济发展紧密联系在一起的。21 世纪是知识经济的时代,随着高科技和信息技术的迅猛发展,整个世界将发生深刻的变革,那些能够充分发挥个人才能和可以创造更大人生价值的职业将备受青睐,成为职业发展的一大趋势。

从世界范围来讲,随着高科技的发展,21 世纪的产业更加信息化和知识化,知识成为一种再生性战略资源。知识密集型的产业以其高产值、高回报、高效益成为 21 世纪的主导产业,相关的职业也将成为吸纳劳动力最多和人们在择业时首选的职业。这些产业包括新兴的信息产业、通信产业、咨询产业、智能产业等。

在我国,随着改革的不断深化,我国的经济结构在 21 世纪进行了很大的调整。第三产业,尤其是第三产业的主导产业信息业将会不断增长,从而促使我国的职业结构发生重大变化。在 21 世纪,我国经历三次人口职业结构的转变:第一次是在 21 世纪的前 30 年,我国职业人口的结构从第一产业转变为第二产业、第三产业;第二次是从 2031 年到 2050 年,我国职业人口的结构将从第二产业转变为第三产业;第三次是在 21 世纪的后 50 年,我国职业人口结构将实现向第三产业,特别是向第三产业中的知识产业的转变。

第二节　职业素养的内涵及基本要素

一、职业素养的内涵

职业素养是指人类在社会活动中需要遵守的行为规范,是职业内在的规范和要求,是在职业过程中表现出来的综合素质。简单地说,就是个体职业行为的总和构成了自身的职业素养,职业素养是内涵,个体行为是外在表象。它是衡量个人能否胜任所处岗位、体现个人在职场中能否适应的智慧和素养。

职业素养是个很大的概念,专业是第一位的,但是除了专业,敬业和道德也是必备的,尤其体现在职业生涯中的是职业素养;体现在个人日常生活中的就是个人的品格素质与道德修养。

二、职业素养的分类

职业素养大体可分为两个类别:显性职业素养和隐性职业素养。"素质冰山"理论认为,个体素质就像水中漂浮的一座冰山,水上部分知识、技能仅仅代表表层的特征,不能区分绩效优劣;水下部分的动机、个性、自我意识才是决定人的行为,鉴别绩效优秀者和一般者的关键因素。大学生的职业素养也可以看成一座冰山,冰山浮在水面以上的只有 1/8,它代表大学生的形象、资质、知识、职业行为和职业技能等方面,是人们看得见的、显性的职业素养,这些可以通过各种学历证书、职业证书来证明,或者通过专业考试来验证。而冰山隐藏在水面以下的部分占整体的 7/8，它代表大学生的职业意识、职业道德、职业作风和职业态度等方面，是人们看不见的、隐性的职业素养。显性职业素养和隐性职业素养共同构成了职业者应具备的全部职业素养。由此可见，大部分的职业素养是人们看不见的，但正是这 7/8 的隐性职业素养决定、支撑着外在的显性职业素养，显性职业素养是隐性职业素养的外在表现。

三、职业素养的基本要素

（一）职业信念

"职业信念"是职业素养的核心。那么良好的职业素养包含哪些职业信念呢？应该包含良好的职业道德、正面积极的职业心态和正确的职业价值观意识，这是一个成功职业人必须具备的核心素养。良好的职业信念应该由爱岗、敬业、忠诚、奉献、正面、乐观、用心、开放、合作及始终如一等这些关键词组成。

（二）职业知识技能

"职业知识技能"是做好一个职业应该具备的专业知识和能力。俗话说"三百六十行，行行出状元"，没有过硬的专业知识，没有精湛的职业技能，就无法把一件事情做好，更不可能成为"状元"。

要把一件事情做好必须坚持不懈地关注行业的发展动态；要有良好的沟通协调能力，懂得上传下达，左右协调，从而做到事半功倍；要有高效的执行力。

研究发现：一个企业的成功 30% 靠战略，60% 靠企业各层的执行力，只有 10% 的其他因素。

中国人在世界上都是出了名的"聪明而有智慧"，中国不缺少战略家，缺少的是执行者。执行能力也是每个成功职场人必须修炼的一种基本职业技能，如职场礼仪、时间管理及情绪管控等。

不同职业有不同职业的知识技能，每个行业有每个行业的知识技能。总之，学习提升职业知识技能是为了让我们把事情做得更好。

（三）职业行为习惯

职业行为习惯就是在职场上通过长时间的"学习—改变—形成"，最后变成习惯的一种职场综合素质。

信念可以调整，技能可以提升。要让正确的信念、良好的技能发挥作用就需要不断练习，直到其成为习惯。

第三节　职业素养的培养方向及意义

一、如何培养学生的职业素养

近几年,大学毕业生的就业已经成为比较重要的社会问题,也可以说是一个难题。对部分毕业生来说,先不说找到好工作,即便是找到一份工作就已经比较困难了。高校把毕业生的就业率作为考查学校教育效果的一大指标:毕业生就业率直接影响学校的声誉,也会影响学校的招生及培养计划。而从社会角度来看,很多企业又在叹息"招不到合适的人"。很多事实表明,这种现象的存在与学生的职业素养难以满足企业的要求有关。"满足社会需要"是高等教育的目的之一。既然社会需要具有较高的职业素养的毕业生,那么,高校教育应该把培养大学生的职业素养作为其重要目标之一。同时,高校也不是关起门来办教育,社会、企业也应该尽力与高校合作,共同培养大学生的职业素养。

二、职业素养在工作中的地位

《一生成就看职商》的作者吴甘霖回首自己从职场惨败到走上成功之道的过程,再总结比尔·盖茨、李嘉诚等著名人物的成功经历,并进一步分析所看到的众多职场人士的成功与失败,得到了一个宝贵的理念:一个人,能力和专业知识固然重要,但是,在职场要成功,最关键的是他所具有的职业素养。一个人在职场中能否成功取决于其职商高低,而职商由主动、责任、发展、敬业、品格、执行、协作、形象、智慧、绩效十大职业素养构成。

工作中需要知识,但更需要智慧,而最终起关键作用的就是素养。缺少这些关键素养,一个人将一生庸庸碌碌,与成功无缘。拥有这些素养,会少走很多弯路,以最快的速度走向成功。

前面已经提到,很多企业之所以招不到满意的员工是因为找不到具备良好职业素养的毕业生,可见,企业已经把职业素养作为招聘员工的重要指标。如成都大翰咨询公司在招聘新人时,要综合考查毕业生的 5 个方面:专业素质、职业素养、协作能力、心理素质和身体素质。其中,身体素质是最基本的,好身体是工作的物质基础;职业素养、协作能力和心理素质是最重要和必需的,而专业素质则是锦上添花。职业素养可以通过个体在工作中的行为来表现,而这些行为以个体的知识、技能、价值观、态度、意志等为基础。良好的职业素养是企业员工必须具有的,也是个人事业成功的基础,是大学生进入企业的"金钥匙"。

三、职业素养培养的意义

(一)职业素养培养对人成长的意义

从个人角度来看,培养职业素养最直接的意义在于能大大提高学生的就业竞争力。适者生存,个人缺乏良好的职业素养,就很难取得突出的工作业绩,更谈不上建功立业。职业素养中的职业道德,属于人生观和价值观的范畴,其重要内涵是爱岗敬业、诚实守信。随着大众化高等教育的发展,用人单位对人才的选择余地渐宽,超越学历的劳动力职业素养问题逐渐为用人单位所关注。

现在很多人缺乏对所投身职业的基本素养的了解,还不懂得学历与职业之间经常存在不对称的关系。当一个人的职业素养与工作技能不能满足用人单位的要求时,就业难的问题就难以避免。一方面,大学生感叹就业难;另一方面,许多用人单位也在抱怨招一个合适的新员工难。多数企业在招聘一些重要岗位时,考虑更多的是为企业输入所需人才,实现合理配置以实现企业长足发展。因此,应聘人员的职业素养尤其是道德品质就成为一个重要的录用标准。如果学生既具有一定的专业水准,又能够表现出良好的职业素养,就有被录用的可能。但现实是不容乐观的,大多数毕业生的基本职业能力普遍达不到企业的要求,学生在校时更多地专注于技能的养成而忽视了基本工作能力,但这恰是职场中很重要的素质。企业对这些新员工评价低,大部分原因是其工作态度差,而非工作业绩和业务能力欠缺。大学毕业生在供需见面会上的自主择业过程中,职业素养好的学生往往受招聘单位的欢迎,比较容易就业,而职业素养差的学生可能难以就业。在求职过程中,部分学生专业水平较低,不能通过专业测试;部分学生能顺利通过专业测试,但因不善沟通、不注重细节、不讲诚信等职业素养的欠缺,最终失去就业机会。

(二)职业素养培养可以提高企业在市场上的竞争力

从企业角度来看,唯有聚集具备较高职业素养的人员才能实现生存与发展的目的,他们可以帮助企业节省成本、提高效率,从而提高企业在市场中的竞争力。

(三)职业素养培养直接影响国家经济的发展

从国家角度看,国民职业素养直接影响国家经济的发展。正因为如此,职业素养教育才显得尤为重要。当前大学生群体中,有相当一部分学生对自己要求不严格,职业素养缺失,从而导致就业状况不理想。因此,着力培养大学生的职业素养已成为当前高校教育迫切的社会任务。这需要高校深入实际,不断探索,重视学生职业素养的培养,为社会培养合格有用的人才,为我国社会主义经济的稳步发展做出贡献。

第四节　职业素养提升的办法

一、自我培养层面

作为职业素养培养主体的大学生,在大学期间应该学会自我培养。

（一）培养职业意识

雷恩·吉尔森说:"个人花在影响自己未来命运的工作选择上的精力,竟比花在购买穿了一年就会扔掉的衣服上的心思要少得多,这是一件多么奇怪的事情,尤其是当他未来的幸福和富足要全部依赖于这份工作时。"很多高中毕业生在跨进大学校门之时就认为自己已经完成了学习任务,可以在大学里尽情地"享受"了。这正是他们在就业时感到压力的根源。清华大学的樊富珉教授认为,中国有69%～80%的大学生对未来职业没有规划,就业时容易感到压力。中国社会调查所最近完成的一项在校大学生心理健康状况调查显示,75%的大学生认为压力主要来源于社会就业;50%的大学生对于自己毕业后的发展前途感到迷茫,没有目标;41.7%的大学生表示目前没考虑太多;只有8.3%的人对自己的未来有明确的目标并且充满信心。培养职业意识就是要对自己的未来有规划。因此,大学期间,每个大学生都应明确:我是个什么样的人? 我将来想做什么? 我能做什么? 环境能支持我做什么? 着重解决一个问题,就是认识自己的个性特征,包括自己的气质、性格和能力,以及自己的个性倾向,包括兴趣动机、需要、价值观等,据此来确定自己的个性是否与理想的职业相符。对自己的优势和不足有一个比较客观的认识,结合环境如市场需要、社会资源等确定自己的发展方向和职业选择范围,明确职业发展目标。

（二）显性职业素养的培养

配合学校的培养任务,完成知识、技能等显性职业素养的培养。职业行为和职业技能等显性职业素养比较容易通过教育和培训获得。学校的教学及各专业的培养方案是针对社会需要和专业需要制订的,旨在使学生获得系统化的基础知识及专业知识,加强学生对专业的认知和知识的运用,并使学生获得学习能力、形成学习习惯。因此,大学生应该积极配合学校的培养方案,认真完成学习任务,尽可能利用学校的教育资源,包括教师、图书馆等获得知识和技能,作为将来职业需要的储备。

（三）隐性职业素养的培养

有意识地培养职业道德、职业态度、职业作风等方面的隐性职业素养是大学生职业素养培养的核心内容。核心职业素养体现在很多方面,如独立性、责任心、敬业精神、团队意识、职业操守等。事实表明,很多大学生在这些方面存在不足。有记者调查发现,缺乏独立性、会抢风头、不愿下基层吃苦等表现容易断送大学生的前程。喜欢抢风头的人被认为没有团队合作精神,用人单位也不喜欢。如今,很多大学生生长在"6+1"的独生子女家庭,因此,在独立性、承担责任、与人分享等方面都不够好,相反他们爱出风头、容易受伤。因此,大学生应该有意识地在学校的学习和生活中主动培养独立性、学会分享感恩、勇于承担责任,不要把错误和责任都归咎于他人。自己摔倒了,不能怪路不好,要先检讨自己,承认自己的错误和不足。

大学生职业素养的自我培养应该加强自我修养,在思想、情操、意志、体魄等方面进行自我锻炼。同时,还要培养良好的心理素质,增强应对压力和挫折的能力,善于从逆境中寻找

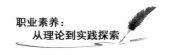

转机。

二、学校培养层面

职业素养是整体综合素质的体现,学校应该从以下5个方面着手加强对学生职业素养的培养。

(一)把职业素养的培养纳入培养的系统工程

从高中毕业生进入大学校门的那一天起,学校就应该使他们明白高校与社会的关系、学习与职业的关系、自己与职业的关系。全面培养大学生的显性职业素养和隐性职业素养,并把隐性职业素养作为重点培养。

(二)构建科学的培养体系

如以就业指导部门为基础成立学生职业发展中心,并开设相应的课程,及时向学生提供职业教育和实际的职业指导,最好是配合提供相关的社会资源。另外,深入了解学生需要,改进教学方法,提升学生对专业学习的兴趣,满足学生对本专业各门课程的求知需求,尽可能向学生提供正确、新颖的学科信息。

(三)形成正确的职业培养意识

帮助学生树立人生观和价值观,形成良好的学习和生活理念,帮助学生认识社会、观察社会,并结合学生自身的实际情况,初步形成正确的职业意识和理性的从业观念。

(四)明确专业技能的重要性

要在课堂教学中,尤其是专业学科教育中加强引导,专业课的学习将直接影响学生将来的就业或进一步从事研究工作。新生从入学开始,如果能懂得专业课的重要性,就可以在未来四年的大学学习期间做到有的放矢,围绕专业课,逐步了解并热爱自己的专业,为未来工作奠定坚实的基础。通过专业知识的学习研究,学生养成好学上进的优良品质,最终形成良好的职业素养。

(五)树立良好的职业理想

指导学生设计职业生涯规划,培养学生的职业理想。职业生涯规划是指将个人和组织相结合,在对个人职业生涯的主客观条件进行测定、分析、总结研究的基础上,对个人的兴趣爱好、能力、特长、经历及不足等方面进行综合分析与权衡,结合时代特点,根据个人的职业倾向,确定其最佳的职业奋斗目标,并为实现这一目标作出行之有效的安排。美国的戴维·坎贝尔说过:"目标之所以有用,仅仅是因为它能帮助我们从现在走向未来。"职业生涯规划的目的就是要对自己的未来有规划。职业规划的过程,也是认识自我、分析自我、要求自我的过程,学生根据自身的个性设计职业生涯规划,明确职业发展目标,筹划未来,为自己选择一条真正适合自己的发展道路,最终实现职业理想。

三、社会资源与大学生职业素养的培养

大学生职业素养的培养不能只依靠学校和学生本身,社会资源的支持也很重要。很多企业都想把毕业生直接投入"使用",但是却发现很困难。企业界也逐渐认识到,要想获得职业素养较好的大学毕业生,企业也应该参与大学生职业素养的培养。企业可以通过以下方式参与:

(1)企业与学校联合培养大学生,提供实习基地以及科研实验基地。

(2)企业家、专业人士走进高校,直接提供实践知识,宣传企业文化。

(3)完善社会培训机制,让社会培训机构走入高校对大学生进行专业的入职培训及职业素质拓展训练等。

总之,大学生职业素养的培养是目前高等教育的重要任务之一,而这一任务的执行,需要学生、学校及社会三方面的协同、配合和努力才能有效完成。

第二章　职业理想

第一节　认识职业个性

一、职业个性的内涵

职业个性是个人对职业环境中的人、事、物的喜好程度及与职业有关的活动主动接触参与的积极心理倾向。职业个性在个人的职业活动中起着重要的作用,如果个人的职业个性特点与职业环境所要求的职业类型相匹配,则可以促进个人的职业定向和职业选择,增强个人的职业适应性和稳定性。

例如,有的人对待工作总是一丝不苟、踏实认真;在待人处世中总是表现出高度的原则性,果断、活泼、负责;在对待自己的态度上总是表现为谦虚、自信,严于律己等,所有这些特征的总和就是他的职业个性。

二、认识自己的职业个性

在职业心理中,个性影响着一个人对职业的适应性,一定的个性适于从事一定的职业;同时,不同的职业对人有不同的性格要求。因此,不仅要考虑自己的职业兴趣,还要考虑自己的职业性格特点。"人贵有自知之明",只有从自身出发,从自己所受的教育、自己的能力倾向、自己的个性特征、身体健康状况出发,才能够准确定位,瞄准适合自己的岗位不懈努力。

职业和生活完全分离的观念已过时,人们越来越多地倾向于将自己的个人生活与职业、事业融合在一起。春节后,艾丽莎辞去了自己从事十多年的、在美国通用电气公司的工作。她说:"年轻的时候,我不知道自己的兴趣,更不知道什么才是适合自己的职业。工作十多年后,觉得失去了很多,如健康、快乐与生活的本质!"现在,她从事的是一份自由自在的色彩顾问工作,还是四五家时尚杂志的特约专栏顾问。艾丽莎是幸运的,在人到中年的时候,拥有了一片属于自己的"天空"。工作的最高境界就是快乐。一份对全美成功人物的调查表明,他们中94%的人做着自己喜爱的工作。请相信,一个不知道什么工作才是真正适合自己的人,不管他如何努力,绝不会有优异的表现!

青年人更容易把自己放在很高的起点去观察我们周围的环境,思考我们的职业未来,甚至还想将来所从事的工作条件要比别人好一些,付出的劳动比别人少一些,拿的工资却要比别人高一些。显然,这种失去"自我"的职业憧憬是"空中楼阁",是"水中月亮",永远是可望而不可即的。

(一)要客观认识自己的个性特点

大家选择职业要考虑自己的性格特征,尽量选择适合自己性格的工作,因为每一种工作都对从业者的性格有特定的要求。如果自己有意从事某一类型的工作,也要有目的地培育相应的性格特点。

(二)要客观认识自己的内在素质与外在形象

内在素质如学识、心理、道德、能力等,外在形象如外貌、风度、举止、谈吐等。

(三)要客观认识自己的兴趣、特长和爱好

兴趣是爱好的推动者,爱好是兴趣的实行者,只有一个人的兴趣、爱好相辅相成,才能相得益彰。一个人的优势、特长得到发挥,有利于实现人生价值的最大化。因此,一个人选择职业时要从自己的兴趣爱好出发,因为有些职业需要某种兴趣爱好,有些职业明确禁止和反对某种兴趣爱好。

(四)要客观认识自己与社会、个人与集体的关系

要能认识到自己的人生价值主要在于对社会的贡献,个人的成长与进步离不开集体。

(五)不断完善对自己的认识

没有一成不变的事物,我们要用发展的眼光看自己,俗语说:"士别三日,当刮目相看。"通过努力,我们定能不断地完善自己。

第二节　树立职业理想

一、职业理想的内涵

职业理想是人生理想在个人职业领域的体现,是人们在职业上依据社会要求和个人条件借想象而确立的奋斗目标,即个人渴望达到何种成就的愿景与向往。它是人们实现个人生活理想、道德理想和社会理想的手段,并受社会理想的制约。

职业理想是人生理想的重要组成部分,是指人们在一定的世界观、人生观、价值观的指导下,对未来职业表现出的一种强烈的向往和追求,是实现其他人生理想的基础和保障。职业理想作为人特有的一种主观意识,是人们对一定社会生产方式及其所形成的职业地位、职

业声望和职业成就的超前反应。社会分工、职业发展演变等客观因素将对职业理想的发展、变化产生重要的影响。

职业理想是社会历史发展的产物,随着社会职业的出现而产生,并随着社会职业的出现不断丰富和完善,伴随着科学技术的发展和职业的专门化而不断发展。职业理想是人们对自己未来职业生活的设计和规划,是实现人生理想的重要载体。职业生活是社会生活的重要组成部分,可以说,人的理想追求、成败得失大部分都体现在职业生活中。

二、职业理想的作用

(一)职业理想是个人成功的基石

职业理想是实现个人理想、体现人生自我价值的必要条件。现实生活中,一个人要想事业有成,往往需要通过职业活动来实现自己的抱负,实现自我价值。人生的理想追求、成败得失大部分都体现在职业生活当中。职业理想是一种成就事业、推动社会进步的精神力量,是实现人生理想的基础。

(二)职业理想是个人成功的导向标

列夫·托尔斯泰在《托尔斯泰最后的日记》中说:"理想是指路明灯。没有理想,就没有坚定的方向;没有方向,就没有生活。"

职业理想在择业、创业及其准备过程中起着精神引领和导向作用。每个人的人生目标都是通过职业理想来确立的,并通过职业理想来实现。也就是说,科学的职业理想确立后,人们根据职业理想来规划学习、工作实践,从知识、技能等方面去完善职业素质,有明确的职业目标、切合实际的职业理想,再经过努力奋斗,人生目标必然会实现。所以,职业理想起着非常重要的导向作用。

(三)职业理想是个人成功的原动力

职业理想是成就事业、推动社会进步的动力,一个人一旦树立了远大的职业理想,在精神上就有了支撑,就有了坚强的意志。有了这样的精神支柱,在实现职业理想的过程中,不论遇到多大困难和挫折、多少艰难险阻,都能做到坚持不懈、百折不挠、一往无前。科学的职业理想能激发学生的斗志,为实现职业目标而努力奋斗。因此,职业理想是高职学生择业、创业的原动力。

三、树立职业理想

(一)职业理想分类

1. 短期职业理想

短期职业理想是指 2 年以内的职业规划,主要目的是确定近期具体目标,制订近期应完成的任务和计划。

2. 中期职业理想

中期职业理想是指 2～5 年的职业规划,主要是完成从理想向实践过渡。

3. 长期职业理想

长期职业理想是指 5～10 年的职业规划,是在前期实践的基础上修正并制订更长远的目标。

4. 终身职业理想

终身职业理想是指对整个职业生涯的规划,时间跨度可达 40 年,目的在于确定整个人生的发展目标。

(二)树立自己的职业理想

1. 确立近期职业目标

进行积极的人生探索,树立正确的职业观和择业观;了解职业的内涵及在人生中的重要意义,懂得性格与未来所要从事的职业之间的关系;正确对待社会分工和职业差异,能够根据社会需要和自身条件合理地选择就业目标。

2. 树立中期、远期职业理想

树立正确的职业理想和职业期望,根据自身特点、职业需求和职业兴趣正视自身优缺点,扬长避短,选择最适合自己特点的专业和职业。建立所学专业与未来可能从事职业之间的联系,并由此形成学生的职业兴趣。

要懂得职业理想不等于理想职业。一般认为当个人能力、职业理想与职业岗位最佳结合时,即达到三者的有机统一时,这个职业才是你的理想职业。只要你的职业理想符合社会需要,而自己又确实具备从事那种职业的职业素质,并且愿意不断地付出努力,迟早有一天会实现自己的职业理想;而理想职业却带有很大的幻想成分。

第三节 提升职业敏感度

一、职业敏感度的内涵

职业敏感度就是一个人对职业的关注程度和反应敏捷度,也就是一个人对他所从事的行业或岗位中随时可能发生的事件所具备的敏锐的洞察力和灵敏的反应处置能力。

职业敏感性是对职业的一种悟性,是对某一职业有一种超乎常人的洞察力,对职业信息有强烈的接受、反应、判断和分析能力,是从业者对职业的理解与适应能力的综合体现。同时,职业敏感性又是一种职业潜能,是智力的一种关键属性。反扒警察能从别人游离的眼神中抓住小偷;银行的收银员能凭手感判别纸币真伪,这种依靠职业磨炼出来的本领就是职业敏感性。

二、职业敏感度的重要性

职业敏感度对一个人的职业成就至关重要,没有职业敏感度的人无法成为行业的佼佼者。

职业敏感度和个人兴趣、职业天赋(潜力)、职业阅历(从业时间、培训程度、职业努力)等因素有密切关系。

(一)职业敏感度有助于人们成为行业的佼佼者

人们可以观察以下 3 种现象:

第一种现象:通过对大量不同职业的人进行观察,可以发现,不同的人对不同的职业有不同的敏感度,有些人对某些行业或事情悟性极高,做事效率和质量都是一流的,简直是天才;而对另一些行业或事情却是愚钝不堪,怎么都不开窍。这一现象反映了一个人的职业适应性,也就是职业天赋(潜力)。

第二种现象:绝大多数的人对同一行业或同一事情因训练程度和从业时间长短不同,其工作效率和质量也大不相同。这一现象说明人的职业敏感度可以通过培训和实践锻炼进行提高。

第三种现象:人们对自己喜欢的事情或行业职业敏感度会相对提高得快一些,而对自己不喜欢的事情或行业,职业敏感度则会提高得相对慢一些。

人们常说兴趣是最好的老师,人的职业兴趣至关重要。而职业兴趣既有先天的,也就是与生俱来的;也有后天的,也就是通过培养而激发出来的。但不论是先天的还是后天的,都是从业的基本条件。

职业天赋是与生俱来的,也许一时看不出来,但可以通过实践开发出来。如果没有天赋,即使有浓厚的兴趣、百倍的努力,也可能碌碌无为。职业兴趣和职业天赋所带来的职业敏感度是有限的,没有大量的职业实践,是不可能具有很高的职业敏感度的。

随着科学的飞速发展,研究人的职业适应性和培养人的职业敏感度,对于个人的职业选择和职业成就具有重要的科学价值和社会意义。有位从事人力资源管理的资深人士坦言:出于工作上的原因,职业敏感度特强,尤其是面试一个人时,从头到脚、从少年到成年、从优点到缺点、从工作到个人生活、从本人到家庭成员,都会想方设法去了解,通过多年的工作,感觉职业敏感度对一个人的职业成就至关重要。

(二)职业敏感度有助于提高团队竞争力

团队竞争力强弱的宏观表现是团队在静态市场环境下稳定产出规模的差异或在变动市场环境下资源有效利用率与稳定性的差异。职业敏感度有利于养成“主动发现问题、主动思考问题、主动解决问题”的习惯,以激发工作的热情,这种热情可以使团队焕发青春、保持活力、勇于创新、积极进取。因此,职业敏感度有助于提高团队竞争力。

(三)职业敏感度有助于事业创新

高度的职业敏感度可帮助我们发现新问题、提出新观点、实现新突破,还有助于节约时间,少走弯路。

三、提升职业敏感度的途径

(一)勤于学习

必须坚持不懈地学习,养成良好的学习心态和学习习惯,克服骄躁情绪和浮躁心态,忙中求静,挤出时间来学习和"充电",以提高自己知识的广度和深度,使自己能够跟上时代的步伐,不断接受新观念。力求多读书、读好书,多实践、勤思考,多总结、善归纳。抱着迂腐的旧观念不放是许多人职业敏感性差的直接原因。索尼公司创始人盛田昭夫曾说过:"顾客的需要不是顾客告诉你的,而是你在关心顾客时想到的。"由此可见,要注意在实践中不断积累经验,特别要经常回顾及反思别人或自己成功和失败的原因,要经常温故知新。

必须不断提高自身的业务素质,努力成为所学专业的"千里眼""顺风耳"。在工作中事事留意、样样关心,使自己成为一个有心人。俗话说:"要揽瓷器活,得有金刚钻。""眼要尖、心要细。"在持续学习的基础上不断创新思想观念、工作思路和方法。只有不断加强学习,才能使管理更加成熟,管理创新能力得到提升,才能提高应对市场的能力和切实增强职业敏感度。

(二)勤于分析

分析信息是培养职业敏感度的关键。

1. 建立信息渠道

要在第一时间了解你需要的信息,就需要把渠道建立起来,与领导建立沟通平台。这可以通过报纸、电视、网络来固定获取,也可以通过下属的报告、与人闲谈间接获得,自己在这方面的渠道越多,信息的来源越便捷,才能为下一步及时有效地分析信息打下一个良好的基础。

2. 分析信息

这是最关键的一步,如分析本单位局域网的工作信息,分析上级单位公布的信息,留心报纸上的信息,出现某种状况马上就开始分析,注意发生在自己身边的新闻。这步不难,任何人只要想做、认真做,都能做得很好。

3. 评估预判

根据分析报告评估预判自己的下一步工作,提供分析报告,提出合理化建议,这样工作才能走在前面,化被动为主动。

(三)勤于实践

不断实践是不断提高人的职业敏感度的最好途径。不要奢望走其他捷径。实践的作用是提高人对事物或工作的认识深度、细度和全面性,提高人感知的灵敏性、判断的准确度。当你重复面对同一种事物或工作时,你可以练到不经过理性分析就能准确无误地解决问题。熟能生巧的道理人人都懂,《庖丁解牛》《卖油翁》的故事很多人耳熟能详,"纸上得来终觉浅，绝知此事要躬行"，陆游的这两句诗也道出了读书和实践的关系。在实践中，书上的信息、知识、方法会变得具体、生动、鲜活起来，经过实践的东西，会从平面状态变成立体状态，让人记忆深刻。信息、知识、方法经过了实践，会化成人的智慧和能力。

实践能使人将事物、事情、工作中的细微差别分辨出来，可以揭开许多伪装，让人看清事物的本来面目，从而采取准确有效的解决方法，收到预期效果。有个伟人说："你要想知道梨子的味道，就得亲口尝一尝。"要想成为一个成熟的管理者，一定要深入管理实践，摸爬滚打，品尝苦辣酸甜，熟悉专业、熟悉行业、熟悉人员、熟悉资源、熟悉市场、熟悉政策和环境等。当对所在单位的一切都了如指掌时，你忽然觉得轻松起来，那就是你对管理入了门。

经过严格训练的军人才能打胜仗，经过培训和驾车锻炼的司机才能成为合格的驾驶员，经过临床锻炼的医生才能成为合格的医生，经过风浪考验的船长才能避免沉船。作为一个记者，仅满足于跑会议、记材料是"记"不出好新闻的，必须深入生活、深入实际、深入社会最基层，经历千辛万苦的实地采访，才能抓到好新闻。守株待兔的工作作风是当不了好的新闻记者的，只有在工作中不断地磨炼自己，掌握大量的线索和素材，经过深刻思考和提炼，找出事物内在的规律和亮点，选出有重要新闻价值的信息作为选题线索，然后进行深入调查采访，才能挖掘出新鲜的议题，起到新闻效应。同样，没有经过相当时间的管理实践的人，即使天分极高，读过 MBA，也很难成为称职的管理者。

总之，职业敏感度要通过日常的工作来培养，凡事不能被动接受，应该学会动脑筋思考，要善于捕捉有价值的信息，发现工作中的细节，深入地识别现象背后隐藏的本质。只要时刻树立成本意识、效率意识、质量意识、责任意识、团队意识、创新意识、完美意识、细节意识，具备积极的心态、学习的心态、奉献的心态、专注的心态、感恩的心态，在工作中有意识地进行历练，职业敏感度就能不断得到提升。

第三章　职业意识

在日益激烈的竞争时代,社会的竞争就是人才的竞争,人才的竞争最终取决于人才的职业素养的竞争,而健康的职业意识则是职业素养的核心部分,因为它可以统领职业生涯,对职业生涯起到调节和整合的作用。事实证明,职场中职业意识强的人在职场活动中会表现出较强的主观能动性,有助于职业兴趣的产生和职业抉择,有助于成功择业和提高职业满意度,有助于职业生涯的顺利发展;相反,缺少健康、积极的职业意识的人常常会表现出好高骛远、拈轻怕重、见利忘义、自私自利、推卸责任、不思进取等不利于职场发展甚至影响整个人生发展的弱点。

第一节　责任意识

一、责任意识的含义

(一)责任

责任一词在不同语境中具有不同的含义。在现代汉语中,"责任"有3个相互联系的基本词义:一是根据不同社会角色的权利和义务,一个人分内应做的事,如岗位责任;二是特定人对特定事项的发生、发展、变化及其成果负有积极的助长义务,如担保责任、举证责任;三是由于没有做好分内的事情(没能履行角色义务)或没有履行助长义务,而应承担的不利后果或强制性义务,如违约责任、侵权责任、赔付责任等。

从本质上说,责任是一种与生俱来的使命,它伴随着每一个生命的始终。一般来说,任何人在人生的不同时期都肩负着特定的责任。责任随着人的社会角色不同而不同。例如,教师的责任是教书育人,医生的责任是治病救人,法官的责任是秉公执法,公交车司机的责任是保证乘客安全抵达目的地等。

(二)责任意识

责任意识是指一个人在生活或工作中对待他人、家庭、组织和社会是否负责,以及负责的程度,是不同社会角色的权利、责任、义务在人脑中的主观映像。

对于一般公民来说，责任意识就是个体对所承担的角色的自我意识及自觉程度，即认清本身的社会角色和社会对他的需求，尽心履行责任和义务。它包含两方面的内容：一个人既要对自己的行为后果承担责任，又要对他人和社会负责。

二、责任意识的作用

在职场中，一个人有无责任意识、责任意识的强弱，不仅会影响个人工作绩效的高低和职位能否升迁，而且还直接影响他所在单位的目标任务能否完成。在世界 500 强企业中，责任意识是最关键的理念和价值观，也是员工们的第一准则。在 IBM，每个人坚信和践行的价值观念之一就是："永远保持诚信的品德，永远具有强烈的责任意识"；在微软，责任贯穿员工的全部行动；在惠普，没有责任理念的员工将被开除。责任，作为一种内在的精神和重要的准则，任何时候都会被企业奉为生命之源，因为伴随着责任的是企业的荣誉、存亡。

（一）责任意识能够激发出个人潜能

每个人都具有巨大的潜能，但并非都能发挥出来。这固然有多方面的原因，但其中不可忽视的因素就是人的责任意识。责任意识能够让人以最佳的精神状态投入工作中。在责任内在力量的驱使下，人们崇高的使命感和归属感常常油然而生。一个有强烈责任感的人，对待工作必然是尽心尽力、一丝不苟，遇到困难也绝不轻言放弃。

（二）责任意识能够促进个人进步和成功

一个人有了责任意识，就会对自己负责，对工作负责，愿意主动承担责任。任何工作都意味着责任。职位越高，他所担负的工作责任就越重。比尔·盖茨对他的员工说："人可以不伟大，但不可以没有责任心。"德国大众汽车公司有句格言："没有人能够想当然地保有一份好工作，必须靠自己的责任感获取一份好工作。"

可见，责任感是无价的，它能使一名员工在组织中得到信任和尊重，得到重用和提升，既展现出个人价值，又创造社会价值。主动承担更多的责任，是许多成功者的必备素质。

（三）责任心关系到安全事故是否发生

在现实社会中，那些责任意识强的员工，对工作认真负责、一丝不苟，一旦发现安全隐患或突发险情，就会立即采取有效措施，避免许多重特大安全事故的发生；相反，一个责任意识淡薄、缺乏起码的工作责任感的人，由于不愿意，也不可能全身心地投入工作，非但不能完成基本的工作任务，甚至还有可能带来巨大的损失。

三、职场员工的责任意识的养成

在激烈的就业竞争中，大学生走出象牙塔，融入社会，步入职场，有的在职场中表现出了良好的职业素养，但也不乏一些职业意识淡薄、工作责任心差、受实用主义和功利主义倾向的影响而频频毁约和跳槽的大学生；还有一些受极端个人主义思潮的影响，在工作中过分注重个人奋斗、个人发展，对他人、对集体、对单位漠不关心的员工。事实证明这些在职场中缺乏起码的责任心、道德感的员工在职业发展的道路上也往往会处处碰壁、步履维艰。因此，对即将步入职场的大学生加强责任意识教育刻不容缓。

人的职业意识不是与生俱来的，需要在远大理想和目标追求的指引下，通过教育、学习和实践，按照客观要求逐步建立和稳固起来，它需要个体用自觉的习惯意识去维护。只有在责任意识的驱动下，履行社会赋予自身的责任，才能形成真正的责任行为。一个具有良好的责任意识的员工，至少应做到以下4个方面。

（一）认真做好本职工作就是对工作负责的最好体现

一个职业人责任感的主要表现就是要做好本职工作。为了所在单位的发展，也为了自己的职业前程，我们必须踏踏实实地做好本职工作。对于一个尽职尽责的人来说，卓越是唯一的工作标准，不论工作报酬怎样，他都会时刻高标准、严要求，在工作中精益求精，并努力将每一份工作做到尽善尽美。例如，一个雇主十年来雇用同一个保姆。有一天她第一次跟雇主请假一周，回家之后雇主发现她给厨房的垃圾桶认真地套上了七层垃圾袋，这让雇主十分感动。

事实上，那些在事业上卓有成效的人，无论从事的是平凡普通的工作还是所谓高大上的工作，无不用高度的责任心和近乎完美的标准来对待自己的工作，与其说是努力和天分造就了他们的成功，倒不如说是强烈的责任心促成了他们的成功。

另外，做好本职工作，还应体现在不断提升自己的业务能力和水平上。对任何一个组织来说，员工的业务能力和水平都是衡量这个公司是否优秀的重要指标之一。因此，员工有责任不断提升自己的业务能力和水平，这既是员工获得晋升和加薪机会的必要保证，也能够使企业获得更好的发展。

（二）时刻维护组织的利益和形象

用人单位主要是各种社会组织，如企事业单位、国家机关、民办企业、个体经营、社会团体等。它们为社会提供了多种多样的就业岗位，绝大多数劳动者都需要成为某一社会组织的一员，时刻维护组织的利益和形象是一个员工最基本的责任。良好的形象和声誉是组织宝贵的无形资产，这笔无形资产使它比同类其他组织具有更高的声誉、更强的竞争力和更辉煌的发展前景。组织的发展可以产生经济利益和社会效益，为社会作出贡献，也为员工的经济待遇和职业发展奠定基础。只有组织得到持续发展，员工利益才能有坚实的保证。因此，每个员工都应该确立组织利益高于一切的观念。同时，员工形象在某种程度上来说就是企业形象的缩影，员工的一言一行无不影响着他所在组织的形象。所以，每个员工都必须从自身做起，塑造良好的自我形象，在任何时候都不能做有损组织形象的事情，抵制一切有损组织形象和利益的言论和行为。例如，某些知名公众人物的错误言论和低俗行为，不仅会使自己的职业生涯跌入谷底，还有损自己所在单位在社会上的形象。

（三）严格遵守组织的规章制度

俗话说：没有规矩，无以成方圆。任何组织的科学管理都离不开规章制度。规章制度使

员工明白自己应该担负的责任和义务,对员工的言行起导向作用,也是组织能够有效运行的最基本法则。因此,一个有责任感的员工,恪守组织的规章制度是基本责任。

(四)正视工作中的失误,勇于承担责任

"人非圣贤,孰能无过",尤其是初入职场的年轻人,更是难免会有工作失误。那么从一个人对待失误的态度就可以清楚地看出他的责任感。一个缺乏责任感的人,总爱把工作成绩归于自己,而把工作失误推给别人或客观条件。这种做法必然损害组织利益,也有损自身形象。在任何组织中,上司或同事都不会认同这种人。上司会认为这种人不堪大任;同事不愿意与这种推脱责任的人共事。相反,一个有责任感,能够正视自己的失误(哪怕是客观条件造成的失误)并及时改正、设法补救的人,很容易得到上司的信赖和同事的认可。

第二节　敬业意识

一、敬业的内涵及实质

(一)何谓敬业

南宋哲学家、教育家朱熹说:"敬业者,专心致志以事其业也。"我们现在所说的敬业,仍然沿用朱熹的基本释义,就是敬重并专心于自己的学业或职业,做到认真、专注和负责。其具体表现为忠于职守、尽职尽责、认真负责、一丝不苟、善始善终等。

一个人是否有所作为,不在于他做什么,而在于他是否尽心尽力把事情做好。干一行,爱一行,精一行,是敬业的表现。工作中不以位卑而消沉,不以责小而松懈,不以薪少而放任,是敬业的体现。阿尔伯特·哈伯德说:"一个人即使没有一流的能力,但只要你拥有敬业精神,你同样会获得人们的尊重;即使你的能力无人能比,假设没有基本的职业道德,就一定会遭到社会的遗弃。"积极敬业地工作,是个人立足职场的根本,更是事业成功的保障。敬业,会使你获得你想要的丰厚的薪水、更高的职位、更完美的人生。

(二)敬业的三种境界——乐业、勤业、精业

敬业就是专心致力于自己从事的事业。敬业有三种境界,即乐业、勤业和精业。

乐业就是喜欢并乐于从事自己的职业。乐业的人具有浓厚而稳定的职业兴趣,兴趣促使自己对工作乐此不疲地积极探索、刻苦钻研、认真负责和力求完美。乐业是敬业的思想基础,是敬业的初级形态。

勤业是敬业者的行为表现。出于对本职工作的热爱,敬业者就会自觉自愿地把主要精力和尽可能多的时间投入工作,勤勤恳恳、孜孜不倦。勤业者大都以勤勉、刻苦、顽强的态度对待工作,因此,古往今来凡在学业或事业上出类拔萃、卓有成就者,大多为勤业之人。

精业就是以一丝不苟的工作态度对待职业活动,不断提高业务水平和工作绩效,达到熟练、精通,精益求精。勤业是精业的前提,古语"业精于勤,荒于嬉"就含有此意。现实中,很多年轻人并不是因为没有才华和能力而找不到工作,而是因为缺乏敬业精神。

在职场中,只要我们能够拥有比别人更多的敬业精神,将工作做到足够出色、足够高效,就会赢得人们的赞誉和尊敬。当你因敬业精神而被周围人称赞时,也就等于拥有了职业生涯中最大的财富。敬业的好口碑将成为你在职场上不断晋升的助推器,让你拥有一个更加美好的职业人生。

(三)敬业的实质

敬业的实质就是热爱本职,忠于职守。

热爱本职是社会各行各业对从业人员工作态度的普遍要求。它要求从业者努力培养对所从事的职业活动的责任感和荣誉感;珍视自己在社会分工中所扮演的角色;应当为自己掌握了一种谋生手段,获得了经济来源,而且有了被社会承认、能够履行社会职责的正式身份而自豪。

忠于职守是在热爱本职工作的基础上对职业精神的升华。它要求员工乐于从事本职工作,以一种恭敬严肃的态度对待工作、履行岗位职责,做到一丝不苟、恪尽职守、尽职尽责,甚至在紧要场合以身殉职。忠于职守包含着奉献精神,在客观情况需要时,它能够使从业者不顾个人安危地牺牲自我,为维护国家和集体利益"鞠躬尽瘁、死而后已"。

世界上最严格的工作标准并不是单位的规定、老板的要求,而是自己制订的标准。如果你能够发自内心地热爱自己所从事的职业,自己对自己的期望就会比老板对你的期望更高,这样就完全不需要担心自己会失去这份工作。同样,如果你能够勤奋敬业、忠于职守,不论有没有老板的监督都能做到认真、谨慎、努力地工作,尽力达到自己内心所设立的高标准,那么你也肯定能够因老板的赏识、青睐而得到晋升加薪的机会。

二、强化敬业意识

(一)以主人翁的精神对待职业活动

企业的命运和每个员工的工作质量、工作态度息息相关,因此,每个人都必须认清自己的位置,以主人翁精神来对待职业活动,树立"企兴我荣,企衰我耻"的责任感。主人翁精神是敬业意识的重要因素,这种精神可以从两个方面体现出来:一是要把自己当成组织的主人;二是要把组织的事当成自己的事。

一个从业者一旦有了主人翁意识,就能够把个人价值的实现与职业价值联系在一起,对所从事的职业产生强烈的责任感,进而产生积极而高效地投入工作的动力。

(二)在职业活动中强化敬业意识

1. 要把敬业变成一种良好的职业习惯

在当今社会,一个人是否具备敬业精神,是衡量其能否胜任一份工作的首要标准,因为它不仅关系到企业的生存与发展,也关系到个人的切身利益。一个勤奋敬业的人也许不能马上得到上司的赏识,但至少可以获得他人的尊敬,并会从中受益一生。如果我们每个人每时每刻在职场上、在每件事情上都能保持这种精神,那么我们就能慢慢地将此养成一种习惯,拥有敬业意识。

一个人工作敬业,表面看是为了老板,其实更是为了自己。因为敬业的人能从工作中学到比别人更多的经验,而这些经验便是他向上发展的垫脚石,就算他以后换了单位,从事不同的行业,他的敬业精神也必定为他带来帮助。当敬业精神成为他的一个良好习惯后,它或许不能立即为他带来可观的收入,但可以为他奠定一个坚实的基础,帮助他实现事业上的成功。虽然许多人的能力并不突出,但是因为他们养成了敬业的习惯,他们身上的潜力便会被逐渐挖掘出来,从而得以提高他的办事效率,增强自身实力,使自己成为一名优秀员工。

2. 谨防和克服工作中出现的陋习

职场中,有人养成了良好的敬业习惯,也有人缺乏对职业岗位的认同和敬畏之心,进而表现出一系列缺乏敬业意识的行为。根据相关的调查研究,员工缺乏敬业意识的表现主要有:三心二意、敷衍了事;不求有功、但求无过;明哲保身、逃避责任;怨天尤人、不思进取等。这些行为经过长时间的强化,久而久之,习以为常,也会变成一种习惯——顽固不化的职业陋习。

实践证明,养成上述不敬业的职业陋习的人,长此以往,很可能会陷入恶性循环,思想狭隘守旧、工作绩效不佳、难以晋级加薪及不敬业程度进一步加深。另外,由于不敬业者浪费资源、贻误工作、影响绩效,也必然给组织带来损害,这些人自然也会成为组织裁员的对象。

3. 在工作中努力实践敬业三境界

敬业的第一境界就是乐业。敬业首先要培养对自己职业的兴趣,要乐于从事自己的职业,即热爱这个职业,这是敬业最重要的一个前提,只有这样,工作再苦再累、再难再险,都会乐在其中,即所谓"痛并快乐着"。

敬业的第二境界是勤业。勤业并不是机械地重复自己每天的工作,而是要有意识地锻炼自己,用眼睛观察问题,用耳朵倾听建议,用头脑思考判断,用心学习知识和技能,不断总结经验教训,以提高工作效率,创造更大价值。

敬业的第三境界是精业。它要求对本职工作精益求精,胜不骄、败不馁,戒骄戒躁,练就一流的业务能力,力争成为行业领域的行家里手、业务骨干;同时,随着社会的发展和科技的进步,精业还要求动态地维持其一流的业务水平,即不断学习新知识和新技术,与时俱进,使自己的业务能力更上一层楼,真正做到精于此业。

第三节 诚信意识

一、诚信理念的内涵

（一）"诚"和"信"

"诚"，即真诚、诚实；"信"，即讲信用、守承诺。"诚"为信之基础，它侧重于"内诚于心"，体现了内在的个人道德修养。"信"则侧重于"外信于人"，体现为外在的人际关系。"诚"更多的是指在各种社会活动中（如人际交往、商业活动等）真实无欺地提供相关信息；"信"更多的是指对自己承诺的事情承担责任。

（二）诚信

"诚"和"信"组成"诚信"一词，成为道德范畴的一个重要理念。诚信是指个人的内在品质，也是人的行为规范。它要求人们具有诚实的品德和境界，尊重事实，不自欺，不欺人；要求人们在社会交往中言行一致，信守诺言，履行自己应该承担的责任。它是处理人际关系的基本伦理原则和道德规范，也是行为主体所应具有的基本德行和品行。我国公民的基本道德规范、职业道德规范中都提到了"诚实守信"。可见，诚信是一种社会道德规范，是政府机关、企事业单位和个人都要遵守的基本行为准则。

二、诚信的价值

诚实守信是中华民族的传统美德。在我国的传统道德中，诚实守信被看作"立身之本""进德修业之本""举政之本"。特别是在我国全面进入加快社会主义市场经济建设的背景下，强化个人、企业和社会的诚信意识，践行诚信品格，具有重要的现实意义。

（一）对个人的价值

对个人而言，诚信是一种人格力量，可以提升人的职业素养。诚信是一个人的立身之本，是职业道德的重要内容，是一个从业者不可缺少的职业素养。"人而无信，不知其可也"（《论语·为政》）。从古至今，我国人民一直以诚信为德之重，而德乃立身之本。在职业活动中，每个人都应以诚待人、信誉至上。只有这样才能得到他人、组织和社会的认可和信任，才能融入社会、发挥才智、建功立业。诚信促使从业者在工作中恪守职业道德、爱岗敬业、忠于职守、诚于职责、奉献社会。

在企业里，诚信的员工是一个企业得以良好发展的宝贵财富。如果你对客户诚信，就将赢得更多的客户，获得更多的利润；如果你对同事诚信，就会得到信任和帮助，建立起和谐可靠的共事关系;如果你对老板诚信,就会得到老板的青睐和重用,赢得更多的发展机会。对一个老板来说,一个不诚实的员工即使才华横溢,也无法对其加以重用;而如果你能力不够,却一心忠诚于公司,重信誉,为公司谋发展,那么老板一定会非常信任你,愿意给你很多锻炼的机会,从而提高你的能力。相反,一个人如果缺乏诚信意识、弄虚作假、欺上瞒下,可能会赢得一时的利益,但这只是短期行为,一旦他失去了利用价值,就算他再能力过人,也很可能会被逐出门外。因为缺乏诚信的员工对任何公司来说,都是很大的隐患,这样的人根本无法得到他人和组织的信赖,也很难在日常生活和职业活动中立足和发展。

美国心理学家、作家艾琳·卡瑟曾说:"诚实是力量的一种象征,他显示着一个人的高度自重和内心的安全感与尊严感。"此时的弗兰克用自己的诚信捍卫了自己的尊严。

(二)对企业的价值

对企业而言,诚信有助于降低经营成本、提升企业品牌形象、增强企业的凝聚力。"人无信而不立,企业无信而不存。"诚信不仅是一个人或一个企业的"金字招牌",在当今市场经济的大浪潮下,它还蕴藏着巨大的经济价值和社会价值,也正因为如此,很多企业都将诚信视为宝贵财富,不但将其列在价值观的第一位,也付出百分之百的努力去捍卫它。据权威部门的测算,我国企业每年因诚信问题而增加的成本占其总成本的15%。如果企业具有健全的诚信制度和信用体系,就能减少企业之间交易的中间环节和交易成本,节省时间,提高经济效益。

品牌标志着一个企业的信誉,是企业的无形资产。品牌是由企业依靠诚信、优质产品和服务塑造起来的。反过来,品牌又为企业的发展开拓了广阔的市场。前面所述的李彦宏创办百度公司的故事就说明了这一点。当年海尔公司张瑞敏砸毁76台有质量问题的冰箱,之后狠抓冰箱质量,最终以产品质量取胜,成为我国第一个出口免检的企业,成功占领了海外市场。不讲诚信、失信于消费者的企业,为了盲目追求利润最大化,往往以假乱真、以次充好、不择手段,最后只能是自己砸了自己的牌子。

企业文化是在长期的经营活动中形成的体现企业员工的价值观念、思维方式和行为规范的意识氛围。诚信作为企业文化的主流意识,被内化为员工的思想品质和行为习惯,具有强大的凝聚力,对推动企业文化建设、加强企业内部团结、形成强大的凝聚力具有不可估量的作用。

(三)对社会的价值

对社会而言,诚信有助于社会秩序的良性运行和持续发展。当前我国在发展市场经济过程中正陷入一场诚信危机中。所谓诚信危机,是指社会交往中信用缺失而导致的一系列不信任、不确定和不安全的心理状况和行为方式。这种诚信危机涉及面之广、表现形式之多样令人触目惊心,制假贩假、偷税漏税、骗汇骗保、恶意透支、虚开票据、伪造票证、财务造假、商业欺诈、虚假广告、缺斤短两等现象相当严重,假成果、假学历、假文凭、假证件、假新闻、假演唱等屡见不鲜。

一个社会通行的道德标准常常因为每个成员行为的互相暗示而加强或削弱。普遍的守信行为会形成一种良性的社会信用氛围,使人们在任何社会活动中都有一种安全感;而反复的违约事件则会逐渐形成一种不讲信用的社会风气。

三、加强诚信修养

诚信修养是通过个体修养,把诚信规范由他律转化为自律,从而培养成优良的诚信品德的一种自主活动。

(一)大学生的诚信现状

家庭、学校和社会的多种途径的中华民族传统美德教育,特别是社会主义核心价值观的宣传教育,使大学生普遍树立起了诚信意识,在学习生活、人际交往、集体活动和社会实践中,他们中的大多数能做到诚实守信,但是也不排除有少数大学生存在诚信缺失的问题。例如,一些接受助学贷款的学生,在有了偿还能力后恶意拖欠贷款,迟迟不还;还有的大学生在诚信道德修养上实行双重标准,一方面对别人的不诚信行为口诛笔伐、深恶痛绝;另一方面自己却又不身体力行,甚至还屡有失信行为。

(二)加强诚信修养的途径

1. 认真学习马克思主义理论,提高修养的自觉性

马克思主义的人性观认为人性的善恶并非先天的,也不是一成不变的,而是由一定的社会关系决定的。换言之,人的本性具有可塑性。认真学习马克思主义理论,就能使我们提高诚信修养的自觉性,增强获得诚信品质的信心。

2. 在实践中践行诚信品质

大学生应该在基础文明建设中培养良好的日常行为习惯;在校园文化活动中提升自己的诚信意识;在学校和班集体活动中坚定诚信信念;在社会实践中磨炼自己的道德意志,升华道德情感。

3. 做到慎独

做到慎独,即在一个人独处、无外在监督的情况下,仍坚守自己的道德信念,自觉按照道德要求行事,不因为无人监督而产生有违道德规范的思想和行为。其要义在于反对社会生活中的双重人格和两面行为。慎独强调了个体内心信念的作用,体现了严于律己的道德自律精神,不管在人前人后,都能做到"勿以善小而不为,勿以恶小而为之"。

第四节　竞争意识

一、竞争和竞争意识

（一）竞争的含义

《辞海》对竞争的释义为"互相争胜"；《现代汉语词典》对竞争的解释是"为了自己方面的利益而跟人争胜"。

竞争是存在于大自然和人类社会的普遍现象。人类就是在竞争中求生存、求发展的，竞争推动了人类社会的进步。没有竞争的压力，就没有拼搏求胜的动力。在职业生涯中，一个人的职业素养的优劣是竞争胜败的决定因素。

竞争的结果就是优胜劣汰。在竞争中，希望与风险并存。面对一场又一场的竞争，任何人都不可能是永远的获胜者，因此要理性对待竞争，做到胜不骄、败不馁。

（二）培养竞争意识

竞争意识就是承认现实社会客观上处在竞争之中，要求人们任何时候都要有紧迫感，不能安于现状。美国富兰克林人寿保险公司前总经理贝克曾经这样告诫他的员工："我劝你们要永不满足，这个不满足的含义是指上进心的不满足。这个不满足在世界的历史中已经导致了很多真正的进步和改革。我希望你们绝不要满足。我希望你们永远迫切地感到不仅需要改进和提高自己，而且需要改进和提高你们周围的世界。"这样的告诫对于我们每个职场人士来说，都是必需的、中肯的。

1. 竞争无时不在、无处不有

竞争是时代发展的永恒主题，当我们选择了发展，也就选择了竞争。所以，培养和提升竞争意识，是大学生自身发展和社会发展的需要。

在未来的工作中，每天都会有思维活跃、能力超强的新人或者经验丰富的业内资深人士，不断涌入你所在的职场，你其实每天都在与很多人竞争。因此，时刻拥有进取心，追求更高的目标，不断提升自己的价值和竞争优势，才能不被日益进步的社会和不断更新的工作所淘汰。诺贝尔文学奖获得者拉迪亚德·吉卜林说："弱肉强食如同天空一样古老而真实，信奉这个原理的狼就能生存，违背这个原理的狼就会死亡。这一原理就像缠绕在树上的蔓草那样环环相扣。"

2. 竞争可以提高人的进取心和责任感，激发人的创造性和潜能

人生如逆水行舟，不进则退。在这个竞争异常激烈的时代，如果没有危机意识，又缺乏竞争意识，是很难摆脱被淘汰的命运的。现实社会没有"世外桃源"，人人都会在不同时期置身于不同的竞争中，不在竞争中胜出，就会在竞争中落后。

竞争是一种无形的动力,推动着参与竞争的人们不断进步。即使你现在已经取得了不错的成绩,也不能自我满足。只有不断超越,才能精益求精、不断进步。一个人如果从来不为更高的目标做准备的话,那么他永远都不能超越自己,也必将被淹没在竞争的大潮中。福特说:"一个人若自以为有很多的成就而止步不前的话,那么他的失败就在眼前。"

竞争是市场经济发展的重要特征之一。市场经济是法治经济、契约经济,也是竞争经济。竞争是市场经济赖以生存和发展的永恒动力。美国管理大师唐纳·肯杜尔说:"自从做生意以来,我一直感谢生意上的竞争对手。这些人有的比我强,有的比我差;不论他们行与不行,都使我跑得更累,但也跑得更快。事实上,脚踏实地的竞争,足以保障一个企业的生存。由于竞争,我们的工厂更具现代化,员工受到更多的训练,生产规模也随之扩大。"

二、努力提高竞争力

职场竞争乃至人生竞争,都要遵循同样的法则——要么卓越,要么出局。追求卓越,做到最好——最好的思想、最好的员工、最好的产品、最好的服务,才能打败竞争对手。管理大师易斯·B.蓝博格的哲学是:"不要退而求其次。安于平庸是最大的敌人,唯一的办法是追求卓越。"大学生只有不断超越自我,提高自己的实力,才能在职场中立于不败之地。

(一)培养危机意识

当今社会的就业形势是"能者上,平者让,庸者下",竞聘上岗,优胜劣汰,在职人员稍有懈怠,随时都有失业的可能。职场人员如果缺乏这种忧患意识和危机感,不好好珍惜所拥有的一切,对工作敷衍了事、安于现状、不思进取,那么不但不可能加薪升职或有更好的发展和机会,而且连工作都可能无法保住。正所谓"今天工作不努力,明天努力找工作",这个道理对企业同样适用。

职场竞争从来都是激烈无比的。危机意识的丢失对企业来说无疑是致命的危险。同样,对于职场上的每一个人来说,没有危机意识和竞争意识,也会让自己迷失努力的方向,从而被别人轻松超越,直至被淘汰。

(二)提高职业素养

个人的竞争能力不是单纯的争强好胜,它既要求个人有旺盛的竞争意识,更要有良好的职业素养。激烈的就业竞争主要是职业素养的竞争。因此,大学生在校期间就要确定职业目标,学好专业理论知识和技能,强化职业能力等显性职业素养。此外还要重视职业道德、职业意识、心理素质、沟通能力和团队精神等隐性职业素养的提升。因为在职场中,与显性职业素养相比,隐性职业素养能够在更广阔的行业领域,更加有效和持久地发挥作用。

(三)做到知己知彼

为了增强自己的竞争力,提高竞争取胜的把握,就必须做到知己知彼,既要了解自己的优势和劣势,又要了解对手和环境条件(时间、地点、政策、人际关系等)。因此,在就业竞争中,每个人都应该根据个人的优势、劣势和用人单位的招聘要求去实现人职匹配,以求成功择业；在职场人员发展的竞争中，能否做到知己知彼，关系到工作绩效的高低和个人发展前景的好坏。在知己知彼的基础上制订的职业生涯规划和职业发展目标，由于符合主客观情况而切实可行，具有较高的成功率。在与同行的竞争中，如果真正了解彼此的长处和短处，就会扬长避短、取长补短，从而保证自己在竞争中处于优势地位，提高成功的概率。

（四）正确处理竞争与合作的关系

随着社会分工越来越细，科学知识也在纵向深入发展，一个人已经不太可能成为百科全书式的人物，每个人都要借助他人的智慧来完成自己人生的超越。因此，团队合作就成了一种无法替代的现代工作方式与职业需求。于是，这个世界既充满了竞争与挑战，也充满了团结与合作。据统计，诺贝尔奖项中，因合作获奖的占三分之二以上。在诺贝尔奖设立的前25年，合作获奖的占41%，而现在则高达80%。

可见，竞争与合作是相伴而行的。竞争离不开合作，竞争获得的胜利，通常是某一群体内部或多个群体之间通力合作的结果；合作也离不开竞争，竞争促进合作的广度和深度，合作又反过来增强竞争的实力。正是这种竞争中的合作和合作中的竞争，推动着人类社会不断发展和进步。因此，即将步入职场的大学生一定要协调好竞争与合作的关系，既要有竞争意识，还要有团队合作精神。

第四章 职业道德

职场生活是社会生活的一部分,人们生活在其中,自然就要受到来自职场伦理规范的约束,尤其是来自特殊的工作岗位的特殊的职业伦理要求,因此,就会面临具体的职业道德的要求。这些要求不仅有某一特殊岗位的道德规范,也有工作单位的纪律规章、具体岗位的具体行为规范。这些要求在职业道德层面呈现为爱岗敬业、办事公道、服务群众、诚实守信等道德规范。

第一节 职业道德概述

一、职业道德简述

恩格斯指出,在社会生活中,"实际上,每一个阶级,甚至每一个行业,都有各自的道德"。这里所说的每一个行业的道德就是职业道德。所谓职业道德,就是指从事一定职业的人在职业活动中应当遵循的具有职业特征的道德要求和行为准则。在现代社会中,职业道德通常以"准则""守则""条例"等形式表现,主要用于说明哪些行为是被允许的,属于道德的行为;哪些行为是不被允许的,属于不道德的行为。从来源上看,职业道德随着劳动分工的出现而逐步形成,又随着分工的发展而不断发展。比如伴随着淘宝卖家、快递员、网模等新兴职业的出现,新的职业道德要求也随之产生。从形式上看,职业道德是一般社会道德的特殊形式,是社会道德的一个有特色的分支。

党的十七大把社会道德分成社会公德、职业道德、家庭美德和个人品德四个部分。从内容上来看,各行各业形成了各具特色的职业道德。如不做假账是会计的职业道德,救死扶伤是医生的职业道德,诲人不倦是教师的职业道德,为官一任、造福一方是官员的职业道德,发生灾难时最后离船是船长的职业道德等。

职业道德是职业素养的重要组成部分。职业素养是从业者在职业活动中表现出来的综合能力与品质,包括了职业技能、职业价值观、职业习惯、职业形象、职业道德等。职业道德本身又涵盖了职业态度、职业荣誉、职业作风、职业良心、职业义务等内容。另外,需要注意的是,职业道德和职业法律既紧密联系又相互区分。两者虽然都是关于职业的具体要求和明确规范,在职业活动中都发挥着积极的作用,但是两者的作用方式有着显著的区别。职业法律是从事一定职业的人在履行本职工作的过程中必须遵循的法律规范。这是通过国家强制力来保障实施的行为规范,对职业活动具有更强的约束力。而职业道德主要依靠社会舆论、内心信念和传统习俗来维系,属于应当做但不是必须做的一种行为规范。现代社会,职业道德与职业法律之间的相互交融日益凸显,一些原有的职业道德上升转化为职业法律,从而获得了更大的普遍性和权威性,另外,职业法律也影响着职业道德规范的制定与完善。

即将踏入职场的大学生群体对职业道德的认识究竟处于何种程度?2015年1月29日《光明日报》报道,75所部属大学公布的2014年大学生就业率分析报告指出,用人单位比较重视毕业生的个人能力、道德修养及面试表现,其次是学习成绩、实习经历、身体及心理素质和性格特点等,对于性别、学校名气、学历层次等条件的重视程度有所降低。报告结果还显示,90%的用人单位对北京大学毕业生表示"满意"或"很满意",但认为大学毕业生在实践能力、时间管理能力、集体意识和纪律意识等方面仍有待提高。"集体意识"是目前大学生急需提高的一个重要方面。

然而,相当一部分大学毕业生没有清楚地认识到用人单位对职业人才的职业道德要求。他们初次踏入职场,考虑的因素往往与用人单位的要求不一致,甚至相差甚远。英才网的调查显示,57%的"90后"大学毕业生找工作时首先考虑的是个性化的工作氛围,43%的"90后"大学毕业生择业时看重薪酬,38%的"90后"大学毕业生找工作时以符合个人的兴趣爱好为主。大学毕业生择业时会首先考虑环境、报酬、兴趣等,但几乎没有人意识到职业道德在职场中的重要地位。

由此可见,用人单位对人才的要求和大学生的求职认识存在着偏差,这就需要大学生转变观念、调整发展方向。用人单位要求一个刚毕业的学生既有高学历,又有社会经验,工作能力还很强,这几乎是不可能的。所以用人单位主要关注大学生的职业态度、职业道德,看他工作是否认真负责、是否有敬业精神。只要具备这些特点,经过培养,大学生都能成为人才。正如蒙牛创始人牛根生所言:"有德有才,破格重用;有德无才,培养使用;有才无德,限制录用;无德无才,坚决不用。"

二、社会主义职业道德的内容

职业道德具有时代性和历史继承性,在不同的历史时期有不同的职业道德要求。在历史上不同时期产生的一些带有道德蕴含的行规,可以看作最早的职业道德的表现形式。

在资本主义时代,机器大工业带来了社会分工的发展,促成了职业的大分化。职业的发展推动了职业道德的进步,职业道德的种类迅速增加并且在内容上逐渐定型,职业道德的调控作用也得到了强化,成为职业活动的有机组成部分,甚至上升到了制度和法律的层面。

社会主义制度的建立为职业道德的发展提供了更为广阔的空间,职业道德也由此进入了新的发展阶段。在社会主义条件下,职业成为体现人际平等、人格尊严和个人价值的重要舞台;尽管职业的分工还受生产力发展水平的制约,但由于各种职业利益同社会的整体利益从根本上说具有一致性,因而从业者之间以及从业者与服务对象之间不存在根本的利益矛盾。职业和岗位的不同,只是分工的差别,而没有地位高低、贵贱之分。社会主义的职业道德体现了以为人民服务为核心、以集体主义为原则的社会主义道德要求,同时汲取了传统职业道德的优秀成分,体现了社会主义职业的基本特征,具有崭新的内涵,其基本要求是:爱岗敬业(乐业、勤业、精业)、诚实守信(诚信无欺、讲究质量、信守合同)、办事公道(客观公正、照章办事)、服务群众(热情周到、满足需要、技能高超)、奉献社会(尊重群众利益、讲究社会效益)。

(一)爱岗敬业

职业不仅是个人谋生的手段,也是从业者完成自身社会化的重要条件,是个人实现自我、成就事业的重要舞台。爱岗敬业所表达的最基本的道德要求是:干一行爱一行,爱一行钻一行;精益求精,尽职尽责;"以辛勤劳动为荣,以好逸恶劳为耻"。爱岗敬业不仅是社会对每个从业者的要求,更应当是每个从业者的自我约束。

1. 乐业

基本要求:对工作抱有浓厚兴趣,倾注满腔热情。

更高要求:把工作看作一种乐趣,看作生活中不可缺少的内容,并在艰苦奋斗后,取得成就时,感到无比的兴奋和快乐。

2. 勤业

基本要求:具有忠于职守的责任感,认真负责、心无旁骛、一丝不苟、刻苦勤奋。

更高要求:遇到困难不轻言放弃并不懈努力,具有战胜困难的工作精神。

3. 精业

基本要求:对本职工作业务纯熟、精益求精,力求不断提高自己的技能,使工作成果尽善尽美。

更高要求:不断有所进步、有所发明、有所创造。

(二)诚实守信

所谓诚实,就是忠诚老实、不讲假话。所谓守信,就是信守诺言、说话算数、讲信誉重信用、履行自己应承担的义务。

1. 诚信无欺

基本要求:市场交易中,卖方要做到货真价实、明码标价、合理定价,提供真实的商品信息。

反对:反对和杜绝各种各样的欺骗服务对象的职业行为。

2. 讲究质量

基本要求:把质量放在第一位,以质量求生存、以质量求发展。

反对:不以次充好,不生产、销售假冒伪劣产品。

3. 信守合同

基本要求:签订合同时,诚心诚意、认真负责,履行合同时,一丝不苟、不折不扣。如遇困难或意外,应想办法克服。不能履约,应承担相应的责任。

反对:不以欺诈、强迫等不平等方式签订合同,不随意违约、毁约。

(三)办事公道

公道就是公平、正义。办事公道是指从业人员在职业活动中要做到公平、公正,不牟私利,不徇私情,不以权害公,不以私害民,不假公济私,恰如其分地对待人和事。办事公道是为人民服务必不可少的条件,是提高服务质量的基本保证。

1. 客观公正

在办理事情、解决问题时,要客观地判断事实,重视证据,公正地对待所有当事人,不偏袒某一方,更不能作为某一方的代表去介入。

2. 照章办事

严格按照章程、制度办事,不打折扣,不徇私情;待人公平,以人为本,理解人、尊重人,不以好恶待人,不以貌取人,不以年龄看人。

(四)服务群众

所谓服务群众就是在职业活动中一切从群众的利益出发,为群众着想,为群众办事,为群众提供高质量的服务。服务群众是为人民服务在职业活动中最直接的体现。

1. 热情周到

为服务对象考虑周全、细致,不怕麻烦,使服务对象有"宾至如归"的感受。

2. 满足需要

心中装着群众,急群众所急,想群众所想,充分尊重群众的意愿,以群众的需要作为自己的工作需要,满足群众提出的合理、正当的要求。

3. 技能高超

勤学苦练,不断提高服务技能,使服务工作尽善尽美。

(五)奉献社会

奉献社会,就是要求从业人员在自己的工作岗位上树立起奉献社会的职业理想,并通过兢兢业业的工作,自觉为社会和他人做贡献,尽到力所能及的责任。这是社会主义职业道德中最高层次的要求,体现了社会主义职业道德的最高目标指向。

1. 尊重群众利益

反对形式主义、官僚主义、享乐主义和奢靡之风,充分维护群众的利益,倾听群众的呼声,将以人为本的理念融入社会管理的制度设计和执行中。

2. 讲究社会效益

公共生活中爱护公共设施,积极参加公益活动,倡导无私奉献精神。

第二节 敬业与忠诚

一、敬业的含义

敬业是社会主义职业道德的一项基本要求,是职场人士必须具备的一种最基本的职业道德。所谓敬业，就是用严肃认真的态度对待自己的工作，勤勤恳恳、兢兢业业，忠于职守，尽职尽责。中国古代思想家历来提倡敬业精神，孔子称之为"执事敬"，朱熹解释敬业为"专心致志，以事其业"。敬业主要体现在两个方面：一是敬业的精神，表现为满腔热忱、精益求精、忠心耿耿的工作使命感、职业责任感及崇高的事业心；二是敬业的行为，表现为埋头苦干、任劳任怨，一丝不苟地履行工作职责，完成工作任务。

为什么要敬业？近代著名思想家梁启超在《敬业与乐业》这篇文章中提问："业有什么可敬的？为什么该敬呢？"他总结了两点原因：首先，人不仅是为了生活而劳动，也是为劳动而生活。劳动、做事本就是人生命的一部分，因此敬业本来就是我们生命的组成部分。可以说，人生来就需要敬业，生来就可以做到敬业。其次，无论何种职业都是神圣的。

农民的精心耕作使土地获得丰收，体现了他的价值；工匠独具一格的灵巧手艺体现了他的价值；艺术家辛勤地创作完美的艺术作品，这是他的价值体现。敬业能够最大限度地实现每个职业的最大价值，使职业没有高低、贵贱之分。

从个人角度来看，职业是个人获取生活来源、扩大社会关系和实现自身价值的重要途径。一个人的一生，大部分时间在工作，既是物质生活的需要，也是精神生活的需要。有了工作才有生活来源，如果一个人不敬业，那么就没有单位愿意聘用他，他就没有了衣食之源、生存之本。但工作并不只是为了满足简单的物质需要，更重要的是为了满足在工作中实现自我、超越自我的精神需要。从社会角度来看，社会是建立在不同职业的人们努力创造的基础之上的，它的存在和发展离不开人们的职业活动。只有每个人都做到爱岗敬业、尽职尽责、忠于职守，每个岗位上的事情都办得出色到位，社会才能更加和谐美好。

二、忠诚的价值

在一项对世界著名企业家的调查中，当问到"您认为员工最应具备的品质是什么"时，这些企业家无一例外地选择了"忠诚"。

忠诚，广义上指对所发誓效忠的对象（国家、人民、事业、上级、朋友、爱人、亲人等）真心诚意、尽心尽力、没有二心。忠诚代表着诚信、守信和服从。忠诚与敬业往往是职场中最值得重视的美德，两者关系密切、融为一体。忠诚是敬业的基础和前提；敬业是忠诚的必然结果。美国IBM公司创始人托马斯·沃森对员工说过："如果你是忠诚敬业的，你就会成功。只要热爱工作，就会提高工作效率，忠诚敬业和努力是融合在一起的，敬业是生命的润滑剂。"

拿破仑说过：不忠诚的士兵，没有资格当士兵。同样，不忠诚的员工，也没有资格当员工。每个企业的发展和壮大都是靠员工的忠诚来维持的，如果所有的员工对企业都不忠诚，那么这个企业的结局就是破产，那些不忠诚的员工自然也会失业。只有所有的员工对企业忠诚，才能发挥出团队力量，才能拧成一股绳，劲儿往一处使，推动企业走向成功。同样，一个员工也只有具备了忠诚的品质，才能取得事业的成功。忠诚意味着对国家、企业、老板、同事都要忠诚。你忠诚于国家，因为你热爱祖国，国家给了你安全和保障；你忠诚于企业，因为企业为社会创造财富，给你提供了发展的平台；你忠诚于老板，因为老板给你提供了就业的机会，你对老板心存感恩；你忠诚于同事，因为你发自内心地信任你的同事，和他们互助

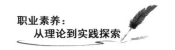

互爱。

在当今职场竞争激烈的年代，许多年轻人以玩世不恭的态度对待工作，他们频繁跳槽，觉得自己工作是在出卖劳动力；他们蔑视敬业精神、嘲讽忠诚，将其视为老板盘剥、愚弄下属的手段。员工对老板的忠诚，能够让老板拥有一种事业上的成就感，同时增强老板的自信心，使公司的凝聚力得到进一步的增强，从而使公司得以发展壮大。很多老板在用人时不仅看重个人能力，更看重个人品德，尤其是忠诚。那种既忠诚又有很强工作能力的员工是每个老板都心仪的对象。

既忠诚又有能力的员工，不管到哪里都是老板喜欢的人，都能找到自己的位置。而那些三心二意、只想着个人得失的员工，就算他的能力无人能及，老板也不会委以重任。美国钢铁大王安德鲁·卡耐基认为，一个企业是否能够发展，关键在于员工是否对企业忠诚。他之所以能够建立起自己的钢铁王国，是因为他重用了这样一些人：勇于也乐于承担责任，甚至为了维护整个企业的利益而敢于违背上司命令的人，因为他相信这样的人是忠诚的。

三、敬业的实现

敬业如此重要，然而现实中，很多人缺乏敬业精神。要如何才能提高员工的敬业度？对此，员工至少要做到以下三点：

（一）首先要热爱自己的职业

爱岗与敬业的精神是相通的，是相互联系在一起的。爱岗是敬业的基础，敬业是爱岗的具体表现；不爱岗就很难做到敬业，不敬业也很难说是真正的爱岗。每个人都应该学会热爱自己的职业，并凭借这种热爱去发掘内心蕴藏的活力、热情和巨大的创造力。事实上个人对自己的工作越热爱，工作效率就越高。被誉为"世界上最伟大的推销员"的乔·吉拉德被问及如何成为一名好的推销员时脱口而出："要热爱自己的职业，不要把工作看成别人强加给你的负担，虽然是打工，但多数情况下，我们都是在为自己工作。只要是你自己喜欢，就算你是挖地沟的，这又关别人什么事呢？"

（二）要时刻以公司利益为重

敬业要求员工随时以公司利益为重，将公司利益与个人利益结合起来，为公司努力工作。有的人刚入职场时会有一种错觉，以为自己做事是为了老板、为他人挣钱。所以，他们就有了这种想法：反正是为别人打工，能混则混。于是他们不把工作当回事，心里总想着"差不多就行""混口饭吃"，甚至有些人还扯老板的后腿，背地里做些损害公司利益的事，没有任何职业道德。这表明，如果员工仅仅考虑个人利益，就容易变成为金钱而工作，就难以做到敬业。只有员工能够对公司负责，能够以公司利益为重，克服消极的"打工"意识和心态，为顾客提供高质量的产品和服务，才能真正做到满足积极主动、尽心投入、认真负责的敬业要求。

（三）要不断努力提高职业技能

平凡的职业也能依靠敬业精神做出不平凡的成绩。哪怕是普通的修鞋工作，不管是一个补丁还是换一个鞋底,敬业的鞋匠都会一针一线地精心缝补。敬业就是要求人们精益求精,把本职工作做到极致,发自内心地去追求更高、更完美的目标。正如美国黑人人权领袖马丁路德·金曾经说的:"如果一个人是清洁工,那么他也应该像米开朗琪罗绘画、像贝多芬谱曲、像莎士比亚写诗那样,以同样的心情来清扫街道。他的工作如此出色,以至于天空和大地的居民都会对他注目赞美:瞧,这儿有一位伟大的清洁工,他的活干得真是无与伦比!"

第三节　诚信与责任

一、诚信的定义

(一)诚实守信是做人的准则

诚实守信是从业者步入职业殿堂的"通行证",也体现着从业者的道德操守和人格力量,是从业者在具体行业立足的基础。一个人要想在社会立足、干出一番事业,就必须具有诚实守信的品德。在职业活动中,缺失了诚信就会失去人们的信任、社会的支持、成功和发展的机遇。那些弄虚作假、欺上瞒下、欺骗国家与人民的人,最终都会受到应有的惩罚。诚实守信是一种社会公德,是社会对人的基本要求。

(二)诚实守信是做事的基本准则

诚实守信不仅是做人的准则,也是做事的基本准则。诚实是我们对自身的一种约束和要求,讲信誉、守信用是他人对我们的一种希望和要求。诚信也能出效益,信誉和形象是企业的无形资产。如果一个从业人员不能诚实守信、说话不算数,那么他所代表的社会团体或是经济实体就得不到人们的信任,也无法与社会进行经济交往,或是失去对社会的号召力。

(三)诚实守信是公民道德建设的重点

目前我国的社会主义市场经济体制还不完善,职业领域出现了一些不健康的现象。突出的表现之一就是一些企业及其从业人员缺乏诚信,扰乱了市场秩序,阻碍了社会主义市场经济的顺利发展。市场经济是信用经济,一旦违背了诚实守信的原则,不仅使正常的职业关系遭到破坏、利益遭受损失,而且会破坏社会公正、损害个人或团体的形象,从而导致个人和社会的双输结局。

二、诚信的价值

诚信的价值就在于它是人的立身之本。

中国古人认为,人之为人的根本有二:一是孝悌;二是诚信。《论语》说:"君子务本,本立而道生。孝悌也者,其为仁之本与!"又说:"自古皆有死,民无信不立。"古人的思想世界中,君子的社会地位是高于一般的民众的,但他们都是生活在一个共同的现实世界中,同样受到社会伦理关系的约束,必须遵守相关的伦理道德规范。相对于家国天下伦理维度而言,古代纲常伦理自然而然地强调家庭伦理,由家庭自然而然地推广到国家天下。因此,古人说:"君子一定会踏踏实实地培养为人的根本,只有根本确立起来了,君子谋求的'道'才会产生。所以说,孝敬父母、友爱兄弟,才是君子为仁谋道的根本!"这就为家庭生活确立了道德伦理的规范和道德自觉。而当人的伦理实践走出家庭进入社会时,社会伦理维度自然就取代家庭伦理了。这就是对整个社会的"民"而言了,故说,老百姓如果没有诚信,则他就无以立足于天地之间了。这也就为社会生活确立了普遍有效的行为规范和道德意识。所以孔子总括说:"弟子入则孝,出则悌,谨而信,泛爱众而亲仁。行有余力,则以学文。"在魏晋时期,有一位叫卓恕的人,为仁笃信,言不食诺。

有一次,他从南京回上虞老家,临行前与太傅诸葛恪相约某日再来拜会。等到那天,诸葛恪设宴等待,众宾客都以为卓恕不会来了,因为上虞与南京相距千里。然而,当大家在行将开席之时,卓恕如期而至,满座惊叹! 当然,魏晋时人皆以信守诺言为美德,崇尚个人道德情操是那个时代的信条。

诚信当然更是维系社会生活有效秩序的道德规范,维护社会有效秩序除了依靠法律,还要依靠伦理道德。家庭生活有家庭伦理道德,社会公共生活有社会公共道德,职场生活则有职业道德。特别是当今时代,在市场经济的推动下,全球化社会逐渐形成,社会伦理道德也逐渐趋同,形成一体化的伦理规范和道德意识。这一点在职业道德方面的表现较为突出。正是因为有道德和法律的存在并发生作用,社会生活才能有条不紊地进行,人与人之间的交往活动才可以正常开展。试想一下,如果人和人之间都不存在诚实的品德、相互之间的信任,那么,人际交往的确定性就无以确保,整个社会运作的成本也会大大增加。

三、诚信的践履

诚信的践履关键在于遵守诚信的五大原则。

(一)崇尚正义

有一个典故叫作"子路无宿诺",说的是子路是一个重信用、守诺言的人,答应的事绝不拖过夜,因此孔子说"子路无宿诺",是对子路的高度评价。这里有一个故事说,一位邾国大夫向鲁国进献句绎这块土地,想以此获得鲁国对自己的庇护。通常,这类人都会去找鲁国国君,让鲁国国君给予自己安全的保障。但是这位大夫却说:"只要孔子学生子路能给自己作担保,自己就有足够的安全感!"在当时,子路因为讲信用深得各国诸侯的尊重。也就是说,子路的一句话,胜过一个国家的承诺。然而,子路拒绝了这位邾国大夫的要求。原来,子路从来都不会滥用他的信用。他说:"我可以为鲁国去打仗,在保卫国家的战争中献出自己的生命,却无法答应一个背叛自己国家的人的要求。"这个故事告诉我们,守信首先要符合正义的原则,我们在坚守信用、兑现承诺时,不能违背社会正义。所以,我们不要滥用自己的信用,更不能对那些背信弃义的人作出任何承诺。

（二）信誉至上

《二十四信》里有一个"韩康卖药"的故事。汉朝时有一个人,姓韩名康,字伯休,在长安的集市里卖药,三十几年从来都是"不二价",就是不说两样的价钱,童叟无欺。但是,有一次,一个女子向他来买药,而且讨价还价,韩康不肯让价。那个女子生气了,说道:"难道你是韩伯休吗?为什么不二价?"韩康听了,叹了一口气说道:"我本来是为了要避开名声,才做这卖药的营生,现在连女子也晓得我了,我还怎么卖药呢?"于是,他就跑到霸陵山里隐居下来。那时,朝廷实行"征举制",征聘贤能的人去做官,朝廷屡次征召韩康,他都不肯去。汉桓帝带了礼物去聘请他,他却在半路上逃走了。"韩康卖药"的故事说明了韩康从卖药时童叟无欺的诚信中获得了信誉,为了真正地保守信誉,不沽名钓誉,所以避世隐居,更不会用名誉博取功名利禄。在中国古代社会重视道德修养与践履的浓厚氛围中,这样为保护自身信誉不与权贵合作、不向权贵低头的故事还有很多。说低一点,是抵御了诱惑,说高一点,就是舍生取义,为了信誉宁愿舍弃生命。当然,古人早就为这样的行为做好了旌表,那就是:杀身成仁、舍生取义。

（三）信守诺言

"卓恕辞恪"的典故,就是信守诺言的故事。但是,这里要说的是,信守诺言首先是不要随意许诺,因为随意许诺是不负责任、自毁人格的事情。中国人都熟悉"一诺千金"这个成语,其实这个成语的背后有一个故事。

司马迁《史记·季布栾布列传》记载说:"得黄金百,不如得季布诺。"唐代李白的《叙旧赠江阳宰陆调》中有一句诗:"一诺许他人,千金双错刀。"据说,秦末,在楚地有一个叫季布的人,是项羽的部下,性情耿直,为人侠义好助。只要是他答应过的事情,无论有多大困难,他都会设法办到,因而受到大家的赞扬。楚汉相争时,季布曾几次向项羽献策,使刘邦的军队吃了败仗。刘邦当了皇帝后,想起这事,就气恨不已,下令通缉季布。这时敬慕季布为人的人,都在暗中帮助他。不久,季布经过乔装打扮,到山东一家姓朱的人家当佣工。朱家明知他是季布,仍然收留了他。后来,朱家又到洛阳去找刘邦的老朋友汝阴侯夏侯婴说情。

刘邦在夏侯婴的劝说下撤销了对季布的通缉令,还封季布做了郎中,不久又改封其做河东太守。季布的一个同乡曹邱生,专爱结交有权势的官员,借以炫耀和抬高自己,季布一向看不起他,听说季布做了大官,曹邱生就马上去见季布。季布听说曹邱生要来,就虎着脸,准备数落几句,让他下不了台。谁知曹邱生一进厅堂,不管季布的脸色多么阴沉、话语多么难听,立即对着季布又打躬,又作揖,要与季布拉家常叙旧,并吹捧说:"我听到楚地到处流传着'得黄金千两,不如得季布一诺'这样的话,您怎么能够有这样的好名声传扬在梁、楚两地的呢?我们既是同乡,我又到处宣扬您的好名声,您为什么不愿见到我呢?"季布听了曹邱生的这番话,心里顿时高兴起来,留他住了几个月,将他看作贵客。临走时,季布还送给他一笔厚礼。后来,曹邱生又继续替季布到处宣扬好名声,季布的名声也就越来越大了。这就是"一诺千金"的由来,可见人们对信守诺言多么看重。

（四）遵守法制

"戴胄守法"典故,讲的就是遵守法制、诚信为官的故事。初唐时,有一个做大理寺少卿官的人叫戴胄。那时候的官员多半是假冒着祖父辈的福荫而取得做官的资格,唐太宗李世民于是下了一道敕令,叫那些假冒的人先自己出来自首,倘若不自首而被查出后就会被处死。

但是,没有几个人主动自首。后来有一个人假冒顶替的事情被发现了,唐太宗就要把那个人处死。这时戴胄正担任大理寺少卿,掌管司法,他就根据法律,要求把假冒的人处以流配的刑法。李世民就说,你要自己守法律,难道就叫我失信于民？戴胄答道,敕令是出于皇上一时的喜怒,法律可是国家昭信于天下的规则,所以还是遵从法律为是。唐太宗认为他说得非常在理,就答应了他的要求。后人评点说:戴胄为卿,守法诚荩,奏请改流,昭布大信。

当代社会生活更是无处不要求人们遵守法制。比如,为官应当恪尽职守、为民服务,可是却偏偏有那么一些贪官污吏禁不住金钱、美色、权力的诱惑,轻则贪污腐败,重则出卖国家,更有甚者背叛民族和国家,坠入万劫不复的罪恶深渊,沦为被世人唾弃的阶下囚。

（五）拒绝诱惑

文天祥在元朝高官厚禄的诱惑面前,不食周粟,引颈就义,谱就了传诵千古的"正气歌",留下了"人生自古谁无死,留取丹心照汗青"的千古佳句。何等高贵的风骨！然而,历史上总不乏那些贪生怕死、贪求富贵利禄之辈,从根本而言,莫不是禁不住威逼利诱,铸成千古罪过。立足于职业道德讲诚信践履,要拒绝诱惑,根本上是要我们从自身的道德修养与法律意识上树立起自觉的是非、善恶的观念,尤其是是非观念。如果不能坚守这些观念,往往就会在不经意间丧失职业道德,甚至触犯法律。如某些企业、个人为了降低生产成本,获取更多的利益,竟然违背职业道德,甚至无视国家法律禁令,在食品、产品中添加违禁成分,直接、间接地危害消费者的生命健康。这种行为的起因是禁不住高额的利益诱惑而丧失职业操守、违背国家法律,最终受到刑事处罚。

四、责任的自觉

从上述对诚信的定义、价值与践履的阐述中,我们可以发现,职业道德中的诚信取决于职业实践主体的内在自觉与外在遵守。但这种内在自觉与外在遵守,需要实践主体对道德规范和法律制度的认知与实行方面的责任意识,也就是对责任意识的自觉。

（一）责任与责任意识

所谓责任,一般理解为实践主体应该担当的行为后果,因此,责任意识也就是实践主体承担行为后果的自觉意识。进一步讲,所谓的责任意识,就是清楚明了地知道什么是责任,并自觉、认真地履行社会职责和参加社会活动过程中的责任,把责任转化到行动中去的心理特征。有责任意识,再危险的工作也能减少风险;没有责任意识,再安全的岗位也会出现险情。责任意识强,再大的困难也可以克服;责任意识差,很小的问题也可能酿成大祸。有责任意识的人,受人尊敬、招人喜爱、让人放心。在这里,责任的自觉指的就是责任意识的自觉。

责任意识的自觉必须建立在对责任的认知和对责任行为的后果的了解基础上。当我们去做一件事、做一项决定时,对应不应该这样做、怎么做、为什么这样做等问题事先有所考虑、准备,这种准备和考虑就是为可能出现的后果做出的预判。如果出现了这样或那样的后果,怎么办? 这就涉及责任担当的问题。能够自觉地承担行为后果是负责任的行为,不主动或逃避承担行为后果就是不负责任的行为。

例如,2014 年 8 月 2 日,昆山市中荣金属制品有限公司发生的铝粉尘爆炸重大事故,被认定为一起生产安全责任事故。直接责任原因是:事故车间除尘系统较长时间未按规定清理导致铝粉尘集聚;除尘系统风机开启后,打磨过程中产生的高温颗粒在集尘桶上方形成粉尘云;而且集尘桶锈蚀破损,桶内铝粉受潮,发生氧化放热反应,达到粉尘云的引燃温度,引发除尘系统及车间的系列爆炸;没有泄爆装置,爆炸产生的高温气体和燃烧物瞬间经除尘管道从各吸尘口喷出,导致全车间的所有工位操作人员直接受到爆炸冲击,造成群死群伤。管理责任原因是:中荣公司无视国家法律,违法违规组织项目建设和生产,苏州市、昆山市和昆山开发区对安全生产重视不够,安全监管责任未落实,对中荣公司违反国家安全生产法律法规、长期存在安全隐患等问题失察;负有安全生产监督管理责任的有关部门未认真履行职责,审批把关不严、监督检查不到位、专项治理工作不深入、不落实;江苏省淮安市建筑设计研究院、南京工业大学、江苏莱博环境检测技术有限公司和昆山菱正机电环保设备有限公司等单位,违法违规进行建筑设计、安全评价、粉尘检测、除尘系统改造。这些责任原因酿成了一场严重的安全生产责任事故。在事故中,生产、管理、设计、安检等相关方面分担事故后果的责任,依照有关法律法规,对事故责任人员及责任单位予以处理,将涉嫌犯罪的责任人移送司法机关,对其他责任人给予党纪、政纪处分。

(二)责任意识如何自觉

一般认为,责任意识是理性精神和道德修养。对于需要人类共同面对的幸福和灾难,我们每一个人都要承担责任。2008 年"5·12"汶川大地震发生时,举国上下伸出援助之手,就是出于这样的责任意识的自觉。记得当时有一个插曲,某高校一位在校大学生因为与四川网友发生了不愉快,竟然诅咒四川遭受地震是活该。此举遭到社会的一致谴责,特别是某位知名主持人指出,天灾不知会降落在谁的头上,不是他们,就是你们或者我们,落在他们头上了,他们就是替我们大家在遭受苦难,所以不要幸灾乐祸,要有同情心和怜悯心,要有责任意识,尽自己所能去帮助他们。

因此,责任意识是一种自觉意识,也是一种传统美德。我国自古以来就重视责任意识的培养,如顾炎武"天下兴亡,匹夫有责"的主张,强调的是热爱祖国的责任;孟母"择邻而居",历尽艰辛,承担起了教育子女的责任;晋代王祥"卧冰求鲤",体现了恪尽孝道、为人子的责任意识。一个人只有尽到对父母的责任,才能是好子女;只有尽到对国家的责任,才能是好公民;只有尽到对下属的责任,才能是好领导;只有尽到对企业的责任,才能是好员工。因此,只有每个人都认真地承担起自己应该承担的责任,社会才能和谐运转、持续发展。因此,只有能够承担责任、善于承担责任、勇于承担责任的人才是可以信赖的。可见，决定一个人成功的重要因素不是智商、领导力、沟通技巧等，而是责任和努力行动，是使事情的结果变得更积极的意识。近年来，大学生就业调查揭示出企业、社会对大学生的责任意识要求越来越高，这也从另一个侧面反映出责任意识在大学生培养工作中的重要地位。

人类文明发展要求人具有沿袭文明、发展文明的责任意识，关心国家政治生活的责任意识，承担生活角色的责任意识。我们都很重视这种责任意识，却忽略了这种责任意识的形成。一种良好意识的形成不是一朝一夕的事，故而有人主张责任意识的培养必须从孩子抓起，在孩子还不能领会成年人的意旨时，就通过代价意识培养孩子的责任意识，通过这种培养让孩子形成责任意识的条件反射，从而形成责任意识的思维定式，其实质就是形成一种关于责任意识的自觉思维，就如孟子所讲的"恻隐之心怦然而动"。

第五章　语言素养

第一节　语言素养的重要性

一、语言是人类最重要的交际工具

在社交活动中,语言是最能表情达意、传递信息的,只有很好地利用语言,社交活动才能顺利进行。人与人之间的交往,可以说大多数是从彼此的交谈开始的。尽管人与人之间相互沟通凭借的符号系统有很多,比如以琴、棋、书、画、诗文会友,但是,人们在沟通中,语言符号的利用率是居首位的。语言是民族性的重要特征之一,人们借助语言保存和传递人类文明的成果。

二、语言是个人思想的外化

俗话说:"言为心声。"语言美是内在品格的自然流露,是心灵美的外化表现。一个人的内心世界包括思想、道德、人格、情感、知识、审美心理等,总要借助语言表现出来,同样,一个人的语言也是表现其内心活动的内容。俗话说:"一句话能把人说跳,一句话也能把人说笑。"语言是思想的衣裳,它可以表现出一个人的高雅或粗俗。

三、语言是单位管理水平的反映

规范的礼貌用语直接反映单位的服务质量和管理水平。作为工作人员,能否使用文明礼貌用语,热情接待,对客人很重要。如能讲究语言艺术,并能灵活巧妙地运用,即使出现意外,也可弥补不足,取得良好的效果。

四、语言能力决定发展潜力

在现代社会,由于经济的迅猛发展,人们之间的交往日益频繁,语言表达能力的重要性也日益增强,好口才越来越被认为是现代人所应具有的必备能力。作为现代人,我们不仅要有新的思想和见解,还要在别人面前很好地表达出来;不仅要用自己的行为对社会做贡献,还要用自己的语言去感染、说服别人。就职业而言,现代社会各行各业的人都需要口才:对政治家和外交家来说,口齿伶俐、能言善辩是基本的素质,商业工作者推销商品、招徕顾客,企业家经营管理企业,都需要口才。在人们的日常交往中,具有口才天赋的人能把平淡的话题讲得非常吸引人,而口笨嘴拙的人就算他讲的话题内容很好,人们听起来也是索然无味。有些建议,口才好的人一说就通过了,而口才不好的人即使说很多次还是无法通过。

美国医药学会的前会长大卫·奥门博士曾经说过:"我们应该尽力培养出一种能力,让别人能够进入我们的脑海和心灵,把自己的思想和意念传递给别人。在我们这样努力去做而不断进步时,便会发觉:真正的自我正在人们心目中塑造一种前所未有的形象,产生前所未有的影响。"总之,语言能力是我们提高素质、开发潜力的主要途径,是我们驾驭人生、改造生活、追求事业成功的无价之宝,是通往成功之路的必要途径。

第二节　声音美

一、音量适度

音量要适度,以客人听清楚为准,轻声总比提高嗓门让人感到悦耳,切忌大声说话,惊扰四座。放低声音总比提高嗓门让人听起来感到舒适,当需要说话给一个人或是周围人听时,其音量只要大到让他们听清即可,当然,声音也不宜太低太轻。

二、语调柔和

嗓音要动听,增加语言的感染力与吸引力。一个人的嗓音是由其本身先天条件决定的,但也不能忽视后天的训练。若是能认真注意,随时调整自己的嗓音,就能起到增强语言的感染力和吸引力的作用。要尽可能使声音听起来柔和,避免尖酸地讲话,为自己创造一个温文尔雅的形象。

三、语速适中

语速要适中,讲话速度不要过快,避免连珠炮式地讲话,应该尽可能娓娓道来,这不仅能给他人留下稳健的印象,还能给自己留下思考的余地。

四、抑扬顿挫

讲话时应注意音调的高低起伏,语调要婉转、抑扬顿挫,有情感,令人愉快,以增强讲话效果,避免过于呆板的音调,这种音调往往不会得到预期的效果。

五、吐字清晰

讲话时应该尽力避免口吃、咬舌或吐字不清的毛病。口齿不清者,可以把讲话的速度尽量放慢,操之过急,往往会使口齿不清的毛病更突出。

六、运用声音的具体要求

（1）声调：应进入高音区，显得有朝气，且便于控制音量和语气。

（2）音量：正常情况下，应视客户音量而定。

（3）语气：轻柔、和缓但非嗲声嗲气。

（4）语速：适中，每分钟应保持在120个字左右。

总之，语言要庄重、雅洁、幽默生动，应避免枯燥乏味、刻板教条的语言。

第三节　语言美

一、用语文明

（一）多使用"五声十字"礼貌用语

讲话时要尊重别人，多用"五声十字"礼貌用语，如您好、请、谢谢、对不起、再见等。

（二）多使用"六请一谢"礼貌用语

请、请进、里边请、请坐、请带好随身物品、请慢走，谢谢您的光临，欢迎您下次再来。要求"请"字在前、"谢"字在后。

（三）用语文明的要求

1. 和气

心态上保持心平气和，态度上和蔼可亲，语气上温和亲切，做到以理服人，不强词夺理，保持语言的纯洁性、亲切性。

2. 文雅

说话措辞应文雅，应对得体，运用礼貌语言、谦辞、雅语，让人感到"良言一句三冬暖"，落落大方，文质彬彬，显示出公务员的涵养。

3. 谦逊

尊重他人，不傲慢，不冷淡，不盛气凌人，不狂妄自大，态度诚恳，语言朴实，虚心谦恭。

4. 与客人交谈"五不讲"

（1）有伤客人自尊的话不讲。

（2）责怪、挖苦客人的话不讲。

（3）粗话、脏话、无理话不讲。

（4）与办公、服务无关的话不讲。

（5）指责其他同事或单位的话不讲。

二、准确使用称呼语

男士一般称"先生"，妇女可称为"女士"。

三、灵活运用问候语

问候语是指在社交场合或接待宾客时，根据时间、场合和对象的不同，所使用的规范化的问候用语。

按每天不同的时刻问候客人："您早""您好""早上好""下午好""晚上好"。

根据工作情况的需要，在使用上述问候语的同时，最好紧跟其他一些礼貌用语，如"先生，您好，您有什么吩咐吗"，这样会使客人备感亲切。

向客人道别或送行时，可说"晚安""再见""明天见"。

四、学会使用应答语

（1）对前来的客人说："您好，请问您找什么人吗""您好，我能为您做什么""请问，能帮您什么忙"。

（2）引领客人时说："请跟我来""这边请""里边请""请上楼"。

（3）接受客人吩咐时说："好，明白了""好，马上就来""好，听清楚了，请您放心"等。

（4）听不清或未听懂客人问话时应说："对不起，请您再说一遍""很对不起，我还没听清，请重复一遍，好吗"等。

（5）不能立即接待客人时应说："对不起，请您稍候""请稍等一下""麻烦您，等一下"。

（6）对等候的客人，打招呼时说："对不起，让您久等了"。

（7）接待失误或给客人添麻烦时应说："实在对不起，给您添麻烦了""对不起，员工疏忽了，今后一定注意，不再发生这类事，请再光临指导"。

（8）有事要问客人时应说："对不起，我能不能问一个问题""对不起，如果不麻烦的话，我想问一件事"等。

（9）当客人误解致歉时应说："没关系""这算不了什么"。

（10）当客人赞扬时应说："谢谢，过奖了，不敢当""承蒙夸奖，谢谢您了""谢谢您的夸奖，这是我应该做的"等。

（11）当客人提出过分或无理要求时应说："这恐怕不行吧""很抱歉，我无法满足您的这种要求""这件事我要同主管商量一下"，此时，员工要沉得住气，表现出有教养、有风度。

（12）客人来电话时应说："您好，这里是××单位，请讲""我能为您做什么"，当铃响过3遍，接电话时应先说："对不起，让您久等了"。

五、语言选择

（1）根据客户的语言习惯，正确使用普通话或方言；若是外宾，应使用简单的英语。

（2）在解答客户疑难问题时，要用简单易懂的语言，尽量不使用专业术语。

（3）当着客户的面询问其他同事问题时，应使用客户能听懂的语言。

六、运用语言的要求

（一）言之有礼

讲话时要尊重别人，多用"五声十字""六请一谢"等礼貌用语，巧用礼貌语言和谦语、雅语。比如与好久未见面了的人见面时应说"久违"；与不相识的人初次见面时应说"久仰"；有了过失求人时原谅应说"请包涵"；请人帮忙时应说"劳驾"；有事找别人商量时应说"打扰"，请人勿远送时应说"请留步"，请人指点行为时应说"有不对的地方请指教"；不能陪客人时应说"失陪"；送还物品叫"奉还"；陪同朋友叫"奉陪"；影响别人工作和休息时应说"打扰了"，当别人表示谢意时应回答"别客气"。另外，在谈话中不应用命令式的词语。

（二）言之有理

"有理走遍天下、无理寸步难行。"做到以理服人，不强词夺理。

（三）言之有诚

1. 说话谦逊

尊重他人，不盛气凌人，虚心谦恭。

2. 准确使用称呼语

在涉外场合，正确使用称呼非常重要，切忌使用"喂"来招呼宾客，即使宾客离你较远时，也应该使用敬称，切不可掉以轻心。比如英国、德国等国家，他们对自己的头衔非常看重，如对方有博士学位，在称呼时一定不能省略。即使对称呼较为随便的美国人，在不熟悉的情况下，最好还是称"××先生""××夫人""××小姐"。否则，会伤害对方的感情，或者会被对方认为缺乏教养。总之，在称呼上要多加学习研究，善于正确使用，以免造成误会。

由于各国社会制度不一，民族语言各异，风俗习惯相差很大，因此在称呼上要多加注意。还应对各国、各民族的姓名组成和排列顺序有一个大致了解，这是称呼礼节中不可忽略的一个重要方面。

（四）言之有物

语言要简洁精练、通俗易懂，使听者在较短的时间内获取较多有用的信息。列宁提倡讲短话，主张讲话要挤掉水分，越简短越好。美国前总统林肯就有一个嗜好，他经常花几个小时去思考一件事情，当他想清楚之后，还要在思索出的三句话中，挑一句最好的说出来。讲短话并不是目的，目的是要管用，要让听众听进去，受到启发和教益。

（五）言之得体

谈话时运用得体的语言，既能创造和谐的气氛，又能明确表达自己的主张和观点，维护自己的立场，如中美断交20多年后，尼克松总统首次来华访问。双方领导人见面之时，尼克松说了一句："我们都是同一星球上的乘客。"巧妙地表明了中美建交具有共同的基础。短短一句话,成功地营造了一种良好的气氛,使双方的心理距离得以缩短。又如,周恩来总理在谈到中日关系时曾引用了一句中国的俗语:"前事不忘,后事之师。"这既显得大度不失友好,又明确暗示了中日历史及未来的原则立场。

(六)言之有术

讲话要具有艺术性。对一个口才高手而言,谈话中用得最多、最有效的手段就是充分利用语言的艺术,因为富有文采的语言既能创造和谐的气氛,又能明确地表述自己的主张和观点,维护自己的立场。口才高手讲话都有分寸,能顾及他人的感受,不伤害他人。俗话说:"话多不如话少,话少不如话好。"真诚感谢暖人心,说贴心的话,站在对方的立场去说话,说话掌握技巧很重要。

社交语言需要用讲话者和听话者双方都习惯、共同感兴趣的"大白话"来表达,这样才容易沟通感情、交流思想。若追求华丽新奇、过分雕琢的语言,听者就会认为这是在炫耀文采,从而对你的讲话有敌视的情绪,故而不愿意接受。

(七)说好普通话

说好普通话,这是职业语言规范化的需要,是听、说双方思想交流的基础,是提高信息效用的保证,有利于增进人际关系。讲好普通话,是职业人员必备的基本素养。

七、服务忌语

(1)不行。

(2)不知道。

(3)找领导去;您找我,也没用;要解决就找领导去。

(4)您懂不懂。

(5)不知道就别说了。

(6)这是规定,不行;不能退就不能退,没有为什么,这是规矩。

(7)没到上班时间,急什么。

(8)着什么急,没看见我正忙着。

(9)墙上有贴,自己看。

(10)有意见,告去;您可以投诉,尽管去投诉他们好了。

(11)刚才不是和您说过了吗,怎么还问?（不是告诉您了,怎么还不明白）

(12)您想好了没有,快点。

(13)快下班了,明天再来。

(14)我就这态度,不满意到别处问。

(15)干什么,快点;有什么事快说。

(16)挤什么挤,后面等着去。

(17)你问我,我问谁。

(18)我解决不了。

（19）交钱，快点。

（20）没零钱，自己换去。

八、学习语言的途径

（一）博采口语

语言的天才存在于人民群众中，我们要在生活里向人民群众学习语言，生活是语言最丰富的源泉，要使自己的生活丰富起来，就要拒绝做一个闭目塞听、与观众世界毫无接触的人。学习语言也一样，没有生活就没有语言。学习语言要"博采口语"。学习语言还要多看，即勤于观察、体验，真正熟悉你所描写的对象，而不是生搬硬套现成的词语。

（二）多读中外名著

"熟读唐诗三百首，不会写诗也会吟"的经验之谈，是大家所熟悉的，它告诉人们学习口头语言，提高口才技巧，就应多读名著。对其中语言的精妙之处要细细品味，反复揣摩，持之以恒，勤记善想，等到自己用的时候，精美的语言便会源源而来。

（三）掌握丰富的知识

知识贫乏是造成语言贫乏，特别是词汇贫乏的一个重要原因。掌握丰富的知识和学习语言是紧密结合在一起的。

第四节　艺术运用交谈语

一、艺术运用开头语

怎样开口，有许多的学问和奥妙，不适当的开头语，往往使谈话很难继续下去。相反，好的开头语，会使双方心情愉快，是交际成功的开始。艺术性地运用开头语，是必备的职业素质。

（一）初次见面，最好有中间人

因为中间人对双方都有所了解，可以做介绍人，可以向初识的双方提起都合适的话题，这样开始交谈就轻松多了。

（二）适当问候与寒暄

诸如"您好""您早""晚上好""很久不见了""您近来好吗"，这些语言本身并不表示特定的内容和含义，但由于这些语言的交流，已经接通了与对方感情的热线，让对方感到你很有礼貌,为正式交谈奠定了良好的基础。虽然如此,有些问候、寒暄语必须注意环境和场合,还要注意不同的民族习惯,才能产生好的效果。

（三）交谈者开口时必须有灵敏的反应

善于把握交谈的时机,从对方所处的环境准确判断对方的爱好、特长、性格,找到适当的话题。

有一部话剧叫《陈毅市长》,演绎的是陈毅在上海当市长的一段生活。当时上海满目疮痍,百废待兴,人心不稳。其中第三章描写的是:大资本家傅一乐为了了解共产党的政策,想请市工商局局长顾充吃饭。顾充心想,这一定是资产阶级的糖衣炮弹,不肯去,陈毅却说必须去,因为他要借此机会宣传共产党对民族工商业和民族资本家的政策,消除资本家对党的戒心,尽快复工,支持上海的经济建设。陈毅带着工商局局长去傅一乐家赴宴,当陈毅和顾充西装革履地来到傅家时,傅一乐碰巧不在,傅太太热情地把他们请到屋里,问陈毅是哪儿的老板。陈毅回答说:"我是全上海市的老板。"傅太太看他这么幽默,不由笑了。接着陈毅便和傅太太谈养鱼、养花,谈贝多芬的交响乐,谈罗曼·罗兰,谈上海的生意经,陈毅礼貌幽默的谈吐,消除了他与傅太太之间开始交谈时的戒心。而当傅一乐回来时,他与傅太太已经谈得很融洽了,当傅一乐对傅太太介绍说这是陈毅市长时,傅太太不禁大吃一惊。她说想不到共产党人也懂贝多芬,也懂生意,由于先前已经没有了隔阂,因此现在也筑不起提防之心,把陈毅当成朋友看待了,朋友的话自然是易于接受的。在这个例子当中,适当的开头语是谈话的成功所在,如果不是陈毅将误就误,承认自己是上海市的大老板,恐怕谈话不会这样融洽顺利。

二、交际过程中的语言技巧

（一）选择正确的交谈话题

熟人、陌生人之间,选择有特点的话题,像"家乡",可以"润物细无声"地涉入目的性交谈。"爱好",投其所好,交谈应看对象、年龄、性别、职业社会、地位,人生阅历不同的人,喜爱的话题、口吻、惯用的语言不同,交谈时应有选择,中国有句古话:"酒逢知己千杯少,话不投机半句多。"

（二）善于运用多种语言表达方式

在社交言谈中,富于社交能力的人,有驾驭语言的能力,就会自如地运用多种语言表达方式,不断探求各种各样的语言风格。生活中有时要直言不讳,有时还非得含蓄委婉不可,才能使效果更佳。

所谓含蓄委婉,是一种修辞手法。它是指在讲话时不直陈本意,而是用委婉之词加以烘托或暗示,让人思而得之,而且越揣摩,含义越深越多,因而也就越有吸引力和感染力。交际语言需委婉含蓄,当然有时交际语言也要开门见山,要根据场合、地点、时间,不同对待。传说北京过去有一家理发店开张,门前贴着一副对联:"磨刀以待,问天下头颅几许。""及锋而试,看老夫手段如何。"这直来直去的对联,产生了磨刀霍霍、令人胆寒的效果。吓跑了不少顾客。理发店自然是门庭冷落。而另一家理发店的对联是:"相逢尽是弹冠客,此去应无搔首人。"上联取"弹冠相庆"的典故,含有准备做官之意,使人感到吉祥,又正合理发人进门脱帽弹冠之情形。下联是"人人满意"的意思,即满意而归,此联语意婉转含蓄,由此这家理发店生意兴隆,财源茂盛。这是书面交际语言委婉含蓄的功效。口头语言同样效果不凡。培根这样称赞委婉含蓄的语言:"交谈时的含蓄和得体,比口若悬河更可贵。"周恩来总理曾在1972年美国总统尼克松访华时的一次酒会上说:"由于大家都知道的原因,中美两国隔绝20多年。"话说得委婉含蓄、绝妙无比。这种语言的表达,既让人知道造成中美隔绝的原因,又不伤美国客人的面子,还不回避不愉快的往事。听者无不会心地微笑。

再如,曾两度竞选美国总统均败给艾森豪威尔的史蒂文森,从未失去幽默。在第一次荣获提名竞选总统时,他承认的确受宠若惊,并打趣说:"我想得意扬扬不会伤害任何人,也就是说,只要人不吸入这空气的话。"在他第一次竞选败给艾森豪威尔的那一天早晨,他以充满幽默力的口吻,在门口欢迎记者进来:"进来吧,来给烤面包验验尸。"几年后的一天,史蒂文森应邀在一次餐会上演讲。他在路上,因为阅兵行列的经过而耽误,到达会场时已迟到了。他表示歉意,解释说:"军队英雄老是挡我的路。"史蒂文森使用巧妙含蓄的语言,用一句句轻松、微妙的俏皮话,说得很委婉,改变了他在人们心目中的形象,让听众觉得他并不是一个失败者,而是赢者,使他在人们心目中的形象不可磨灭,值得纪念。

在社会交际乃至政治生活中,人们往往会遇到难以言表、不便直言的事,只得用隐约之词来暗示。青年男女向异性求爱,虽然文学作品中也有直率的描写,但大多数人尚无这种勇气,难以直言此事。因此,常用委婉语。少数民族青年男女以对歌来表达爱情,比喻形象、生动,令人回味。电影《五朵金花》中的金花问情人:"蝴蝶飞来采花蜜,阿妹梳头为哪桩?"影片《阿诗玛》中的阿黑哥试探阿诗玛:"一朵鲜花鲜又鲜,鲜花开在崖石边。有心想把鲜花戴,又怕崖高花不开。"可见情人表达爱情,是很委婉的。

人们在说话时,又常常用故意游移其词的手法,给人以风趣之感。有人谈及某人相貌丑陋时,说"长得困难点",谈到某人对一个人、一件事有不满情绪时,说他对此人此事有点"感冒"等,都曲折地表示了事情的本意,但又没有违反使用语言的规律。

英国著名作家萧伯纳曾与一家大企业的老板并坐看戏。萧伯纳偏瘦,而这位老板却满身肥肉。胖老板想嘲笑一下瘦作家,说:"作家先生,我一见你,便知道你们那儿在闹饥荒。"萧伯纳接着说道:"我一见你,便知道闹饥荒的原因。"

妙用歇后语形容、描绘某事物,就会以其形象、生动、逼真、直观感强的长处,给人俏皮、诙谐、幽默之感,使语言表达的艺术性大增,必会妙趣横生,余味无穷。像"猫哭老鼠,假慈悲""泥菩萨过河,自身难保""擀面杖吹风,一窍不通""骑驴看唱本,走着瞧"等歇后语,都很活泼有趣。如毛泽东同志批评那些冗长又不生动的文章是"懒婆娘的裹脚布,又臭又长"。用得恰当,格调风趣,大大增加了说服力。歇后语用得巧,可使言语生辉;用得不当,也会适得其反。言语轻浮,口出秽词,必令人生厌;生搬硬套,违反语言使用习惯,必使人费解;言不达意,生造硬凑,必定令人捧腹。因此,使用歇后语要适当,做到少而精,而不能多而滥。

（三）注意提高社交语言的应变能力

随机应变力，是指在随时随地的语言交往中，自己或者对方的言语行为出现突发事件或意外情况时，能灵活地、迅速地、恰当地做出反应并进行处理，应变力就是这种反应和处理能力。语言随机应变能力，对于人们的社交活动的效果具有重要的作用，大致有以下三点：

1.含蓄地回答敏感话题，反击对方的刁难

在交往中，对方有时往往会利用表达者自己的话语、逻辑和常理设置难题，使表达者难以回答，这时表达者就要突发奇想，另辟蹊径，反击对方的刁难。

2.弥补语言失误，把交往继续下去

"一言既出，驷马难追"，由于时间紧促，不容周全地考虑，这一言难免出错，这就靠表达者的应变能力渡过难关。

3.灵活应对意外情况，完成预定任务

在社交中出现意外情况是常有的事，它往往并非表达者本人的过失，也不是对方故意为难，而是其他情况所致。随机应变力强的人能自圆其说，补救失误；能反击对方攻势，兵来将挡，水来土掩；能应付意外，出色地完成任务。它展现人的才能与智慧，增强人的魅力，使一个人在人际交往中处于有利的位置。在交谈中，学会正确使用"避锋法"，要尽量了解问话者的心理目的乃至他的身份、性格等，善于察言观色，做到"知己知彼"。注意双方语意语脉的贯通，"靠船下篙"，切不可"顾左右而言他"，南辕北辙，牛头不对马嘴；坚定自己的立场，旗帜鲜明。不成熟或模棱两可的观点不要摆出。同时，也不要故作高深，故弄玄虚，使人产生反感；可适当地运用幽默感，使严肃紧张的气氛变得轻松、愉快。有时，虽"理直"也不可"气壮"，要以大局为重，善于化干戈为玉帛。

（四）说话要留有余地

与人交往或工作时要注意说话的分寸，给自己和他人留余地。比如表扬某人说："只有他行，别人谁也不行。"这就没有给自己留余地。如果工作最需要某人，他恰巧不在，每人都会推托自己不行，代替不了。因为大家心中都有一个不言而喻的"疙瘩"，谁也不愿为他冲锋陷阵。

三、社交语言的忌讳

我国是一个有悠久历史的大国，礼仪多，忌讳也多。如果不注意，不避忌讳，即使不是故意说的，也容易使人伤感，影响到社交的效果。

在使用语言进行交际时，有些情况下的语言忌讳不可不注意。言谈中，淫词秽语、不健康的口头禅更应禁忌。见到年轻妇女，一般不应问年龄、婚否，或径直询问别人的履历、工资收入、家庭财产等私生活方面的问题，那样容易使人反感。切莫对心情惆怅的人说得意话、得意事。若对方曾犯过错误或有某种缺陷，言谈时要避免刺激性的话语。对别人不愿回答的问题不要追问，不要刨根问底，一旦触及，应立即表示歉意，巧妙地转移话题。探望病人也要注意忌讳，否则会好心办坏事。

四、征询与委婉的原则

与客人交流,语气要温和,多采用商量式、询问式、建议式、选择式的方法进行表达,避免转达式、通知式、命令式、指责式。让客人始终拥有主角意识,得到被尊重、被重视的精神享受和满足。

第六章　礼仪素养

润物细无声,细处见素养。对于职场人员而言,整洁适宜的着装、优雅规范的言行,甚至一次得体亲切的电话沟通、一份简单的传真、一份快捷的电邮、QQ 或微信上的一次发言都展示着你的工作态度和礼仪水准,需要我们自觉遵守合乎身份的职场礼仪规范,知晓并恰如其分地运用职场日常礼仪技巧。这不仅有利于完成本职工作、构建和谐的工作环境,也关系到职场人员未来的发展,对完善个人的职场形象、提升个人的职业素养大有裨益。

第一节　礼仪的基本理念

一、礼仪的含义

在人们相互交往的过程中,言谈举止的每一个细节都能流露出彼此间相待的态度,尊重自己、尊重他人是人际交往的通行证。为建立和谐的人际关系,在长期的社会交往过程中,在风俗习惯的基础上,形成了人们共同遵守的行为规范,即礼仪规范。

礼仪规范具体表现在礼貌、礼节、仪式、仪表等方面。一个人对礼仪规范自觉应用的程度,往往能综合反映出其内在的修养和素质。

礼貌是指人际交往中,表示尊敬和友好的言谈和行为,以尊重他人和不损害他人利益为前提。一个友好的微笑、一个善意的眼神、一次由衷的鼓掌、一句亲切的问候、一次愉快的交谈,都能表达出对他人的尊重与友好。

礼节指在日常生活中,表示问候、祝颂、哀悼、慰问等待人接物的惯用形式,往往要根据具体情境把握行礼的分寸。礼节的形式有握手、鞠躬、献花等。

仪式指特定场合举行的具有专门规定形式和程序的规范活动,如升旗仪式、欢迎仪式、签字仪式、颁奖典礼等。

仪表指人的外表,包括容貌、姿态、风度、服饰等,是一个人内在精神状态的外在表现形式。一个人的仪表应与其年龄、职业、所处的社交场合的要求相符合。

礼仪规范不只是对人们交往行为的外在约束形式,更是对人们交往过程中内心态度的一种引导。礼仪修养的过程不单是"修行"的过程,更是"修心"的过程。礼仪的魅力不在于矫揉造作,而在于通过对自身品行的长期修炼,不断完善自我,健全人格,从而在交往过程中的每个细节里都能自然流露出自尊而尊人的良好态度。

二、礼仪的特征

（一）民族性

由于各个民族的文化传统和心理特征各不相同，各个民族和地区的礼仪表达形式及其代表的意义也都存在着差别。

同一种礼仪，不同民族的表达形式各有不同。例如，在我国现代礼仪中，人们相互见面时，通常点头微笑致意；而在社交场合中一般行握手礼，根据双方的性别、年龄、职位高低等因素，决定由谁主动伸手握手。日本人相互见面时行鞠躬礼，鞠躬的深度往往与被问候者受尊敬的程度有关。泰国人相互见面时一般行合十礼。合十礼最初仅为佛教徒之间的拜礼，后来发展成泰国全民性的见面礼，一般行礼时口念"萨瓦蒂"（梵语），原意为"如意"，表示祝福与问候。欧美人相互见面时多行拥抱礼、亲吻礼，在行礼方式上往往因被问候人的身份不同而有所区别。总体来说，各个民族礼仪表达形式的不同，反映出各个民族文化与个性特征的不同，东方人的礼仪表达形式比较含蓄内敛，西方人的礼仪表达形式较为热情奔放。

同一礼仪表达形式在不同的民族中往往代表着不同的意义。例如，在美国家庭中，子女可以直呼父母的名字，表示双方亲切友好；这一做法在中国往往被视为不礼貌、不尊重长辈。在西方婚礼上新娘穿着白色的婚纱，象征纯洁；而东方婚礼服饰的色调则多为红色，象征喜庆，白色在东方一般用于丧葬仪式。

各民族的礼仪表达形式都是在民族文化长期传承过程中积淀下来的。现代社会各民族、各地区之间的交流与合作越来越广泛，人们更应该进一步加强相互了解，彼此尊重，注意入乡随俗。

十种致意礼仪

（1）点头礼：又称领首礼，在会场、剧院等不宜交谈的场合遇到熟人时，或同一场合多次遇到同一个人时及遇到多人无法一一问候时，可以点头致意，即身体略向前倾15°左右，面带微笑，轻点头。

（2）微笑礼：微笑礼是面带微笑、不出声的致意方式，适用于同初次会面，或同一场合多次见面的老朋友间问好。

（3）鞠躬礼：一般社交场合中，晚辈对长辈，学生对老师，下级对上级，表演者对观众等都可以使用鞠躬礼。行礼时脱帽，目视对方，上身弯腰前倾。弯腰的幅度根据具体施礼对象和场合来决定。男士行鞠躬礼时，双手垂于体侧；女士行鞠躬礼时，双手搭于腹前。行鞠躬礼时，一般伴有问候语，如"您好""欢迎光临"。

（4）拥抱礼和亲吻礼：拥抱礼和亲吻礼是欧美流行的行礼方式。拥抱礼多用于迎送宾客或表示祝贺、致谢等场合。拥抱礼是双方相对站立，身体微前倾，各自右臂环拥对方左肩，左臂环拥对方右腰，双方头部及上身偏向右侧互拥，然后再反向拥抱一次。亲吻礼往往与拥抱礼相结合使用。一般夫妻间、恋人间行吻唇礼。长辈与晚辈之间宜吻面颊或前额，长辈吻晚辈前额，晚辈吻长辈面颊。平辈间往往以贴面为礼。在公开场合，关系密切的女子间或男女间可行贴面礼；男子对尊贵的女子可行吻手礼，吻其手背或手指。

（5）举手礼：举手礼一般适用于远距离与人打招呼。行礼时，举起右手手臂，掌心向着对方，左右轻轻摆动一两下，以示致意。

（6）脱帽礼：戴帽者在遇见熟人，与人交谈及进入室内或参加相关仪式时，摘下自己的帽子，以示有礼。一般来说，现役军人可以不脱帽。

（7）拱手礼：拱手礼是我国民间传统的会面礼。行礼时，右手握拳，左手抱拳，拱手齐眉，由上到下或自内而外，有节奏地晃动两下。拱手礼用于表示祝贺、祝愿、道别、抱歉等意思。常伴有相应的语言，如"恭喜""后会有期"等。

（8）注目礼：注目礼一般用于升旗仪式、检阅仪式、剪彩仪式等场合，也用于送客时目送对方离开的场合。行注目礼时，身体立正，双目正视对象或目光随之缓缓移动。在升旗等庄严的场合中，应保持严肃的表情；在送客时应面带微笑。

（9）合十礼：合十礼多见于佛教国家，如泰国、缅甸、柬埔寨、尼泊尔、老挝等国，也见于我国的傣族和佛教徒间。行合十礼时，两掌心相对相合，十指伸直，掌尖和鼻尖相平，手掌略向外倾，双腿直立，上身微欠身低头。行合十礼时双手举得越高，越体现出对对方的尊敬，原则上不可高于额头。

（10）握手礼：握手礼是许多国家的通用礼仪，应用范围较广，可用于表示欢迎、问候、祝愿、合作、感谢、谅解、安慰、鼓励或道别。握手的次序：男女之间，女士先伸出手；主客之间，主人先伸出手；长幼之间，长者先伸出手；上下级间，上级先伸手；一个人与多人握手时，次序应先尊后卑，如先老师，后学生；先已婚者，后未婚者；先职位、身份高者，后职位、身份低者。

握手的方式为右手相握，根据具体情境采取具体的握手方式。一是平等式，即面带微笑，双方掌心相对，对等相握。适用于初次相见、交往不深的人之间，或一般政务、商务场合。二是抱握手式，即双手握对方右手，表示关系密切，表达深情厚谊。

握手力度不宜过大，也不能太轻，如果是熟人可以力度稍大些。

握手时间则一般控制在5秒为宜。若要表示热烈的感情则可适当延长时间，但注意时间不宜过久，尤其是与异性握手时，握得过久容易引起误会。

关于动作幅度，握手时上下晃动若干次，不要左右晃动，幅度不宜过大。

握手的禁忌：握手时注意不要用左手握手；不应仅握对方指尖；不应多人交叉握手；不应面无表情地握手；不应一手握手，另一手插口袋；不应戴手套、戴墨镜握手（女士只可戴薄纱手套）；一般不应拒绝与对方握手，如果因手脏、手湿等特殊情况应予以说明；不应给对方一双冰冷的手，而如果手容易冰冷，不妨在会客前先把手放进口袋里捂热，否则容易给人留下消极的印象。

（二）时代性

一个国家、一个民族的礼仪一旦形成，通常会长时间为后人所沿袭。例如，婚礼作为人生中的一个重要仪式，自古以来就受到人们的高度重视，至今也依然如此。在继承传统的同时，一些礼仪的表达形式也随着社会的进步而进步，随着时代的发展而发展。封建社会旧的礼仪反映人的尊卑等级意识，如采用跪拜礼等形式，反映出施礼者和受礼者双方地位的不平等,阻碍了人们相互尊重的人际交往关系的发展,这种礼节已逐渐被历史潮流所淘汰。在现代社会,以握手礼取代跪拜礼,充分表达出人与人之间相互平等、彼此尊重的新型社会关系。经过代代传承演变,一些礼仪表达形式也发生了很大的变化。例如,现代人们款待宾客,举行庆典活动时,以右为上;而秦汉以前是以左为尊。现代人们见面相互致意,以脱帽为敬;而古代则以戴冠为敬。

(三)共同性

礼仪是社会全体公民所应共同遵守的行为规范。礼仪规范的存在是以建立和维护良好的社会秩序,创建和谐的人际关系为根本目的的。一般来说,社会的文明程度越高,为社会全体公民共同遵守的礼仪所占的比重也就越大,也就是人们存在的交往共识越多。

三、礼仪的原则

(一)尊重原则

尊重原则是礼仪的基本原则。在人际交往中,我们应该尊重他人的人格,尊重他人的劳动,尊重他人的爱好和情感;同时,我们也应该保持自尊,在每一个行为细节中,注重对自身形象的塑造与维护。要意识到,生活中我们不是独立存在的。我们在生活和工作中会与许多人建立联系,身边的人也都有着各自合理的需要。尊重他人是具有同理心的表现,正所谓"己所不欲,勿施于人"。不为他人的生活带来困扰,尊重自己、尊重他人,与他人和谐相处,这些应该成为我们参与社会生活的基本共识。

(二)平等原则

人格的平等是人与人交往时建立情感的基础,也是建立和维护良好人际关系的保障。运用礼仪是为了表达对他人的尊重,出发点是人们心中共有的善与爱、理解与信任。在人际交往中我们既不应该因为年长、位高而骄傲、自负,也不应该因为年轻、位低而自卑、自惭。与人交往的过程中,不要厚此薄彼,更不要自以为是。我们应该保持一颗平和的心,以阳光的心态与他人相处。

(三)适度原则

礼仪是交往的艺术,我们要学会换位思考,要能够设身处地地为他人着想,恰到好处地向他人表达尊重与善意。日常生活和交往中,人们由于性别、年龄、职业、地位、受教育程度、社会经验以及性格等不同,看问题的角度、思维方式乃至行为方式也会有所不同。我们不但要关注这些不同,在交往中求同存异,而且要注意以恰当的行为方式表达自己对他人的尊重。

在人际交往中,针对不同的场合,面对不同的对象,我们要注意把握好自身行为的分寸,根据具体情况、具体情境使用相应的礼仪。在与人交往时,既要彬彬有礼,又要不卑不亢;既要热情大方,又不能轻浮阿谀;既要保持自尊,又不能自负自大;既要坦诚待人,又不能粗鲁莽撞……在交往中,我们要在行为、态度、言论上都保持适度。

（四）自律原则

礼仪规范不同于法律法规，它的实现并非依靠外在的监督力量去实施。礼仪是要依靠人们内心的信念和内在的动力去实现与维系的。在内心深处建立与他人和谐相处的愿望，是走向自律的第一步。

我们应该认识到，在学习、生活和工作中会涉及很多人，为了让每个人都不受到他人的打扰，都能安心、愉快地生活，都能和谐融洽地彼此相处，就需要我们共同遵守礼仪规范。

不要小看礼仪规范所涉及的每一个细节，每一个细节的背后，都体现着对他人的尊重和对自我形象的维护。例如，"守时践约"这条礼仪规范，体现的就是对他人时间的尊重。如果上课迟到，就会打断课堂的进程，对教师授课和同学们的学习构成打扰；如果上班迟到，就会延误工作，可能导致客户利益和公司利益受损。无论是哪种迟到，都体现出我们自身缺乏自我管理的能力，体现出我们对他人的轻视，体现出我们以自我为中心，缺乏合作精神。所以，学习礼仪知识时要用心去体会、领悟，让心灵变得柔软，保持向善，注重细节。

只有当我们在心中树立与他人和谐共处的愿景，意识到自己的行为对自己和他人都会构成一定的影响，对生活中的不良现象自觉加以识别与摒弃，排除干扰，加强礼仪知识的学习，注重生活细节，时常自我察觉、自我省思、自我规范，才能不断完善自我，实现个人礼仪修养的提升，使自己的思想境界得到升华。

第二节　仪容礼仪

一、仪容要求

在人际交往中，每个人的仪容都会引起对方的特别关注，影响对方对自己的整体评价。仪容修饰的基本要点就是干净、整洁、端庄、大方。

（一）干净、整洁

干净、整洁是对职场人最基本的要求。职场人员在生活里应勤刷牙、勤洗头、勤洗脸、勤洗澡、勤剪指甲、勤换内外衣；在职场工作中注意保持服饰的整洁，保证袜子无破损、鞋面无污迹、鞋跟完好，皮带和皮包外观无磨损；保持面部干净，剃净胡须、鼻毛，特别注意眼角、嘴角、耳朵内部是否有残留物，后肩周围是否有头皮屑，身体各部位是否有异味，如口腔异味、腋下异味、体肤异味等。

（二）端庄、大方

职场人员要注意体现端庄、大方的气质。男士忌梳夸张的发型，不留长发、大鬓角，不涂抹过多的定型产品。女士应前发不遮眼、后发不过肩，忌穿"透、露、薄"的服装，忌染颜色夸张的发色;女士的发卡应朴实无华,发箍应以黑色与藏青色为主,忌浓妆艳抹,淡妆更为妥当,不要在公共场合化妆,不喷浓烈、刺鼻的香水。

二、举止礼仪

在日常交往中,人们不仅"听其言",也"观其行"。一个人的"站、坐、蹲、走"等肢体语言无声地体现出其受教养的程度,是一个人素质修养的外在表现。因此,与人交往中,你的举止尤为重要,可以说学礼仪从学习如何"站"开始。

(一)站姿

站姿是我们在日常生活中最常见、最普通的姿势,也是在正式和非正式场合第一个引人注意的姿势。人们常说"立如松",意思是说人的站立姿势要像青松一样端正挺拔。

1. 标准的站姿

(1)昂首挺胸,头要正,颈要挺直,双肩展开向下沉。

(2)收腹、立腰、提臀。

(3)两腿向中间并拢,膝盖放直,重心靠近前脚掌。

(4)站立时要保持微笑。

(5)男士可以适当把两脚分开一些,两脚之间的距离尽量和肩膀的宽度一致。

(6)女士要把四根手指并拢,呈虎口式张开,右手搭在左手上,拇指互相交叉,脚跟互靠,脚尖分开,呈"V"字形结构站立。

(7)女性站立时脚也可以呈"丁"字状,下颌微收,双手交叉着放在肚脐附近。

2. 不合适的站姿

(1)正式场合站立时,不可双手插在裤袋里,这样显得过于随意。

(2)不可双手交叉抱在胸前,这种姿势容易给人留下傲慢的印象。

(3)不可歪倚、斜靠,这样会给人十分慵懒的感觉。

(4)男性不可双腿大叉,两腿之间的距离以与本人的肩宽一致为宜。

(5)女性不可双膝分开。

(二)坐姿

坐姿是静态的,但也有美与丑、优雅与粗俗之分。良好的坐姿可以给人以庄重、优雅的印象。坐姿的基本要求是"坐如钟",指人的坐姿像座钟般端直,这里的端直指上身的端直。

优美的坐姿让人觉得安详、舒适、端正、大方。

1. 标准的坐姿

(1)入座时要轻、稳、缓。走到座位前,转身后轻稳地坐下。女子入座时,若是裙装,应用手将裙子稍稍拢一下,不要坐下后再拉拽衣裙,以显得端庄、文雅。在正式场合,一般从椅子的左边入座,离座时也要从椅子左边离开。女士入座时要娴雅、文静、柔美。如果椅子位置不合适,需要挪动椅子时,应当先把椅子移至欲就座处,然后入座,不要坐在椅子上移动位置。

（2）神态从容自如（嘴唇微闭，下颌微收，面容平和自然）。

（3）双肩平正放松，两臂自然弯曲放在腿上，亦可放在椅子或是沙发的扶手上，掌心向下，以自然得体为宜。

（4）坐在椅子上时，要立腰、挺胸、上体自然挺直。

（5）坐在椅子上时，双膝自然并拢，双腿正放或侧放，双脚并拢或交叠呈小"V"字形。男士的两膝之间可分开一拳左右的距离，脚态可取小"八"字步或脚稍分开以显自然洒脱之美，但不可尽情打开腿脚，那样会显得粗俗和傲慢。

（6）坐在椅子上时，应至少坐满椅子的 2/3、宽座沙发的 1/2，落座后在 10 分钟左右的时间内不要靠椅背。时间久了，可轻靠椅背。

（7）谈话时应根据交谈者的方位，将上体双膝侧转向交谈者，上身仍保持挺直，不要出现自卑、恭维、讨好的姿态。讲究礼仪要尊重别人但不能失去自尊。

（8）离座时要自然稳当，右脚先向后收半步，然后站起。

2. 不合适的坐姿

（1）男士双腿叉开过大。双腿如果叉开过大，不论大腿叉开还是小腿叉开，都非常不雅。

（2）女士双膝分开。对于女士来讲，任何坐姿都不能分开双膝。特别是身穿裙装的女士更不能忽略这一点。

（3）双腿直伸出去。这样既不雅，也给人一种满不在乎的感觉。

（4）抖腿。坐在别人面前，反反复复地抖动或摇晃自己的腿部，不仅会让人心烦意乱，而且也给人以极不安稳的印象。

（5）双手抱在腿上。双手抱腿是一种惬意、放松的休息姿势，但在正式场合不可以这样。

（三）走姿

走姿可以体现出一个人的精神面貌，女性的走姿以轻松、敏捷、健美为好，男性的走姿要求协调、稳健、庄重、刚毅。

1. 正确的走姿

（1）男性的走姿：男性走路的姿态应当是昂首，闭口，两眼平视前方，挺胸，收腹，上身不动，两肩不摇，两臂在身体两侧自然摆动，两腿有节奏地交替向前迈进，步态稳健有力，显示出男性刚强、雄健、英武、豪迈的阳刚之美。

（2）女性的走姿：女性走路的姿势应当是头部端正，不宜抬得过高，两眼直视前方，上身自然挺直，收腹，两手前后小幅度摆动，两腿并拢，碎步前行，走成直线，步态要自如、匀称、轻盈，显示出女性庄重、文雅的阴柔之美。

2. 不合适的走姿

（1）身体乱摇乱摆，晃肩，扭臀；方向不定，到处张望。

（2）"外八字"或"内八字"迈步。

（3）步子太快或太慢；重心向后，脚步拖拉。

（4）多人行走时，勾肩搭背，大呼小叫。

（5）行走时弓腰驼背。

（6）行走时只摆小臂。

（7）脚蹭地皮行走。

（四）蹲姿

蹲姿是人在捡拾物品、集体拍照、帮助他人、提供服务等情况下所呈现的腿部弯曲、身体高度下降的一种姿态。正确、恰当的蹲姿能够体现一个人良好的修养和风度，不恰当的蹲姿则会有损个人形象。

1. 正确的蹲姿

（1）直腰下蹲：上身端正，一只脚后撤半步，身体重心落在位于后侧的腿上，平缓屈腿，臀部下移，双膝一高一低。

（2）直腰起立：下蹲取物或工作完毕后，挺直腰部，平稳起立，收步。

2. 蹲姿的注意事项

（1）下蹲时，应与他人保持一定距离且不可过快、过猛。

（2）下蹲时，应尽量侧身相向，切勿正面面对他人或背对他人。

（3）下蹲时，一定要避免"走光"，特别是女士。

（4）下蹲的姿势应当优雅，切忌弯腰撅臀、两脚平行、两腿分开、弯腰半蹲（即"蹲厕式蹲姿"），否则极其不雅。

（5）不可蹲在椅子上，也不可在公共场合蹲着休息。

三、职场服饰、形象礼仪

服饰显示着一个人的个性、身份、角色、涵养、阅历及其心理状态等。在人际交往中，着装直接影响别人对你的第一印象，关系到别人对你个人形象的评价，也关系到你所代表的企业的形象。越是成功的人，越注意自己的社会形象。李嘉诚之子李泽楷的公司里有副总裁专门负责公司形象和他的个人形象，什么场合穿什么服装，表现什么样的风格，都有专门的人员为其策划。大多数人忽视了最基本的职业素养——职业化形象。一个成功的职业化形象，展示出的是自信、尊严、能力，这不但能使个人得到同事和领导的尊重，也能成功地向公众传达公司的价值，是保证公司成功的关键之一。

（一）男士正式场合的着装原则

1. 三色原则

三色原则是在国外经典商务礼仪规范中被强调的着装原则，国内著名的礼仪专家也多次强调过这一原则。简单说来，就是男士身上的色系不应超过 3 种，很接近的色彩视为同一种。

2. 有领原则

有领原则说的是，正装必须是有领的，无领的服装，如 T 恤、运动衫等不能称为正装。

男士正装中的有领服装通常是有领衬衫。

3. 纽扣原则

绝大部分情况下，正装应当是纽扣式服装，拉链服装通常不能视为正装，某些比较庄重的夹克事实上也不能视为正装。

4.皮带原则

男士的长裤必须是系皮带的,有弹性松紧的运动裤不能视为正装,牛仔裤自然也不是。即便西裤不系腰带就很合身,那也不能称为正装。

5.皮鞋原则

正装离不开皮鞋,运动鞋、布鞋、拖鞋是不能作为正装的。最为经典的正装皮鞋是系带式的。

(二)男士西服礼仪规范

西装是交际场合最常见、最受欢迎的一种国际性服饰。在商务交往中,即使是西装的穿着、搭配方法上出现了小小的失误,也很有可能由此导致商务活动的失败。

1.男士西服的穿着规范

(1)西服颜色应以灰、深蓝、黑色为主,以毛纺面料为宜。

(2)西装要合体,上衣应长过臀部,袖子刚过腕部,西裤应刚盖过脚面。

(3)西装要配好衬衫。每套西装一般需有两三件衬衫搭配。衬衫领子不可过紧或过松,袖口应该长出西装1～2厘米。系领带时穿的衬衫要贴身,不系领带时穿的衬衫可宽松一点。和西装一起穿的衬衫,应当是长袖的,以纯棉、纯毛制品为主的正装衬衫,也可以酌情选择以棉、毛为主要成分的混纺衬衫;正装衬衫必须色彩单一,白色衬衫是最好的选择。另外,也可以考虑蓝色、灰色、棕色、黑色等颜色的衬衫;正装衬衫最好没有任何图案。在普通商务活动中也可以穿着较细的竖条纹衬衫,但不要将其和竖条纹的西装搭配。印花衬衫、格子衬衫,以及带人物、动物、植物、文字、建筑物等图案的衬衫,都不是正装衬衫。

(4)西装款式不同,相应的穿着方法也不同。对于双排扣西装,要将扣子全扣上。对于单排两粒扣西装,只扣上边一粒或都不扣;对于单排三粒扣西装,只扣中间一粒或都不扣;对于单排一粒扣西装,扣不扣均可。

(5)为保证西装不变形,上衣口袋只作为装饰,上衣胸前口袋可饰以西装手帕;裤兜也不能装物,以保持裤型美观。

(6)穿西装一定要穿皮鞋,且要将皮鞋上油擦亮,不可穿布鞋、旅游鞋。

(7)穿西装要系领带。领带颜色要与衬衫相协调,通常选用以红、蓝、黄为主的花色领带。领带稍长于腰带为宜。领带夹是西装的重要饰品,现在国外已很少使用,如要固定领带,可将其第二层放入领带后面的标牌内。若西装内穿毛背心,要将领带放在背心里面。在非正式场合,穿西装也可不系领带,但一定要解开衬衫的第一粒扣子。

2.男士穿西装常犯的错误

(1)一件西服的外袋通常是合了缝的(即暗袋),千万不要随意将其拆开,它可保持西装的形状,使之不易变形。

(2)衬衫一定要干净、挺括,不能出现脏领口、脏袖口。

(3)系好领带后,领带尖不能触到皮带上,否则会给人一种不精神的感觉。

(4)如果系了领带,绝不可以穿平底便鞋。

（5）一定要剪掉西服袖口的商标。

（6）腰部不能装手机、打火机、钥匙等。

（7）穿西装尤其是深色西装时不要穿白色袜子。

（8）衬衫领开口、皮带扣和裤子前开口的外侧线不能歪斜，应在一条线上。

（三）女士职业着装礼仪

女性的职业装既要端庄，又不能过于古板；既要生动，又不能过于另类；既要成熟又不能过于性感。

1. 套裙

现代职业女性流行穿套裙，主要包括一件女式西装上衣、一条半截式的裙子。在正式场合，这样会显得精明、干练、成熟。套裙应该由高档面料缝制，上衣和裙子采用同一质地、同一色彩的素色面料。上衣要平整、贴身，最短可以齐腰，袖要盖住手腕。裙子要以窄裙为主，并且裙长要到膝盖或者过膝，最长则不要超过小腿的中部。

2. 色彩

女性职业装的色彩应当以冷色调为主，以体现着装者的典雅、端庄。女性职业装的色彩搭配原则如下：

（1）基础色彩是黑白两色，搭配一些含灰量较多的色彩，另外点缀一些小面积的艳丽色彩。

（2）作为内装的搭配，在配色方面建议以搭配素雅色彩为主。中灰色是最好配色的基础色，不过要注意搭配的色彩不能有"怯"的感觉。

（3）白衬衫可以说是职业装的最佳搭档，以高雅、清晰的风格成为白领丽人的必备单品。它的魅力在于以不变应万变的百搭风格。利用不同色系的腰带或丝巾，可以给平淡的着装平添一种青春亮丽的亲和感。

3. 饰品

在女士着装方面，饰品搭配得好，可以起到画龙点睛的作用。饰品的佩戴首先应符合以下三个原则：

（1）数量原则：全身上下的饰品数量不能超过3件，否则会显得过于凌乱。

（2）色彩原则：饰品的佩戴要讲究风格的统一，各种饰品要尽可能做到同质同色，这样才能给人端庄大方的感觉。如果色彩过于丰富，则会让人眼花缭乱。

（3）身份原则：职场人员佩戴的首饰要符合自己的职业身份。过于昂贵、耀眼的首饰是不适合出现在商务场合的，因为职场并不是炫富的地方。

4. 鞋袜

与套裙配套的鞋子，宜为皮鞋，且以黑色为主，袜子的颜色以肉色、黑色、浅灰、浅棕为最佳，最好是单色。女士穿着鞋袜，要注意以下三点：

（1）鞋、袜、裙之间的颜色要协调。鞋、裙的色彩必须深于或略同于袜子的色彩，并且鞋、袜的图案与装饰均不宜过多。

（2）要讲究鞋、袜的款式。鞋子宜为高跟、半高跟的船式皮鞋或盖式皮鞋，袜子应为长筒袜和连筒袜。

（3）不可当众脱下鞋袜，也不可以让鞋袜处于半脱状态，不可让袜口暴露在外，或不穿袜子，这些都是公认的既缺乏服饰品位又没有礼貌的表现。

5. 不合适的着装

（1）暴露。在职场，不适合穿暴露的衣服，如吊带、短裙、深开领等。在办公室，要保证上不露肩膀锁骨、中不露肚脐腰身、下不露大腿。

（2）时髦。现代女性喜欢彰显个性、追求时尚，但切忌过分时髦，浓妆艳抹、彩色头发、各色指甲、大片的配饰（包括夸张的耳环、戒指、项链）等都不适合出现在职场。

（3）随意。正式的反面就是随意，家居服、运动服、牛仔服、休闲服等都不适合出现在职场。

（4）不穿丝袜或穿半截丝袜。在正式场合不穿丝袜会给人轻浮之感，应该根据衣服选择肉色或是黑色丝袜，忌穿半截丝袜、彩色丝袜或带花边的丝袜。

（5）露趾。穿鞋讲究前不露脚趾、后不露脚跟，穿露趾鞋是职场大忌。

（6）穿黑色皮裙。在国际礼仪中，穿着黑色皮裙意味着从事"特殊"职业。

第三节　办公礼仪

一、办公基本礼仪

职场人员的工作环境都比较固定，无论是在自己的工作岗位上还是在公共办公区域，或是在公共设备的使用上，都要遵守一定的礼仪规范，这既能反映出个人的礼仪修养，也能折射出企业文化和企业管理水平。

（一）办公室礼仪

许多职场人员的工作地点主要是在单位的办公室，办公室既是办公场所也是公共场所，在办公室开展各项活动时遵循礼仪规范，不仅可以构建单位良好的软环境，将工作变成享受，也可以更好地展示个人形象、企业形象。办公室礼仪包括办公室环境设施礼仪和办公室言行举止礼仪。

1. 办公室环境设施礼仪

办公室内桌椅、文件柜、茶具的摆放应以方便、安全、高效为原则，要经常开窗换气以保持办公场所空气清新。保持地面清洁，经常清理废弃物，室内不宜长期堆放积压物品，要定期擦拭，保持办公桌及办公用品干净整洁。需分类摆放办公用品，做到整齐有序，不要把与工作无关的私人物品摆放在办公桌上，一般只摆放目前正在用的、常用的工作资料和必备的办公用品。因进餐或去洗手间而暂时离开座位时，应将桌面文件覆盖、收好，设置电脑屏保，注意保密。如果条件许可，可以摆放盆栽以美化环境。下班时要整理办公桌，将文件或资料一律放在抽屉或文件柜中并做好文件分类归档工作。办公桌虽小，却是一面镜子，整洁的办公桌可以反映出你的干练个性和高效率的工作。

2.办公室言行举止礼仪

(1)仪表仪态大方,符合办公场所要求。一旦进入办公场所,我们应时刻注意自身的仪表仪态,保持得体整洁的着装、规范严谨的举止和良好的工作姿态。在办公桌前就座时,动作要自然轻缓,坐姿要端正优美,绝不能趴在桌上或斜躺于座椅上,也不要当众打哈欠、伸懒腰、跷二郎腿。如果觉得精神不振,可以到室外或走廊里走一走,适当调节情绪。在办公区域走路时身体要挺直、步幅要适中,从而给人庄重、积极、自信的印象,切不可慌慌张张,给人不可信任的感觉。

(2)遵守劳动纪律,准时出勤。严格遵守单位的工作时间规定,准时上班,按时下班。上班时,一般以提前10分钟进入办公室为宜,路遇同事时应主动微笑问候。进入办公室后应开窗透气,调整好室内的温度、亮度,准备好当日办公所需的资料、用品和茶水。如遇雨雪天气应先将身上的泥污水渍清理干净再进入办公室。下班时,以到点完成工作为宜,切忌未到时间就坐等下班。离开时应整理好办公用品及资料,以便次日继续使用,关闭所有办公设备,确认无误后方可离开。下班时应向上司、同事致意,千万不要不打招呼就自行离开。如果有特殊情况可能导致缺勤或迟到,应提前跟主管联系以便主管安排工作。

(3)公私分明,言行规范。规范的职场言行要求我们在办公期间严格区分公事和私事,遵守工作规范,恪守职业操守。这要求我们不在办公时间阅读与工作无关的书籍或资料,不在办公时间上网聊天、玩游戏、看影视剧、听音乐、炒股、网购,不用办公室电话拨打私人电话,尽量少接听私人电话,不在办公时间约朋友到办公室拜访,不用办公设备处理个人事宜。

在职场,我们与人交流时要时刻注重文明礼貌。与人交谈要音量适中、称呼文雅,多使用谦语、敬语,讲普通话;在办公区域不宜吸烟、大声喧哗、打扮化妆、吃零食、打瞌睡,出入时要轻手轻脚,与同事交流问题应起身走近同事,不要影响他人,要注意保持办公环境的安静;没事不要在办公室来回走动,以免影响他人工作;需出入他人办公室时,切记进入前要轻叩房门,未经允许绝不要贸然进入;如借用公用或他人物品,使用后应及时放还原处或送还;未经许可,不得翻阅不属于自己负责的文件;如需在办公时间离开办公室一段时间,应向主管告知去向、原因、用时、联系方式,若主管不在应向同事交代清楚,离开之前,还须将离开时间内可能要发生的事情(如某一约定的客人来访)向他人交代清楚,必要时可委托同事代为处理。

(二)办公场所公共区域礼仪

1.楼道或电梯

在楼道或电梯遇到同事或他人应主动微笑、点头致意,可略做寒暄。上下班时电梯里人多拥挤,先进入者应主动往里走以便为后来者腾出空间;后进入者应视情况而定,不要强行挤入。当电梯显示超载时,最后进入的人应主动退出电梯,如果最后进入的是年长者,年轻人应主动让出。进入电梯后应主动为他人按电梯楼层键或开关键,如要请他人代为按键应使用礼貌用语。在电梯内不宜接打电话、大声喧哗,不宜谈论单位或部门的内部事务。

2.茶水间、洗手间

在公用茶水间、洗手间应正确、节约使用设备,避免浪费,随时注意保持环境卫生。人多时应礼貌谦让,遇到同事时不要装作没看见或低头不理,应主动跟对方打招呼,稍做寒暄。不要在洗手间、茶水间长时间扎堆聊天,尤其不要在那里议论公事、同事、上司或他人隐私,成为是非的制造者和传播者,以免影响同事间的关系。

3.会议室

会议室往往由多部门共用,为使工作顺利进行,安排会议时应事先与管理人员进行预约,使用完后要带走有关资料,关闭设备,恢复会议室的整洁,按时交还钥匙。

(三)使用公共设备礼仪

在当今职场,打印机、复印机、传真机、计算机都是我们完成工作必备的现代化办公工具。但受条件所限,许多单位的这些办公设备都是公用的,从而产生了相应的职场礼仪规范。

第一,这些办公设备都是为了完成工作而配备的,不可用来打印、复印、传真私人材料。

第二,使用中应遵循先后有序的原则。一般是先到者先用,并礼貌地请排在后面的同事等一会儿。但如果你手头的资料很多,而候在你后面的同事赶时间或只有一两页的资料要打印、复印或发送,应让他先处理,当然后者应该表示感谢。

第三,要有公德心,如遇纸张用完,应及时添加;如遇机器故障,应处理好再离开。如不会处理,可请别人帮忙,千万不要一声不吭、一走了之,将问题留给下一位同事,造成他人使用不便。

第四,注意保密,使用完后要将原件带走,以免丢失资料、泄密。

二、职场人际关系礼仪

良好的人际关系可以帮助我们顺利开展工作,有助于我们的事业发展。要想避免在职场人际关系方面出差错、闹笑话,对职场人际关系礼仪的了解、掌握是必不可少的。

人际关系礼仪是职场日常工作礼仪中的重要组成部分,主要体现为与上司、同事、下属相处的礼仪。

(一)与上司相处的礼仪

很多职员尤其是新晋职员不知如何与上司相处,但在工作中又无法避免与上司相处,因此,掌握与上司相处的基本礼仪就显得尤为重要了。

1.尊重上司,维护上司权威,不越级越位

职场是一个注重等级的场所,作为下属应该牢记等级差别,切不可忘乎所以,越过上下级界限。该由上司管的事,不要主动插手;在该上司说话的场合,不要抢着说。在工作上,该请示的请示,该汇报的汇报,不要越位。工作上与上司产生分歧时,不要当众与上司争辩;上司对你的工作提出批评时,要专注地倾听、虚心地接受,不要表现得心不在焉。即使你觉得上司的批评有不当之处也不要当面顶撞上司,应该避免与上司正面冲突,事后可以言辞礼貌、委婉地向上司表明自己的看法,与上司沟通解决问题,切不可因此对上司满腹牢骚。

遇到上司出错时,如果只是小错,不妨"装聋作哑"。如果是需要纠正的明显失当,可以用眼神、手势暗示或写小纸条、低声耳语的方式提醒,千万不可当众纠正上司的错误,过度表现自己,让上司没面子。

在职场,如果你越过自己的直属主管向高层或老板汇报工作,那无疑是在告诉大家你与上司之间存在问题,别人也会认为你不尊重上司,这是职场大忌。

2.注重礼节,牢记下属身份,把握好与上司间的距离

见到上司时应面带微笑,热情大方地主动上前打招呼,如果距离远或者上司正与其他人谈话,则应微笑点头示意。对上司的称呼要分清场合,在正式场合需要使用正式称呼,不要使用简称。与上司握手时一定要等上司先伸手再热情回应,握手的时间和力度都应由上司掌握。当上司出现在你面前,而你正忙于其他工作时,应暂停工作并起立。如果正与客户商谈,那么也应对上司的出现做出反应,置之不理或让上司久等都是不礼貌的表现。无论在公司内外,只要上司在场,离开时都应向上司致意。

与上司相处时要时刻牢记自己身为下属的身份,保持适当的距离。即使你比上司年长、资历老,抑或是上司原来曾是你的下属,上司也不会接受你倚老卖老地随意指点。同时,下属也不要期望在工作岗位上与上司成为知心朋友,即便你跟上司年龄相仿、私底下是同学,那也并不意味着你在职场可以对他毫不避讳地直呼其名、称兄道弟、随意开玩笑、不分场合地勾肩搭背。身为下属还应注意尊重上司的私人空间,不要牵扯到上司的私人生活中,以免带来麻烦。

3.注意仪态,遵守汇报的礼仪

向上司汇报工作时,应该依约准时到达,过早或迟到都不礼貌。进入上司办公室前,应先轻轻敲门,非请勿入。进入后非请勿坐,应做到举止得体、文雅大方、彬彬有礼。汇报前一定要提前准备好汇报的内容和措辞,否则汇报时容易内容残缺不全、条理不清、词不达意,那是对上司的不尊重,非常失礼。汇报时应力求用词准确、语句简练,避免使用口头禅,还要注意语速适中、音量适度。汇报时间不宜过长,一般应控制在半小时以内。如果汇报过程中手机响起,应该按掉,不要接听。如果对方再次来电,可以侧转身体后小声接听,向对方致歉并告知对方此时自己不方便接听电话,稍后会回电。如果汇报过程中,上司接到重要来电,下属应用眼神向上司示意然后回避。汇报结束后应注意礼貌离场。

(二)与同事相处的礼仪

在同一职场工作的同事,彼此相处得如何,直接关系到大家的工作、事业的进步与发展。如果同事之间彼此尊重、以礼相待、关系融洽,就能共同营造和谐的工作氛围,有益于大家的共同成长。处理好同事关系,在礼仪方面应注意以下几点。

1.平等相待,互相尊重

相互尊重是处理任何一种人际关系的基础,同事关系也不例外。同事关系是以工作为纽带的,一旦失礼,隔阂难以愈合。所以处理同事间的关系,最重要的是尊重对方。

(1)尊重同事的人格。每个人都有自己独特的生活方式和性格,在公司里我们会遇到不同的同事,虽然大家的出身、经历有所不同,工作风格也各有不同,但在人格上是平等的。我们不能用同一把尺子衡量每一个人,苛求别人。给同事乱起绰号,拿别人的事情当笑料,讽

刺挖苦别人的长相、口音、衣着、习惯、爱好、背景，或将自己的观念、想法强加于人都是极不礼貌的行为。

（2）尊重同事的工作成果。当同事展示自己的工作成果时，要意识到这是他人付出时间、心血、智慧的劳动成果，要懂得欣赏其中的闪光点。如果轻易出言否定会伤害对方的自尊心，会很不礼貌。即使你觉得不够好，也不应直接说出来，你应该委婉地表达，先肯定其优点再指出其不足，这样更容易让人接受。

（3）尊重同事间的距离感。对正在办公的同事，无论他在看什么写什么，只要他不主动跟你聊，最好不要刻意追问，刨根问底。

对于同事的东西，如果同事不在或未经允许不能擅自动用。如果必须要用，最好有第三者在场或留下便条致歉。向同事借用任何东西都应该尽快归还，要保持东西完好，将其摆放在原来的位置，同时不忘以口头或文字的方式表达谢意。

每个人都有不愿为人所知的隐私，对于同事的私事、秘密，不要窥探，更不要背后议论、传播同事的隐私。如有人找同事谈话，不要旁听、偷听。不要留意同事的信件的发信人地址，不要去揣摩同事的电话，同事与异性谈话时更不要去凑热闹。总之，即使是关系密切的同事也没有必要变得"亲密无间"，保持适当的礼仪距离有助于减少同事间的无礼之为。

2. 友好相处，礼貌相待

尽管同事之间每天都见面，但上班见面时仍应主动问候对方或点头微笑致意。办公期间中途离开办公室应主动告知其他同事，下班时也应向同事道别。

平时与同事交流时要使用"您""请""劳驾""多谢"等文明用语，不要心不在焉、爱理不理的。尤其应尊重公司里的前辈、老员工，遇事多虚心请教，交谈时尽量使用敬语和礼貌用语。

开会或讨论问题时，应认真倾听同事的发言和意见，有分歧时就事论事，不盛气凌人，不随意打断他人讲话进行纠正、补充，不急于反驳，不质问对方，不在同事面前说狠话、过头话，不当众炫耀自己或故意贬低别人抬高自己。

当休息闲谈时，同事之间可以开开玩笑，但要注意对象和场合，长者、前辈和不太熟的同事都不适合开玩笑。闲谈时说话音调宜低不宜高，忌讲粗话、低俗的笑话。如果谈话中出现了不同意见，不必太当真，可以开个玩笑并转移话题，不要因为闲谈伤了同事之间的和气。闲谈还应把握尺度、适可而止，绝不能耽误了正常工作。

3. 诚心帮助，真诚关心

当同事工作表现出色时，应予以肯定、祝贺；当同事工作不顺利时，应予以关心、帮助。但在协作过程中，不可越俎代庖，以免造成误会，令对方不快。

由于个人生活与工作常难以决然划分，同事偶尔会谈到家庭琐事，不妨也留神倾听或主动关心同事的近况，让他感觉到你是在关心，而非打探。如遇同事受伤、生病住院，可邀集其他人一起前去慰问以示关心，还可向对方说明单位最近发生的事情，让他安心养病。如同事请求帮助时，应尽己所能、真诚相助。

4. 把握与异性同事相处的分寸

对年长的异性同事应保持礼貌，男性青年与年长的女性同事交谈，要避开有关年龄、婚姻及个人隐私的话题。女性青年不要因年龄悬殊而对年长男性同事撒娇,以免出现信息误导,让人产生非分之想。年龄相当的异性同事之间也要保持适当的距离,即使在工作中配合默契、共同话题很多的异性同事,也不宜经常单独在一起,尤其是下班后。工作时间如果单独相处、交流,应敞开办公室的门,以免引起他人的误解。

5.不要把公事以外的个人情绪带进工作中

当个人生活或工作不顺心时,不要逢人就诉苦,让同事成为你的"垃圾桶",更不应将自己的坏情绪、坏脾气带到职场,把同事当成"出气筒"。这一方面会影响工作的正常进行,另一方面也会影响人际关系,别人没有理由为你的任性买单。

6.同事间物质往来应一清二楚

同事之间可能有相互借钱、借物或馈赠礼品等物质上的往来,但切忌随意,应将每项都记得清楚明白,即使是小款项,也应记录下来,提醒自己及时归还,以免遗忘后引起误会。向同事借钱、借物,应主动给对方出具借条,以增进同事对自己的信任。在物质利益方面无论是有意或者无意地占对方的便宜,都会引起对方心理上的不快,从而损害自己在对方心目中的人格地位。

7.对自己的失误或同事间的误会,应主动道歉说明

同事之间经常相处,一时的失误在所难免。如果自己出现失误,应主动向对方道歉,征得对方的谅解,对双方的误会应主动向对方说明,不可小肚鸡肠、耿耿于怀。

(三)与下属相处的礼仪

(1)尊重下属的人格。每个人都具有独立的人格,上司不能因为在工作中与其具有领导与服从的关系而损害下属的人格,这是作为上司最基本的修养和对下属最基本的礼仪。

(2)善于听取下属的意见和建议,了解下属的愿望,认真研究并及时回复。

(3)宽待下属。身为上司,应心胸开阔,用宽容的胸怀对待下属的失礼、失误言行,对事不对人,尽力帮助下属改正错误,而不是一味打击、处罚下属,更不能记恨在心、挟私报复。

(4)工作出现问题时,上司应勇于担当、不推卸责任、不迁怒于下属、不随意对下属发脾气。

第四节 职场通信礼仪

一、电话礼仪

(一)电话礼仪的基本要求

打电话看似很容易,其实不然,使用电话进行沟通也是一门艺术,大有讲究。正确掌握这门艺术需要遵循一些电话礼仪的基本要求。

（1）通话时应做到语言文明、规范，勤用礼貌用语。语言是信息传递的载体，因此，语言的使用是电话礼仪中的一项重要内容。用语是否礼貌，是对通话对象尊重与否的直接体现，也是个人修养高低的直观表露。要做到用语礼貌，就应当在通话过程中较多地使用敬语、谦语，如"您好""请""谢谢""麻烦您"等。

通话用语往往是有一定规律可循的，这种规范性主要体现在通话人的问候语和自我介绍、通话结束时的道别语上。通常，致电方在电话接通后应主动问好，询问对方的单位或姓名，得到肯定答复后再报上自己的单位、姓名，其规范模式是："您好！请问是某某公司某某部吗？我是某某公司某某部的李某某，麻烦您请王经理听电话，谢谢。"接听电话方不能使用"你有什么事""你是哪儿，你是谁，你找谁"等用语，特别不能一开口就毫不客气地查问对方或者以"喂，喂"开场，通常应以问候语加上单位、部门名称及个人姓名作为开场语，如"您好！某某公司某某部张某某，请讲"。

（2）为确保信息的准确传递，通话人应当力求发音清晰、咬字准确、音量适中、语速平缓，确保语句简短、语气亲切，这样易使对方产生好感，利于沟通。通话时语气的把握至关重要，因为它直接反映着通话人的办事态度。语气温和、亲切、自然，往往会使对方对自己心生好感，从而有助于交流的进行；语气生硬傲慢、拿腔拿调，则无助于工作的顺利开展。语调过高、语气过重，会使对方感到尖刻、严厉、生硬、冷淡；语气太轻、语调太低，会使对方感到无精打采、有气无力；语速过快，会显得应付了事，对方容易听不清楚或听错；语速过慢，则显得懒散拖沓，容易让对方失去耐心。一般来说，语气语速适中、语调稍高些、尾音稍拖一点才会使对方感到亲切自然。

（3）通话时应全神贯注，举止文明。通话虽然是个"只闻其声，不见其人"的过程，但通话人可以根据声音来判断对方是全神贯注还是心不在焉、是和蔼可亲还是麻木呆板，进而推断对方是否尊重自己，从而微妙地影响了交流的进程与效果。因此，我们通话时应暂时放下手头的工作，集中注意力与对方交流，除了必须执笔做些适当、简短的记录，以及查阅一些与通话内容相关的书面材料，切不可一心二用。有人为了方便而使用免提通话，以便腾出手来做其他事，殊不知这不仅不能提高工作效率，反而有可能引起对方的误会和不满，进而影响工作。

通话时我们应端坐或端立，不可趴着或仰着、斜靠或双腿架高，也不要将电话夹在脖子上通话，不可三心二意，边通话边与旁人聊天或边通话边做其他事情。切忌边打电话边抽烟、喝茶、吃零食，这是极不礼貌、极不尊重对方的行为。

通话过程中，应轻拿轻放电话，避免过分夸张的肢体动作，以防嘈杂之声。若电话中途中断，如中断原因明确，应由失误方重新拨打，并在拨通之后稍做解释。如原因不明，通常由致电方重打。接听方也应守候在电话旁，不宜转做他事，甚至抱怨对方。一旦发现自己拨错了电话，拨打者要立刻向被打扰的一方致歉，不可挂断了事。如果发现对方拨错了电话，也应礼貌告知本单位或本人是谁，必要而可能时，不妨告诉对方所要找的正确号码或予以其他帮助，切勿恶语相向责备对方。如果对方道歉，要记得礼貌回应。

结束电话交谈时，通常由致电方提出，接听方不宜越位抢先。双方可以将刚才交谈的问题适当重复总结，然后彼此礼貌致意、道别，再挂断电话。

（二）拨打电话的礼仪

1.选择恰当的通话时间

选择恰当的通话时间通话。时间的选择看似平常，实际上至关重要。为确保信息的有效传达，我们应根据通话对象的具体情况择时通话，以方便对方为基本原则。一般而言，工作电话应当在工作时间拨打，但应避开刚刚上班、即将下班、午餐前后，更不宜在下班之后或节假日拨打，尤其不应在凌晨、深夜、午休或用餐时间"骚扰"他人。如确有急事不得不打扰别人休息时，在接通电话后首先应向对方致歉。如果是拨打国际长途，则应考虑到本地与目的地的时差，然后选择合适的时间。

2.提前准备，言之有物

通话前我们应做好充分准备，不打无意义的、可打可不打的电话。在拨打电话之前，必须确认通话对象的情况，如姓名、性别、职务、年龄、所属部门等，以免出错造成尴尬；还应明确自己所要表达的内容，可以事先在便笺上列出一个条理清晰的提纲，以免遗漏要点或因一时想不起来该说什么而尴尬地停顿。电话接通后要简明扼要地直奔主题，言之有物，切忌东拉西扯、无话找话。

3.耐心拨打

拨打电话时，要沉住气，耐心等待对方接听电话。一般而言，至少应等铃声响过 6 遍或大约半分钟时间，确信对方无人接听后才可以挂断电话。切勿急不可待，铃声未响过 3 遍就断定对方无人接听而挂断电话，或挂断后反复重拨，更不可在接通电话后责怪对方。

4.遵循"通话 3 分钟"原则

使用电话作为通信工具，其目的在于提高工作效率。因此在使用电话时，务必做到"去粗取精"、长话短说，除非有重要问题须反复强调、解释，在正常情况下，一次通话时间应控制在 3 分钟之内。这一做法在国际上已成为一种共识，被通称为"通话 3 分钟"原则。

遵循"通话 3 分钟"原则，我们可以在通话前大致估算一下所需的时间，明确通话内容。通话时直奔主题，抓住要点，言简意赅地表达。如果要传达的信息已陈述清楚，就应当及时结束通话，无须唠叨，以免给人留下做事拖拉、缺乏效率的感觉。

如果预计电话交谈的内容较多、时间较长，那么在通话之初就应告知对方，简短概括要涉及的事务并礼貌地询问对方此时沟通是否方便，如对方表示无碍则可继续交谈，如对方表示不方便则应与对方商量另约时间。

通话过程中，若通话人需取一些相关资料或暂时离开去办重要事宜，应在 30 秒内解决。若超过 30 秒，须征得对方同意并致以歉意，或先暂时挂断电话，事后再拨打过去。当然，"通话 3 分钟"原则旨在要求通话时用语简洁、节省时间，并不要求通话人刻意追求 3 分钟的精确时限。

（三）接听电话的礼仪

1.勤于接听

电话铃一响，应即刻停止手中的工作，拿起记录的纸笔，做好接电话的准备。然而接电话也不宜过于迅速,铃声响一声后就立即接听,会给对方以唐突之感。接电话的最佳时机,应当是铃声响两声或三声后,因为此时双方都已做好了通话准备。如果确有重要原因而耽误了接电话,电话铃响了五声才拿起话筒,则务必向对方解释并表示歉意。

2. 做好记录准备和补缺准备

任何一次来电都有可能是一次重要的信息传递。因此,我们应当在电话旁配备好完整的记录工具,要养成一听到电话铃声就拿起纸笔的习惯。为了避免记不清致电人所传递的信息甚至遗漏信息要点的情况,接听人应在接听电话时适当地进行要点记录,电话记录既要简洁又要完备,在工作中这些电话记录是十分重要的。

出于种种原因,在办公时间需暂时离开以致无法接听他人来电时可委托他人代为接听,可以请受托人留下致电者的姓名、单位及电话号码,转告致电者自己会在回办公室后即刻复电,并致歉意。一般不宜要求对方隔时再来电,以免给人以"摆架子"的感觉。也可请受托之人在对方同意的情况下,代为记录来电内容,但须确保记录准确,以免误事。

3. 合理安排接听顺序

在工作中我们有时会遇到这样的情况,即同时有两个电话待接,而办公室内暂时只有自己一人,这一问题如何应对呢? 可先接听第一个打进来的电话,在向其解释并征得同意后,再接听另一个电话,并让第二个电话的通话对象留下电话号码,告之稍后再主动与他联系,然后再迅速转听第一个电话。如果两个电话中有一个较另一个更重要,则应先接听重要的那个。例如,应当先接听长途来电再接听市内来电,先接听紧急电话再接听一般性的公务电话等。

不管先接听了其中的哪个电话,都应当在接听完毕后迅速回拨第二个电话,不宜让对方久等。切不可同时接听两个电话,或只听一个电话而任由另一个来电铃响不止,更不可接通了两个电话后只与其中一个交谈,而让另一个在线上空等。

4. 殷勤转接

如果接电话时发现对方找的是自己的同事,应请对方稍候,然后热忱、迅速地帮对方找接话人,切不可不理不睬、漠然视之或直接挂断电话,也不可让对方久等、存心拖延时间。如果对方要找的人不在或不便接电话时,应向其致歉,让其稍后再拨。如果对方愿意留言,可代为传达信息,并准确做好记录。如果对方不愿留言,切勿刨根问底。在解释所找之人为何不在或不便时,不可过于坦率,如说"他在厕所""他说他不愿接"之类的话,以免失礼于人或引起误会。

二、手机礼仪

手机是现代化的通信工具,被称作"第五媒体"。虽然移动电话给我们带来了便捷与高效,但使用手机除了应遵循电话礼仪,还应注意一些特殊的礼仪规范。

(一)手机的拨打和接听要注意场合

在开会、会客、谈判、签约及出席重要仪式、活动时,应将手机设置为振动状态或暂时关机;若有重要来电必须接听时,应先迅速离开现场,再开始与对方通话;如果实在不能离开,又必须接听,则音量应尽量放轻,一切以不影响在场的其他人为原则。与人共进工作餐(特别是自己做主人请客户)时,如果有电话,最好说一声"对不起",然后去洗手间或走廊接听,而且一定要简短,这是对对方的尊重。

(二)应保持手机畅通

告知工作对象自己的手机号码时,务必力求准确无误。必要时,可再告知对方其他几种联络方式,以求有备无患。看到他人打在手机上的来电后,一般应该及时与对方联络,因故暂时不方便使用手机时,可在语音信箱上留言,说明原因。

(三)应将手机放在妥当之处,设置恰当的铃声

一般应将手机放于随身携带的公文包或上衣的内袋里,开会时可将手机置于不起眼的地方,不要放于桌面上。手机铃声间接反映了手机使用者的个性形象,设置手机铃声时不宜使用怪异、搞笑、过于幼稚的铃声,否则会降低自己的专业度,影响职业形象。

(四)手机的使用应重视私密性

未经同事、上司、客户的同意,我们不宜将他们的手机号码随意告诉他人,也不宜随意将本人的手机借与他人使用,当然随意借用别人的手机亦不适当。工作中的重要信息,业务往来的具体资料都不宜存储于手机中,以免手机遗失造成泄密。

(五)正确使用短信

在一切需要手机静音或关机的场合,可以使用短信,但不要在别人注视你时查看或编写短信,一边与人交谈一边收发短信是对他人的失礼;短信内容的选择和编辑反映着发送者的品位和水准,不要编辑或发送不健康的、无聊的短信;发送短信要署名,信息传递要简明扼要,阅读涉密短信后要及时将其删除,以免泄密或引起误会;收到短信要及时回复,发送短信的时间不能太晚,以免影响对方休息。

三、传真礼仪

传真作为远程通信的重要工具,因其方便快捷得到广泛应用。使用传真时我们应该做到以下几点。

(一)传真内容要简明、严谨

传真内容要简明扼要、严谨准确。为确保这一点,在写完后须校对一遍再发送。传真首页内容应该有传送者和接收者双方的单位名称、人员姓名、日期、总页数。每页纸上都应有页码,既方便阅读也方便补发。若传真加盖公章的文字材料,需将公章盖得清晰,以保证传真的效果。

(二)传真信件须规范

传真信件的内容一定要规范,必要的称呼、问候语、签字、敬语、致谢词等均不能少,特别

要注意信尾的签字,因为签字代表发信者本人知道并同意发出。若签字被忽略,则任何人都可以轻易冒名发信件了。

(三)纸张、字号大小不可随意

最规范的传真用纸是 A4 大小的白纸,最好不要用有颜色的纸,否则既不规范又浪费传真机扫描的时间,而且发过去可能影响效果。传真的字号应比普通打印件稍大,以保证传真过去的文字清晰、方便阅读。

(四)注意保密

未经事先许可,不应传送保密性强的文件或材料,因为公共传真机保密性不高,任何刚好经过传真机旁边的人,都可以轻易窥得传真纸上的内容。

(五)传真前后勤确认

发送传真前,应先向对方通报,因为在很多单位大家共用一台传真机,如果不通知对方,信件就可能会落到别人的手里。若传真页数较多应向对方特别说明,让对方选择是否发送或更换方式。发送后要再次与对方确认是否收到、页码是否正确、内容是否清晰。同理,收到传真后如对方没有打电话来确认也要尽快通知对方。

四、电子邮件礼仪

当前职场中,电子邮件已成为必备、常用的通信工具,越来越多的公司专门设置工作邮箱,使用内部邮件系统。学会职场中的电子邮件礼仪可以促进交流合作,提高工作效率。

(一)使用工作邮箱的基本要求

工作邮箱的账号、密码一般都由人事行政部门或网管部门统一设置,员工领取后可以重置密码,但不可以将其账号、密码转让或出借他人使用。设置工作邮箱是为了方便工作,员工不应将其用于非工作用途,尤其不能利用工作邮箱上传、展示或传播任何虚假的、骚扰性的、中伤他人的、辱骂性的、恐吓性的、庸俗淫秽的或其他任何非法的、侵害他人合法权益的信息资料,这些都会对公司的正常运转造成不利的影响。

(二)写邮件的注意事项

1. 明确邮件主题

电子邮件主题是邮件接收者了解邮件的第一信息,它能帮助收件人迅速了解邮件内容并判断其重要性。因此,发送电邮必须有明确的主题,主题空白是极失礼的,主题行的标题既要简短又要能反映出邮件的内容和重要性,发件人应认真填写,通常用邮件内容的关键词作为主题,如果邮箱名与发件人的姓名不符的,还需在主题行注明发件人的真实姓名。

2. 礼貌使用称呼和问候语

电邮的文体格式类似于信函格式,虽不需要冗长的客套语,但开头要有合适的称呼和礼貌的问候语,如"尊敬的先生/女士:您好!",结尾要有祝福语,如"祝工作顺利"等。

3.合理组织正文、添加附件

邮件通常只围绕一个主题展开,电邮正文和附件的内容是否简明扼要、行文是否通顺、表述是否明晰,直接影响这封邮件的有效作用。如果正文内容比较复杂,应分段进行说明并保持每个段落的简短。在不影响精准表达的前提下,多用简单词汇和短句。所用字体和字号大小要让收件人看起来不费力,写完后检查有无错别字和不必要的话。如果邮件有附加的文档、表格、图片,通常将其以添加附件的方式直接发出,这既便于收件人阅读,也便于保持原文件的信息、格式。附件的文件名最好能概括附件的主要内容,以便收件人下载后整理归档。附件一般不超过4个,附件数目较多时应将其打包压缩成一个文件,同时在正文中对附件内容做简要说明。

4.注意邮件语气、行文方式

根据邮件的对内对外性质、收件人与自己的熟络程度、等级关系等选择适当的语气和行文风格。要尊重对方,应时常使用礼貌用语,以免引起对方的不适,从而增强沟通效果,达到沟通目的。

(三)发送及回复邮件的礼仪

发送大邮件时要确认邮件不会给收件人带来不便,按规定控制邮件的接收范围,避免超范围发送。各收件人(包括收件人、抄送人、密送人)的区分和排列应遵循一定的规则,如可以按部门排列,也可以按职位等级从高到低或从低到高排列,一般来说如果是部门内部的工作安排、工作回复、跨部门沟通等情况,只抄送给相关人员即可。公司层面的通知、报告、公函等,必须由经理级以上人员经过相关主管领导批准后再发送邮件,不得以个人名义发送;如果是员工利用工作邮箱群发文章分享的,其内容必须符合公司文化和要求。

必须定期查看工作邮箱,收到邮件应认真阅读、及时回复,对于有时限的邮件,一定要在时限内完成查看和回复。如果正在出差或休假,应设定自动回复功能提示发件人,以免耽误工作。回复邮件不能寥寥几字、过于简短,这是对对方的不尊重。

五、QQ、微信等网络即时通信工具礼仪

日益成熟的网络通信技术使人们的生活发生了天翻地覆的变化,随着智能手机、平板电脑等移动设备的普及,QQ、微信等即时通信方式更是让人们的沟通呈现出崭新的模式。人在享受交流、展示自我的同时,应注意使用的安全性,遵守相应的礼仪。

(一)QQ礼仪

QQ不仅融入了我们的日常生活,而且成为许多单位的工作交流工具,方便快捷地传递着各种工作信息,使我们的工作变得更加高效。

1.工作时间使用QQ的基本要求

工作期间应将工作QQ与个人QQ区别使用,不宜使用私人QQ,更不宜通过QQ与亲友聊天。工作时段应依照自己的实际情况设定在线忙碌状态,以方便工作中的沟通联络,原则

上工作 QQ 只能用于工作交流,不要交流与工作无关的信息。

　　使用 QQ 工作群时,应按照统一规则命名群名片,一般为单位部门+真实姓名,不要使用昵称。工作 QQ 的个性签名要积极向上,一般多采用自我激励、鼓舞团队的话语,避免使用消极负面的话语。员工要留意工作 QQ 群的公告、通知和群文件,及时做出回复并按要求落实相关工作,不应在工作群中聊天和讨论与业务无关的话题。因特殊情况不能在线时,应及时查看当日群内有关工作部署的留言和最新消息。需要申请加为他人好友时,务必要填写相关的身份信息,方便对方确认同意。

　　2. QQ 信息发布及回复的基本礼仪

　　总体来说,在工作 QQ 群内的发言应围绕工作而展开,必须主题积极、内容健康、语言文明。既不得在群内发布黄色淫秽、暴力、低级趣味的表情、信息、图片、网址链接和虚假、骗人信息,也不要随意传播网络和社会上未被证实的言论,更不能讨论有关涉密的信息。群内成员聊天必须把握分寸,不应拿他人的尊严、名誉、私人问题等进行调侃取乐,不进行人身攻击、不使用污言秽语或侮辱、诋毁、诽谤、嘲讽性质的语言。

　　在 QQ 上最好不要设置成"请勿打扰""忙碌"状态,发起会话和下线时,应与对话人礼貌地打招呼,不要闲聊,将要解决的问题简要说明,发链接时也要简要说明。如果要找人尤其是找不那么熟悉的同事或关联对象时,不要直接打出对方的姓名,而应以"请问"开头,然后使用"你好"等礼貌用语,之后再与对方沟通,和盘托出你要问的问题、要说的话。如果对方不在,也可以利用 QQ 的留言功能主动礼貌留言,体现你的诚恳态度及不想打扰、追逼人家的善意。看到别人针对自己的发问或咨询,或收到别人的留言都应及时回应。自动回复要慎用。

　　留言或回复时,应检查是否有错别字及易引起歧义的内容,避免引起对方的误解。等待回应时,一般不宜使用 QQ 的"抖动"功能催促对方,"抖动"易使被"抖"的人产生反感,特别是"抖动"与你不太熟悉的同事、客户,这就如同在日常生活中,你在某人楼下大喊"某某,你给我下来",如果彼此不够熟稔,这样是很不合适的。QQ 丰富的个性表情、图案、动画很受欢迎,使用得恰当可以增强交流效果,但如果选择的内容格调不高则易使人心生反感,而过于频繁使用有恶意刷屏之嫌,表情、图案、动画毕竟不可取代语言沟通,要慎用。

　　3. 传输文件的礼仪

　　发送文件前需先联系、告知对方,询问对方是否方便接收文件,不要一言不发就直接发离线文件或大文件、视频文件、截图。收到文件后需及时回复留言,表示感谢。传输大文件应先将文件进行压缩再进行发送,这样可以节省对方接收文件的时间。如果文件传输过程中出现故障,双方应及时沟通解决。接收文件后及时阅览,如发现文件损坏或存在其他问题应立即与对方联系,礼貌地请对方协助解决。

　　总之,应与 QQ 群内其他成员文明交流、互相尊重、团结互助、友好相处,共同维护这个交流平台。

(二)微信礼仪

　　微信是腾讯公司于 2011 年推出的一个为智能终端提供即时通信服务的免费应用程序,它具有公众平台、微信群、朋友圈等功能,可以通过网络快速发送语音短信、视频、图片和文字,现已成为拥有亚洲最大用户群体的移动即时通信软件,其传播时效之快,覆盖面之广,影响力之大,令人惊叹。当刷微信成为人们的一种生活方式时,微信礼仪也应运而生。

1. 申请关注要谨慎

尽管微信加关注的方式多种多样、十分便捷,但是在选择同事、上司、客户加好友时不能贸然行事,应考虑对方的感受。或许对方并不愿意让你看到他在微信上呈现的较为个人化的信息,但又不便拒绝,这就会使对方陷入尴尬境地。恰当的做法是事先进行沟通,如果感觉到对方有所勉强就不要提出申请,大家可以在微信群里交流。此外,申请时还需表明身份,还可通过设置一张微笑的、职业感强的本人头像来增加辨识度。

2. 发送时间和数量要控制

有人每天不分早晚地在微信上密集发送、频繁更新,这样做不仅影响他人休息,干扰他人的正常生活,还容易惹人生厌,而且会让人产生不好的联想,感觉你把时间和精力都花在了刷微信上,从而对你的工作专注度及工作效率产生怀疑。发送微信应尊重他人的作息时间、控制数量。

3. 发送问候要用心

当我们使用微信和他人保持情感联络时,总会涉及日常的问候或者节假日的祝福问候。日常问候要有具体内容,避免只发一个表情符号、惜字如金;节庆时可在朋友圈内针对所有微友发祝福微信,但对圈内关系特别密切的朋友、同事、重要的合作伙伴、客户、师长等应一对一地单独发送祝福微信,应有对对方的称呼,使用敬称,可在末尾附上自己的职务名称和名字,以便让他人记住你。

4. 发送消息要简明

发送文本消息时要确保文本正确无误,如果不小心把带错别字的文本发出去了,一定要再补发一条作为说明;文本内容应简短明了、有针对性,千万不要长篇大论,那样很容易让人产生视觉疲劳,从而遗漏了你所发的重要信息;文本需用语健康文明,可以配以适当的图片,作为补充说明。

发送语音消息要慎重,由于微信语音稍不小心就可能转换为外放模式,双方所说的话都可能会被别人听见,这样不仅容易泄露交谈内容,还易干扰别人。语音发送应在安静环境下进行,防止对方无法听清,或者因为背景人多嘈杂导致客户觉得你太过随意,对他不够重视。如果对方是你的重要客户或上司,发送语音前应该先征求对方的意见;对于紧急的事情,不要使用语音,以防对方因不方便听语音,影响回应。此外,发送语音消息时应尽量讲普通话,做到口齿清晰、语速恰当。使用语音功能时还要考虑对方的上网条件,照顾到那些包月套餐内流量不多的朋友,应避免发过长的语音消息,增加对方网费负担。

发送图片消息时,应确保图片内容健康无害,图片画面清晰完整,图片数量、大小适宜,可以配简短的文字说明。

发送视频要说明视频的主题,确保视频画面和声音连续、清晰、大小合适,同时合理命名文件。

5. 回复消息要及时

在朋友圈、微信群里收到消息应当第一时间回复,评论他人消息应彰显诚意,避免总是使用单纯的笑脸表情。应考虑到对方的立场，不要催促对方回复，不能因为对方没有及时回应就责备埋怨。重要又需要立刻得到回复的事情还是电话联系为好，以免对方因为网络问题而无法收到，从而耽误工作；回复时要注意文明用语，不使用粗俗的语句。

6. 发送内容要讲究

如果微信主要用于工作则建议使用真实姓名作为昵称，可以包括公司名称或者产品名称；个人签名代表了一个人的形象，要积极、阳光。不管是原创还是转发，微信都应多发布正能量的内容，避免发送低俗信息或涉及国家、工作单位机密甚至他人隐私的信息；在微信群里不要长时间单独与某人聊天，以免干扰别的微友，可以单独"微他"或把相关人拉在一起另外建聊天群；微信群里的发言要切合主题，不要谈论和转发太多跑题的内容及敏感话题，可以私聊私密的话题；转发前先点赞或以评论的方式写出转发理由，转发自微友原创的内容须注明来源，这是对原创者的尊重；不发或不转发带"如果不转发就会怎样或只有转发才能得好报"等强制性字眼的微信，微友间应相互尊重而非要挟，转发链接或求助微信时需谨慎，应尽量予以核实。你的分享代表你的态度，如果你不加个人观点就转发，就等于你支持作者的观点。

第七章　沟通素养

　　良好的沟通能力是建立和谐、深入的人际关系必不可少的条件,也是让我们的工作和事业顺利发展必须具备的基本能力,前者满足情感需求,后者有利于价值追求,所以每一个个体都需要具备良好的沟通能力。而沟通能力中最基本的技巧是倾听和表达。无论是倾听还是表达,都需要从语言内容和非语言的内容等方面加以注意和训练,这样我们才能逐渐成为一个合格的倾听者和一个高效的表达者。职场环境中的沟通则需要我们根据不同的沟通对象和情境灵活变化,遵循不同规则,选用恰当方法,成为一个在职业发展中游刃有余的沟通高手。

第一节　沟通概述

一、沟通与人际沟通

　　沟:水道、通道;通:贯通、往来、通晓、通过、通知。沟通,首先有沟,然后才能通。沟通就是"沟"通,把不通的管道打通,让"死水"成为"活水",彼此能对流、能了解、能沟通、能交通、能产生共同意识。沟通是一个将事实、思想、观念、感情、价值、态度,传给另一个人或团体的过程。沟通的目的是相互间的理解和认同,使人或群体之间互相认识、相互适应。人类社会的一切活动,都是信息制造、传递、搜集的过程,因而沟通是无时无刻不在进行着的事情。

　　沟通具有随时性、双向性、情绪性、互赖性的特点。所谓随时性,就是说我们所做的每件事都是沟通;我们在沟通时既要搜集信息,又要给予信息,这就决定了它的双向性;所谓情绪性,就是说接收信息会受传递信息方式的影响;沟通的结果和质量是由双方决定的,它还有互赖性的特点。

　　人际沟通是指人与人之间在共同的社会生活中彼此之间交流思想、感情和知识等信息的过程,主要是通过语言和非语言符号系统来实现的,其目的更侧重于人们之间思想与情感的协调和统一。人际沟通是一种本能,但更是一种能力,要靠有意识的培养和训练而不断提升,它是形成良好人际关系的重要保障。

二、沟通的类型

　　依据不同划分标准,对沟通进行如下分类。

（一）依据沟通的中介或手段划分

1. 口头沟通

口头沟通，又称语言沟通，这是最基本、最重要的沟通方式，是指人与人之间使用语言进行沟通，表现为演讲、交谈、会议、面试、谈判、命令及小道消息的传播等形式。口头沟通在一般情况下都是双向交流的，信息交流充分，反馈速度快，实时性强，信息量大。但是由于个人理解、记忆、表达的差异，可能会造成信息内容的严重扭曲与失真，传递的信息无法追忆，导致检查困难。因此，在组织中传达重要的信息时要慎用口头沟通这种方式。

2. 书面沟通

书面沟通，又称文字沟通，这是指以文字、符号等书面语言沟通信息。信件、报告、备忘录、计划书、合同协议、总结报告等都属于这一类。书面沟通传递的信息准确、持久、可核查，适用于比较重要的信息的传递与交流。但是在传递过程中耗时太长，传递效率远逊于口头沟通，而且形式单调，一般缺乏实时反馈的机制，信息发出者往往无法确认接收者是否收到信息，是否理解正确。

3. 非语言沟通

人的面部表情、眼神、眉毛、嘴角等的变化和手势动作、身体姿势的变化都可以传达丰富的信息，这种传递信息的方式称为非语言沟通。非语言沟通中信息意义十分明确，内涵丰富，含义隐含灵活，但是传递距离有限，界限模糊，只能意会，不能言传。一般情况下，非语言沟通与口头沟通结合进行，在沟通中对语言表达起到补充、解释说明和加强感情色彩的作用。美国心理学家艾伯特·梅拉比安的研究表明，口头交流时，55%的信息来自面部表情和身体姿态，38%来自语调，而只有7%来自词汇。

4. 技术设备支持的沟通

这是指人们借助于传递信息的设备装置所进行的沟通，例如，利用电报、电话、电视通信卫星、手机、网络支持的电子邮件、可视会议系统作为沟通媒介，进行信息交流。技术设备支持的沟通传递速度快、信息容量大，远程传递信息可以同时传递给多人，并且价格低廉，但是它属于单向传递，并且缺乏非语言沟通。应当说，技术设备支持的沟通并非单独的一种沟通方式，技术设备与其他各种媒介物共同构成人际沟通中的信道。在现代以计算机为代表的信息技术、通信技术的支持下，尤其是在国际互联网的环境下，人与人的沟通可以延伸到世界范围。

（二）按组织管理系统和沟通情境划分

1. 正式沟通

正式沟通是指以正式组织系统为沟通渠道，依据一定的组织原则所进行的信息传递与交流。例如，组织与组织之间的公函来往，组织内部的文件传达、会议，上下级之间定期的信息交换等。正式沟通比较严肃，效果好，约束力强，易于保密，可以使信息沟通保持权威性。但是这种方式依靠组织系统层层传递，形式比较刻板，沟通速度慢。

2.非正式沟通

非正式沟通是正式沟通渠道以外的信息交流和传递,它不受组织监督,自由选择沟通渠道。团队成员私下交换看法、朋友聚会、传播谣言和小道消息等都属于非正式沟通。非正式沟通是正式沟通的有机补充。非正式沟通不拘形式,直接明了,速度较快,容易及时了解到正式沟通难以提供的"内幕新闻"。但非正式沟通难以控制,传递的信息不一定确切,易于失真。而且它可能导致小集体、小圈子的形成,影响人心稳定和团体的凝聚力。

（三）按沟通中信息的传播方向划分

1.上行沟通

上行沟通是指下级的意见向上级反映,即自下而上的沟通。下属人员获取的信息及掌握的有关工作的进展、出现的问题,通常需要上报给上级领导。通过上行沟通,管理者能够了解下属人员对他们的工作及整个组织的看法。下属提交的工作报告、合理化建议、员工意见调查表、上下级讨论等都属于上行沟通。

2.下行沟通

下行沟通是指领导者对员工进行的自上而下的信息沟通。上级将信息传递给下级,通常表现为通知、命令、协调和评价下属。

3.平行沟通

平行沟通是指组织中各平行部门之间的信息交流。保证平行部门之间的沟通渠道畅通是减少部门之间冲突的重要措施。例如,跨职能团队就急需通过这种沟通方式形成互动。

（四）按是否进行信息反馈划分

1.单向沟通

单向沟通是指发送者和接收者两者之间的地位不变(单向传递),一方只发送信息,另一方只接收信息。这种信息传递方式速度快,但准确性较差,有时还容易使接收者产生抗拒心理。

2.双向沟通

在双向沟通中,发送者和接收者两者之间的地位不断交换,且发送者是以协商和讨论的姿态面对接收者。信息发出以后,还需及时听取反馈意见,必要时双方可进行多次重复商谈,直到双方共同明确和满意为止,如交谈、协商等。其优点是沟通信息准确性较高,接收者有反馈意见的机会,从而产生平等感和参与感,增加自信心和责任心,有助于建立双方的感情,但是,这种沟通方式花费的时间较多。

（五）根据沟通的对象划分

1.自我沟通

自我沟通也称内向沟通,即信息发送者和信息接收者为同一行为主体,自行发出信息,自行传递,自我接收和理解。自我沟通过程是一切沟通的基础。事实上,人们在对别人说出一句话或做出一个动作前,就已经经历了复杂的自我沟通过程。国学家翟鸿燊曾说:"一个很会沟通的人，一定很会和自己沟通。"自我沟通的过程是人与人之间其他形式的沟通成功的基础。

2. 人际沟通

人际沟通特指两个人或多个人之间的信息交流过程。这是一种与人们日常生活关系最为密切的沟通。与别人建立和维持关系，都必须通过这种沟通来实现。本书所涉及的沟通问题，主要是以人际沟通为核心的。

三、沟通过程模式

（一）传播过程的 5 个基本要素

沟通本身属于信息传递的过程。1948 年，美国学者 H. 拉斯维尔第一次提出沟通过程模式。他提出传播过程的 5 个基本要素，即"5 W"，并按照一定的顺序将其排列，分别是信息发送者（Who）、信息内容（Say What）、渠道（in Which Channel）、信息接收者（to Whom）、是什么结果（with What Effect）。

（二）沟通过程的几个环节

一个完整的沟通过程主要包括以下几个环节：编码、通过沟通发送、通过渠道接收、译码、反馈。沟通过程包括以下要素：

1. 发送者与接收者

这是沟通的双方主体，发送者的功能是产生、提供用于交流的信息，是沟通的初始者，处于主动地位；而接收者则是接收信息的个体，处于被动状态。但是由于沟通的互动性，信息的发送者与接收者往往随时发生转换。

2. 编码与译码

编码是发送者将自己所要传送的信息转变成适当的传递符号，例如，语言、文字、图片、模型、身体姿势、表情动作等，简单地讲，就是用一种方法让别人能够领会本人意图。译码可以说是编码的逆过程，指的是信息接收者对传递过来的信息进行翻译、还原的过程。编码与译码只有在完全对称的情况下，信息 1 与信息 2 才有可能对等，接收者才会完全理解发送者的意图，否则沟通障碍就会产生。

3. 信息

在沟通过程中，人们只有通过"符号-信息"的联系才能理解信息的真实含义，但是，由于不同的人在编码与译码过程中会存在偏差，发送者传递的信息与接收者接收到的信息之间也会存在不同程度的偏差。

4. 渠道

渠道是发送者把信息传递到接收者那里所借助的媒介物。比如，口头语言沟通借助的是声波与肢体语言，书面语言沟通借助的是纸张，电子网络沟通借助的是互联网与手机通信等。

5. 反馈

在沟通的过程中，接收者把接收到的信息反馈给发送者，及时修正沟通内容，形成双向的互动交流过程。及时的反馈是达成有效沟通的重要环节。

6. 环境

环境是指沟通中面临的综合环境,一般包括物理背景、心理背景与文化背景。物理背景是指沟通中所处的场所。不同的物理背景可以显示出不同的沟通效果。如嘈杂的饭店与典雅幽静的咖啡屋会让人不由自主地改变交流沟通的内容与方式,自然交流效果也会截然不同。心理背景是指沟通双方当时的情绪与态度。兴奋、平和、激动、悲伤、焦虑、友好、冷淡或敌视等不同态度对沟通效果有着不同的影响。文化背景是指沟通者的教育背景、价值取向、思维模式、生活背景等。例如,亚洲国家重礼仪与委婉,多自我交流与心领神会;西方国家重独立与坦率,少自我交流,重语言沟通。不同的生活背景,造成不同的文化背景,对沟通交流有着不同的影响。

7. 噪声

噪声是指干扰沟通有效进展的任何因素,是产生沟通障碍的主要原因,它存在于沟通过程中任一环节,包含客观性噪声与主观性噪声。

(1)客观性噪声:

①沟通发生在不适宜场所;

②模棱两可的语言,难以辨认的字迹;

③信息传递媒介的物理性障碍;

④不同的文化背景、风俗习惯差异。

(2)主观性噪声:

①沟通者的价值观差异、伦理道德差异等导致的理解差异;

②沟通时的不佳情绪和态度;

③沟通者的身份地位、教育背景差异导致的心理落差和沟通距离;

④沟通双方在编码和译码时所产生的信息代码差异等。

四、有效沟通对建立良好人际关系的重要意义

人际关系与人际沟通密不可分。人际沟通是人际交往的起点,是建立人际关系的基础,沟通良好,会促进和谐的人际关系,同时,人际关系良好,会促使沟通比较顺畅。反过来沟通不良,就会使人际关系紧张甚至恶化人际关系;不良的人际关系也会增加沟通的困难,形成沟通障碍。

(一)人际沟通是人际关系发展和形成的基础

如果人类社会是网,那每个人都是网的节点,人们之间必须有线。如果人和人之间没有线的连接,那么社会就不再是网,而是一堆点,社会也就不能成为组织,不能成为社会。人和人之间的连接,就是沟通。人际关系是在人际沟通的过程中形成和发展起来的,离开了人与人之间交往的沟通行为,人际关系就不能建立和发展。事实上,任何性质、任何类型的人际关系的建立,都是人与人之间相互沟通的结果;人际关系的发展与恶化,也同样是相互交往的结果。沟通是一切人际关系赖以建立和发展的前提,是形成、发展人际关系的根本途径。

（二）人际沟通状况决定人际关系状况

不是所有的问题都能通过沟通交流来解决。但是，现实中的许多问题都是由糟糕的人际沟通造成的。美国国家通信协会的一项全国性调查指出，缺乏有效的沟通是人际关系（包括婚姻）最终破裂的最重要的原因。所以，提高人际沟通的技能，能够帮助人们改善人际关系。更重要的是，这一研究结果不仅适用于亲密关系，有效的沟通还能改善友谊关系、亲子关系、老板与员工的关系等。

在社会生活中，一个人不可能脱离他人而独立存在，总是要与他人建立一定的人际关系。假如人们在思想感情上存在着广泛的沟通联系，就标志着他们之间已经建立起了较为密切的人际关系。假如两个人感情上对立、行为上疏远，平时缺乏沟通，则表明他们之间心理不相容，彼此间的关系紧张。

（三）有效沟通是建立良好人际关系的重要保障

有效沟通是建立良好人际关系的重要保障。有效的人际沟通可以把沟通双方的思想、情感、信息进行充分的、全方位的交换，达到消除误解与隔阂、增加共识、增进了解、联络感情的效果。和谐、团结、融洽、友爱的人际关系能够使人们在工作中互相尊重、互相关照、互相体贴、互相帮助，充满友情与温暖。沟通的过程使积极的情感体验加深，消极的沟通障碍减少，世界上最美的东西就是人与人之间的情感联络，而人与人之间的情感联络就是通过人际沟通实现的。

第二节　沟通技巧

一、有效沟通

很多人以为相互交谈，你说给我听，我也说给你听，便是沟通。其实沟通并不只是说给人听，而是双方面的。首先，说给别人听，别人未必肯听；其次，你说得正确，别人不一定很了解；最后，就算真的了解，也不能保证按你的预期采取相应的行动，也就是不一定能达成协议。

沟通没有对与错，只有"有效果"与"没有效果"之分。自己说得多"对"都没有意义，对方正确理解你传递的信息、感情等并做出预期的反馈才是目的。自己说什么不重要，对方听进什么才是最重要的。同样的话可以用不同的方式说出来，能使听者接受并照办，便是正确的方法和有效的沟通。那么，如何实现有效沟通？

（一）把握原则

沟通具有社会性，与其他社会活动一样，都有着必须遵循的规则。只有沟通双方都承认并尊重这些规则时,沟通才能协调、顺利地进行。

1. 主动原则

主动是沟通的核心,主动沟通更容易建立良性关系。英国著名管理学大师约翰·阿代尔在《人际沟通》一书中说:"沟通能建立关系。你和别人沟通得越多,你们之间就越有可能建立起良性关系,反之亦然。"主动沟通者和被动沟通者的沟通状况有明显差异。研究表明,主动沟通者更容易与别人建立并维持广泛的人际关系,更可能在人际交往中获得成功。

2. 尊重原则

受尊重是人的高层次需要。俗话说:"你敬我一尺,我敬你一丈。"你不尊重别人,别人也不会尊重你,结果彼此都不沟通、合作,达不到沟通目的。中国著名的文学、电影、戏剧作家夏衍先生可以说是尊重人的模范,他临终前感到十分难受,身边的秘书说:"我去叫大夫。"正待秘书开门欲出时,夏衍艰难地说:"不是叫,是请。"随后便昏迷过去,再也没有醒来。

3. 理解原则

由于人们在社会上所处的地位各异,其人生经历、思想观念、性格爱好、心理需要、行为方式、利益关系各不相同,因此在沟通中对同一事物常会表现出不同的看法、情感和态度,尤其在涉及自身利益的问题上,更会反映出从特定地位和立场出发的价值观念与利益追求,因而必定会给沟通带来许多复杂的矛盾和冲突。如果双方缺乏必要的相互理解,各执一端,互不相让,不仅会导致沟通失败,还会影响双方的感情,一切合作与互助就无从谈起了。

按照社会心理学的原理,理解原则首先是指沟通者要善于进行心理换位,尝试站在对方的处境上设身处地考虑、体会对方的心理状态、需求与感受,以产生与对方趋向一致的共同语言。即使是最有效的发送者,传播最有效的信息内容,如果不考虑接收者的态度及条件,也有可能导致沟通失败。其次,要耐心、仔细地倾听对方的意见,准确领会对方的观点、依据、意图和要求,这既可以表现出对对方的尊重和重视,也可更加深入地理解对方。

4. 相容原则

在沟通中难免会发生分歧,引起争论,有时还牵涉一个人、团体或组织的利益。如果事无大小,动辄激昂动怒,以针尖对麦芒,双方心理距离会越拉越大,正常的沟通就会转化为失去理智的口角,这种后果显然与沟通的目的背道而驰。因此,沟通过程中彼此心胸开阔、宽宏大量,把原则性和灵活性结合起来至关重要。只要不是原则性的重大问题,应力求以谦恭容忍、豁达超然的大家风范来对待各项工作中的分歧、误会和矛盾,以谦辞敬语、诙谐幽默、委婉劝导等与人为善的方式,来缓解紧张气氛,消除隔阂,这会使沟通更加顺畅并赢得对方的配合与尊重。

(二)克服障碍

沟通障碍,是指信息在传递和交换过程中,信息意图受到干扰或误解,导致沟通失真的现象。在人们沟通信息的过程中,常常会受到各种因素的影响和干扰,使沟通产生阻碍。

1. 影响有效沟通的因素

(1)个人因素。

个人因素主要包括两大类:一类是有选择地接收;另一类是沟通技巧的差异。所谓有选择地接收，是指人们拒绝或片面接收与他们的期望不相一致的信息。研究表明，人们往往愿意听到或看到他们感情上有所准备的东西，或他们想听或想看到的东西，甚至只愿意接收中听的，拒绝不中听的信息。除了人们的接受能力有所差异，许多人运用沟通的技巧也不相同。有的擅长口头沟通，有的擅长文字描述，所有这些问题都妨碍着有效沟通。

（2）人际因素。

人际因素主要包括沟通双方的相互信任、信息来源的可靠程度和发送者与接收者之间的相似程度。信息传递不是单方面的，而是双方面的事情，因此沟通双方的诚意和相互信任至关重要。相互间的猜疑会增加抵触情绪，减少坦率交谈的机会，也就不可能进行有效的沟通。

（3）结构因素。

结构因素主要包括地位差别、信息传递链、团体规模和空间约束四个方面。

研究表明，地位是沟通中的一个重要障碍。地位的高低对沟通的方向和频率有很大的影响。地位悬殊较大，信息趋向于从地位高的地方流向地位低的地方。

一般来说，信息通过的等级越多，其到达目的地的时间越长，信息失真率则越大。这种信息连续地从一个等级到另一个等级时所发生的变化，称为信息传递链现象。一项研究表明，企业董事会的决定通过五个等级后，信息损失平均达80%。其中，副总裁这一级的保真率为63%，部门主管为56%，工厂经理为40%，第一线工人为30%，职工为20%。

当工作团体规模较大时，人与人之间的沟通也相应变得较为困难。

企业中的工作常常要求工人只能在某一特定的地点进行操作。这种空间约束的影响往往在工人单独在某位置工作或在数个机器之间往返运动时尤为突出，空间约束不仅不利于工人之间的交往，而且也限制了他们的沟通。

2. 消除沟通障碍的方法

（1）沟通的重要性。

在管理工作中，管理人员十分重视计划、组织、领导和控制，对沟通常有疏忽，认为信息的上传下达有组织系统就可以了，对非正式沟通中的"小道消息"常常采取压制的态度。上述种种现象都表明沟通没有得到应有的重视，重新确立沟通的地位是刻不容缓的事情。

（2）缩短信息传递的途径。

信息失真的一个重要原因是传递环节过多，缩短传递途径，拓展沟通渠道，可以保证信息传递的及时性和完整性。这需要对组织结构进行调整，减少组织机构的重叠，减少中间管理层次，使组织向扁平化发展。在利用正式沟通渠道的同时，开辟高层管理者甚至基层管理者乃至一般员工的非正式沟通渠道，从而提高沟通效率。

（3）选择适当的沟通方式，养成良好的沟通习惯。

不同的沟通方式，传递信息的效果也不同。应根据沟通内容和沟通双方的特点，选择适合的沟通方式。书面沟通适合于组织中重要决定的公布、规章制度的颁行、决策命令的传达。当面对组织变革，员工表现出焦虑和抵触情绪，或者表现对员工的关怀和坦诚时，面对面的沟通可以最大限度地传递信息。

二、沟通技巧——善于倾听

（一）倾听的意义

谈到沟通，许多人很快想到的是如何说、怎样表达，很少有人想到倾听。从小到大，我们有不少机会去练习如何去说、如何去写，却很少有时间来学习如何去倾听。有些人认为，倾听能力与生俱来，长着耳朵就会倾听，实际上并非如此。

一位公主去寺庙拜佛游玩，方丈陪她游览寺庙景色。公主听到树上的鸟儿婉转地鸣叫，很高兴地说："多么悦耳的声音啊！"方丈问道："请问公主，您是用什么去听鸟的叫声的呢？"公主说："当然是用耳朵去听啊！"方丈说："死亡的人也有耳朵，为什么听不见呢？"公主说："死亡的人没有灵魂。"方丈说："睡着的人，有耳朵，也有灵魂，为什么听不见呢？"公主愣住了。

由此可见，倾听并不是与生俱来、不学就会的。实际上，倾听不仅是一种生理活动，更是一种情感活动，需要我们真正理解沟通对象所说的话。

在这个存在着广泛交往的时代，倾听比以前任何一个时代都更为重要。医生要倾听病人的谈话，才能了解病情从而对症下药；销售员要倾听顾客的描述，才能清楚客户的需求从而提供满意的服务；企业主管必须倾听下属的报告，才能拟订对策、解决问题。人人都需要倾听以便与别人沟通。问题是，"喜欢说，不喜欢听"乃人之常情。因此，我们都要学会倾听。

具体来说，倾听的重要价值主要体现在以下五个方面。

1. 倾听可以获取重要的信息

有人说，一个随时都在认真倾听他人讲话的人，在与别人的闲谈中就可能成为一个信息的富翁。此外，通过倾听我们可以了解对方要传达的信息，同时感受到对方的感情。

2. 倾听可以掩盖自身的弱点

俗话说"言多必失"，意思是话讲多了往往会有失误，容易弄巧成拙。对于善言者如此，对于不善表达者就更是如此。所以，当我们对事件、情况不了解、不熟悉、不明白的时候，或者当我们自知自己的表达能力有所欠缺的时候，适时地保持沉默、多听多想不失为一个明智的选择。

3. 倾听可以激发对方谈话的欲望

我们在日常交往中都有这样的感受，当我们兴致勃勃地向某个人做表达的时候，如果对方意兴阑珊，你立刻就会发现自己表达的欲望迅速下降，甚至完全失去继续交流的兴趣，反之，如果对方非常认真地倾听，你会感觉到对方很重视自己、对自己的话题很感兴趣，这种感觉会促使你进一步表达和交流。当然，好的倾听者还能激发和启发谈话者更多、更敏捷的思考和表达，双方都会获益良多，并且心情愉快。

4. 会倾听的人才能更会表达

我们只有从倾听中捕捉到表达者要传达的重要信息，才能在接下来的表达中言之有物、言之有益；在认真倾听的过程中，我们也能学到什么样的表达是更能让人接受和认同的。

5. 倾听可以使倾听者获得友谊和信任

一个人在表达时被别人认真倾听，会让表达者感受到被尊重、被接受、被喜爱，这些感受都会使我们更愿意靠近那个给予我们这种感受的个体。如果还能被深深地理解的话，那真的会带来"酒逢知己千杯少"般的快乐和满足。在这个强调自我和个性的时代，在很多人都用说话来体现自己独特的部分的时候，学会倾听，恰恰让我们有能力给别人搭建起一个自我展示的舞台，这当然容易得到别人的好感和认同，获得友谊和信任。

（二）良好的倾听态度

当我们懂得了倾听的重要价值之后，还得要有良好的倾听态度，包括安静、耐心和关心。

1. 良好的倾听态度首先需要安静

保持倾听时的安静，是为了做好倾听的准备：我已经闭上了我的嘴巴，带上了我的耳朵，请您开始讲吧。只有在安静的环境中我们才能听清楚表达者在说什么，才不会遗漏重要的信息。也只有当听众安静地倾听时，讲话者才能感受到自己的表达是受欢迎的。保持安静，需要听众不插话、不跟周围人窃窃私语、不用身体的其他部位发出声音，比如，跺脚声、手拉动椅子的声音等。

2. 良好的倾听需要耐心

有些人在倾听过程中过于心急，经常在说话者暂停时插话，或者在说话者思考时自以为是地替别人讲话；有些人在别人还没有说完的时候就迫不及待地打断对方，或者口里没说心里早就已经不耐烦了，这样往往不能把对方的意思听懂、听全。于是我们经常听到别人这样说："你等我把话说完好不好？"所以，在倾听的时候，不要打断对方，学会克制自己，特别是当你想发表自己的意见的时候，不要一开始就假设自己明白了他人的问题，在听完之后，可以问一句"你的意思是……""我没理解错的话，你需要……"等，以印证你所听到的是否与对方表达的相一致。

3. 良好的倾听需要关心

要带着真正的兴趣听对方在说什么；要理解对方说的话；让说话的人在你脑海里占据最重要的位置；始终同讲话者保持目光接触，不断地点头，不时地说"嗯、啊"等。

（三）需要倾听的内容

倾听的过程中，我们要关注到的内容是非常丰富的。首先，当然是说话者的语言内容。但不止于此，除了话语，我们还要关注说话者的表情和肢体动作，因为这两者往往是在用特殊的方式做着表达，在某些情况下，两者表达出的信息，甚至比话语更加准确和真实。

1. 倾听要专注于表达者的主要观点
倾听时，要将精力集中在捕捉信息的精髓上面，理解表达者观点中的重点。

2. 倾听要善于听出言外之意
不是所有的表达者都愿意把自己的真实观点和想法直接用语言表达出来的，这时，就需要倾听者能听出表达者的弦外之音了。

3.倾听时要关注表达者的表情语言和肢体语言

完整而有效的倾听,不仅在于清楚把握表达者真正想要表达的主要观点,还要通过表情、语气语调、手势动作等更好地理解表达者内心的真实感受。更重要的是,对于有着良好社会化能力的个体,当他们不想直接说出自己的真实想法的时候,语言是可以作伪的,所谓"言不由衷"就是如此,但面部表情、语气语调、身体姿势等却很难作假,尤其是身体姿势。所以,如果我们希望自己能成为一个高效的倾听者,那么,还要学会在倾听的时候关注表达者这些非言语的部分,并能够理解这些非言语部分所表达的含义。

三、沟通技巧——表达

(一)表达要注意语言内容

1.有效的表达要简洁明了、重点突出、饱满有力

林肯曾说:"在一场官司的辩论过程中,如果第七点议题是关键所在,我宁愿让对方在前六点占上风,而我在最后的第七点获胜。这一点正是我经常打赢官司的主要原因。"表达的精髓在精而不在多。喋喋不休,不但惹人厌烦,也让人感觉不知所谓。诚如西方的谚语所云:"话犹如树叶,在树叶茂盛的地方,很难见到智慧的果实。"所以,进行表达一定要想办法让听众在最短的时间内最准确地理解自己的意思。而要达到这样的效果绝非易事。这就需要我们能够清楚了解自己想要表达的主旨,并抓住关键点。但同时又不能为简而简,以简代精,这样反而会得不偿失。

2.要对表达的内容进行适当"包装"

这里的"包装"不是伪装,更不是弄虚作假、无中生有、歪曲编造,而是在真诚的基础上为了增强表达的效果进行一些打磨、注意一些措辞、选择一些方式。

(1)表达内容要选择恰当的组织方式。

研究发现,通常人们用三种方式进行表达:攻击式、退让式和自信式。很多时候我们会根据情况选择不同的方式,但当我们遇到一些特殊的事件或者特殊的人时,我们可能会不自觉地选择某一特定方式,从而进入低效的沟通模式。

攻击式的表达往往会使用下面的一些句型:"你必须……""因为我已经说过了""你这个白痴""你总是/从不""我知道这样做不会有用的""你怎么能那样想呢"……从这些表达里,我们通常会感受到责备、非难、要求和命令,如果攻击程度没有那样明显,我们至少也能从中听出否定、不满和抱怨的情绪,而且攻击式的表达往往对人不对事,我们会从这样的表达里发现"你"这个词语出现的频率比较高。

退让式的表达经常使用这样的句子:"如果你想……,我没有意见""不知道我是否可以那样做""我最近正忙着呢,随后我会和他讨论这个问题""抱歉,问你一下""打扰你了,很抱歉"……从这些表达里,我们很难感受到强硬的或者很多非常确定的东西,当然也会经常从这样的表达里听到诸如"也许""可能""希望"等词语。

自信式表达常常是这样一些句子:"是的,那是我的错误""我对你的观点是这样理解的……""让我解释一下为什么我不同意那个观点""让我们先定义一下这个议题,然后寻求几

个有助于解决它的途径""请耐心听我讲明白，然后我们一起解决这个问题"……自信式的表达常常是负责任的、积极主动的、着眼于问题的。

（2）表达的内容要因人而异。

有效的表达，需要我们根据表达对象的不同在内容上进行调整。一方面，因人而异的表达可以让不同的对象听得更加清晰明白；另一方面，所谓众口难调，因人而异的表达也更容易符合不同听众的口味，使他们都对表达感兴趣。所以，因人而异的表达要根据倾听者的性别、受教育程度、性格特点、身份特征、年龄特征、心理需求等的不同而有所变化。此外，我们在表达的时候还要注意投对方所好、谈论对方感兴趣的话题，也就是俗语所说的"到什么山头唱什么歌"。那么，什么样的话题是别人永远都感兴趣的呢？答案就是他们自己！大多数人很难对别人产生影响力或号召力，是由于他们总是忙着考虑自己、谈论自己、表现自己，如果我们在沟通过程中能够放弃谈论自己而产生的满足感，把表达中的"我""我的"替换成"你""你的"，也许我们就能发现，我们的表达能让对方更感兴趣，彼此之间的沟通也更加顺畅。

（3）表达的内容要多些积极关注和真诚赞美。

任何一个个体，在与他人的交往过程中都喜欢得到别人的肯定和欣赏，没有人愿意从他人那里感受到对自己的负面情感和评价，哪怕是再亲近的朋友或亲人。所以，在正常的沟通交流中，我们可以适当地给他人以积极的关注和真诚的赞美。

①赞美首先必须是真诚的。真诚赞美最基本的要求就是真实。也就是说，我们赞美的内容必须是对方真实具备的。什么情况下我们才能发现对方真实的、值得欣赏的地方呢？这当然需要我们对对方有比较多的关注，而且是非常积极的关注。当我们在人际交往过程中能够用积极的视角给予对方比较多的关注的时候，其实就已经让对方非常舒服和受用了，此时，人际沟通几近成功了一半。

②赞美要具体。有些人赞美别人时往往不着边际，很容易让别人觉得不真诚甚至虚伪。如何使别人被赞美得很舒服又觉得的确如此呢？那么一定要学会选择细节进行具体的赞美。比如，碰到一位女士，你泛泛地说："你今天真漂亮。"就不如具体地说："你今天穿的这件粉色裙子很衬托你的皮肤，显得你又好看又精神。"所以，当现在随便到哪儿都有人"美女、美女"地乱叫的时候，被叫的女性也根本没真把"美女"当成是对自己的容貌气质的赞美。

③赞美不一定都要使用语言来表达。有时候，一个欣赏的眼神、一个鼓励的微笑，或者一个拍肩膀的动作，都能让对方感受到来自称赞者的赞美和欣赏。

④赞美的频率和热情度不宜过高。赞美别人需要真诚的情感，并非用辞藻堆砌起来做报告。一味地热情称赞，反而会让对方觉得虚情假意，或者会让对方当作一种谄媚或者纯粹的客气，甚至让别人觉得一时无法承受。

（二）表达要注意非言语内容

1. 良好的表达要注意语音语调

同一个意思，甚至完全相同的内容，用不同的语音语调进行表达，就会产生不同的意思和感觉。比如，"我讨厌你！"可以是表达真正的厌恶，也可以是情人之间的打情骂俏。要使表达更有效,我们需要注意表达时的语音语调。通常语音语调要根据表达的内容、情境、对象有所变化。一般来说,场面越大,越要适当提高声音、放慢语速,把握语势上扬的幅度,以突出重点;反之,场面越小,越要适当降低声音,适当紧凑词语密度,并把握语势的下降趋势,追求自然。相关的专家通过研究给我们提出了这样的建议:基于人际交往的需要,我们的语气不能跟着自己的感觉走,要根据当时的情形和谈话的内容选择语气;但是语调任何时候都要低,如果你试着放低声音,你会发现,一个低沉的声音更能吸引人们的注意力,并博得他们的信任和尊敬。

2. 良好的表达要学会微笑

进行高效的沟通和表达,当然要配以恰如其分的神态和表情。当然,我们这样讲并非让大家像演员一样去表演,而是试图说明表达时表达者是一个整体,倾听者感受到的,不仅是语言表达的内容,还包括表达者的神情体态等,倾听者最后理解到的是表达者的语言表达内容、神情体态等整体所传递出来的信息。但在这些神情语态中,可能最需要表达者注意的就是微笑了。

微笑被看成没有国界的语言。一个真诚、友好的微笑是捕获人心最有效的方法,它能消除人与人之间的隔阂,拉近人们之间的关系,甚至,当我们与他人处在紧张和有些敌意的氛围中时,一个友善、由衷的微笑,也能瞬间让周遭的氛围变得不同。微笑不但能保持自身良好的形象,也能有效地影响他人。所以,在与别人进行沟通交流时,学会微笑吧! 甚至有人认为,即使是在不能面对面的电话沟通过程中,也要试着在讲话时保持微笑,因为通过微笑所传达出来的善意和真诚,是可以让对方通过电话感受到的。

学会把微笑运用到我们的日常生活和工作中去,也许会让我们有意想不到的收获。

第三节　职场沟通策略

一、与上司的沟通

所谓与上司的沟通,指的是职场中个体通过恰当的途径和方式与管理者或者决策者进行信息的交流。与上司的沟通顺畅,无论对上下级哪一方来讲都是非常重要的。就下级来讲更是如此,这既是工作得以顺利开展,任务得以圆满完成的重要基础和保证,也是个体在职场中获得更好发展和更广阔机遇的重要条件。那么,如何与上司进行良好有效的沟通呢?

(一)与上司沟通的原则

一般来说,在职场中居于一定职位的个体,相对来说往往都有一些过人的能力,同时也稳重老练,自恋自尊。所以,在与上司的沟通中,首先,要抛弃"不宜与上司过多接触"的观念,克服与上司进行沟通时的害怕、焦虑心理。一名合格且成熟的职场人士,应该具有这样的沟通理念:和上司沟通是一个职场人士的基本职责之一。其次,与上司沟通还要注意以下原则：

1. 尊重

在一般的沟通交流中,每个人都渴望得到对方的尊重,希望自己应有的地位和作用得到认同和肯定。职场中与上司的沟通更是如此。所以在工作中,作为下属,要理解上司的处境和苦衷,知道维护上司的威信和地位,懂得尊重上司的看法和意见。如果与上司有分歧,要学会用恰当的方式和方法进行表达。这无论是对于工作,还是双方的情感和关系,都是大有裨益的。有人把在职场中对上司的尊重误认为是一种讨好和奉承,实际上并非如此。如果说尊重是基于对平等的理解,是基于个体一种基本的素养以及对于人之常情的理解和照顾的前提的话,那么奉承和讨好则更多的是基于一己之私。

2. 以解决工作中的问题为出发点

上下级之间的关系主要还是工作关系,在沟通的过程中,双方都要摒弃彼此之间的私人恩怨和私利,也要摆脱人身依附关系,把工作放在最重要的位置,以客观理性的目光看待工作关系,在任何时候、任何问题上都以解决工作中的问题、完成工作中的任务为主要目的。

3. 学会服从

一般来说,上司由于经验和职务关系,往往更能从大局出发,通盘考虑,思考的角度也会更周全,所以,与上司沟通时懂得服从也是必需的,这样才能让一个组织变成更严密和更高效的整体。

4. 不要理想化

在与上司沟通中,下属也要明白上司也是一个普通人,具有普通人所具有的所有特点和局限,既要看到他们的优点和长处,也要看到他们的缺点和短处,切勿用自己头脑中形成的理想化模式去要求和期待上司。

（二）与上司沟通的方法

1. 沟通态度要主动

上司因为要承担更多的责任,所以一般工作都比较繁忙,在这种情况下,也鲜有上司能主动深入到员工中去寻求沟通。这时,就需要员工用恰当的方法主动与上司进行沟通。这样的沟通除了可以更好地完成工作和任务,还可以因为适当的交流和沟通拉近上司和下属之间的关系。

2. 沟通频率要适度

在现实职场中,上下级之间的沟通既不能"不及",也不可"过分"。实际上,职场中下对上的沟通往往存在两个极端,要么是沟通频率过高,要么是沟通频率过低。就沟通频率过高而言,有些员工为了博得上司的赏识和青睐,有事没事就往上司办公室跑,既容易给上司正常工作造成困扰,也容易让上司怀疑员工缺乏独立工作能力,还可能造成同事之间心理上的不平衡。而有些下属恰恰相反,认为一个好员工只要默默做好自己的本职工作,至于是否要向上司汇报思想和工作情况则不太重要,因而缺乏相应的请示和汇报,这样,久而久之,既不利于工作的开展和完成,在一定程度上也会影响团队的凝聚力和自身的发展前景。

3. 沟通机会要适时

要使与上司的沟通更为有效,还要选择合适的时机。

(1)要选择上司相对轻松的时候:在与上司沟通之前,可以通过电话、短信的方式主动预约,也可以请对方预约沟通时间和地点,自己按时赴约。如果属于自己的私事,则不适合在上司工作的时候去打扰。

(2)要选择上司心情良好的时候:当上司心情欠佳时,最好不要去打扰对方,特别是准备向对方提要求、说困难或者表达自己不同看法的时候。

(3)要寻求合适的单独交谈机会:特别是试图改变上司的决定或者意图时,要尽量利用非正式场合或没有其他人在场的时候,这样既能给自己留下余地,又有利于维护上司的尊严。

(4)要视上司的不同特点选择灵活的沟通方式:一般来说,如果上司的控制型权力欲比较强(性格特点具体表现为实际、果决,求胜心切,态度强硬,要求服从),更多关注结果而非过程,那么在进行沟通时就要简明扼要、直截了当、尊重权威,还可以多称赞其成就而非个性或人品。如果上司看重人际关系(性格特点表现为亲切友善、善于交际,愿意聆听困难和要求,同时喜欢参与,愿意主动营造融洽氛围),沟通过程中就要注意多公开、真诚的赞美,要能开诚布公地发表意见,切勿背后发泄不满情绪。如果是干事创业的实务型(性格特征表现为有一套自己的为人处世的标准,喜欢理性思考而不喜欢感情用事,注重细节并且更愿意探究问题和事情的来龙去脉),那么在沟通中就要注意开门见山、就事论事,同时要注意据实陈述并且切勿忽略关键细节。此外,在与上司的沟通过程中,一定要正确认识自己的角色、地位,真正做到出力而不越位。

(三)如何进行请示与汇报

请示,是下级向上级请求决断、指示或者批示的行为;汇报,是下级向上级报告情况、提出建议的行为。二者都是职场人士经常要进行的工作。请示或汇报一般包括四个步骤:

一是明确指令,主要是清楚了解是谁传达的指令,要做什么,什么时间、地点,为什么做,怎样做等。如果有任何一点不清楚,都要和上司进行及时的沟通,以免贻误工作。

二是拟订计划。在明确了工作目标之后要拟订详细、具体的计划,交给上司审批。在拟订计划的过程中,要阐明自己的行动方案和步骤。

三是适时请教。在计划进行过程中,要及时向上司汇报和请教,让上司了解工作的进程和取得的阶段性成果,并及时听取上司的意见和建议。

四是总结汇报。任务完成之后,要及时而主动地向上司进行总结汇报,包括成功的经验和不足之处,以便在今后的工作中进一步改进和完善。这样既能让上司看到自己的责任心和敬业心,也能让上司看到自己的才干和能力。

此外,请示和汇报还要注意:要按照下级服从上级的原则,坚持逐级请示、报告;要避免多头请示、报告,坚持谁交办向谁请示和汇报,以减少不必要的矛盾,提高工作效率;要尊重而不依赖,主动而不擅权。

二、与同事的沟通

同事关系，是指同一组织内部处于同一层次的员工之间存在的一种横向人际关系。

通常是职位平等的，需要日日相处、协同工作，同时又存在利益之争，有很多心照不宣的东西。因此，同事之间的关系有许多微妙之处，既有合作关系，又有竞争关系，需要我们在职场中很好地处理和对待。

（一）同事沟通的基本原则

1.“三互”原则

（1）互相尊重。古语有云：敬人者，人恒敬之。在职场中要想得到别人的尊重，自己也要学会尊重别人，尊重他们的人格、工作和劳动及他们在团队中的地位和作用。获得尊重、认同和欣赏，是每一个人的需要和期待。

（2）互相坦诚。在人际沟通过程中，真诚是不二法则，与职场同事沟通同样如此。只有襟怀坦荡、以诚相待，才能激起同事心灵和情感上的共鸣，才能收获真诚和信任。不懂得真诚、说一套做一套的虚伪之人，即便讨得同事一时的喜欢，所谓"疾风知劲草，日久见人心"，日子久了，也会暴露本来面目，被同事厌恶。

（3）互相体谅谦让。同事之间因工作任务聚集到一起，难免会因为经历、性格、价值观、看问题的立场思路等的不同而存在差异、分歧甚至误解和冲突，不要放任自己的情绪感受扩大冲突，而要通过换位思考等方式理解对方、相互体谅谦让、求同存异。

2.“四不”原则

（1）不谈论私事：根据调查，只有不到1%的人能够严守别人的秘密。因此，当自己出现失恋、婚变等与私生活有关的事件时，注意尽量不要在办公室交流，对上司、同事有不满和意见，也尽量不要向无关人等倾诉。虽然在办公室互诉心事似乎很富有人情味，能使彼此之间似乎更为亲近，但办公室还是因工作关系而存在的一个特殊场所，容易界限不清、公私混淆，给彼此带来麻烦和困扰。

（2）不传播"耳语"：所谓"耳语"，即小道消息，是指未经正式、正常途径传播的消息，往往容易失实，因而并不可靠。当然，在一个单位要杜绝小道消息几乎是不可能的，对于小道消息，要尽量做到不打听、不评论、不传播。

（3）不当众炫耀：每个人都渴望得到别人的肯定和认同，都会尽可能地展现自己好的一面，以维护自己的形象和尊严。但如果当众进行炫耀，无论是炫耀地位或财富，还是炫耀容貌或才华，都是在无形中贬低别人、凸显自己，容易让人感觉是对其自尊和自信的挑战，是为了在别人面前凸显自己的优越性，因此，这样很容易引起别人的反感和排斥。这对于同事之间关系的维系有弊无利。

（4）不直来直去：在沟通过程中，常常有人想到什么就说什么、口无遮拦，还美其名曰自己心直口快，刀子嘴豆腐心。实际上这样的表达虽能给自己带来一时之快，但却容易伤害别人，进而也给自己带来困扰。职场同事沟通中切忌直来直去，尤其是在有求于对方或者与对方有不同意见的时候，更加不能直截了当、毫无顾忌。

3. 大局为重

如果与同事存在差异分歧、冲突，也尽可能不要"家丑"外扬，不要对同事评头论足甚至恶意攻击，尤其是在与本单位以外的人员进行工作接触时，因为这样做常常会让对方质疑攻击者的人格品性，对你心生忌惮。

（二）与同事沟通的基本方法

1. 懂得相互欣赏

职场人士都有得到赞许和欣赏的愿望与期待，都希望自己的工作和劳动得到别人的重视和认同，都希望有来自他人恰如其分的评价和鼓励，所以我们要善于发现同事的优点和长处，以及在工作中付出的努力、取得的进步和成绩，并进行肯定和赞美。

2. 主动交流和沟通

人际关系要融洽和密切，一定的交流和沟通是必需的，在职场中我们要学会利用工作之余的闲暇主动找同事谈谈心、聊聊天或者请教问题，只有在这样的交流和沟通中，彼此才能加深了解，融洽相处。

3. 保持适当距离

和同事之间建立良好的关系，并非表示要无话不谈、亲密无间，实际上由于同事之间既存在合作又存在利益竞争，因此很多时候并不适合太过亲密，很多时候过分亲密和随意容易导致隐私被侵犯。同时，太过亲密和随意也有可能逾越彼此的界限，使工作和私人生活无法清楚分开，反而会带来摩擦和矛盾。

（三）新进员工与同事的沟通之道

任何个体来到一个新的工作环境，都需要尽快融入团体，争取同事的认可，对于每一个刚刚走上工作岗位的新进员工而言，能否和同事进行良好的沟通就显得极为重要。

1. 要注意顺应风格，低调行事

任何一个部门或单位，只要能够正常运行，在长期的协作过程中都已形成了一个完整系统。这样的系统拥有自己比较固定而独特的风格，系统中的成员也基本都有了自己比较固定的位置。当新进员工作为一个外来的陌生个体出现时，一定会对系统和系统中原有成员造成某种程度的影响和扰动，新成员能做的，绝不是让系统为自己去改变风格，而是要想办法融入系统，这样才能让老成员心甘情愿地对已经基本成形的固定位置做一些改变，以容纳新来者。所以新进员工在不清楚部门或者单位的风格、未被系统和成员认可时，尽量不要太张扬，不要迫不及待地表现自己，而要暂时保持低调，多倾听、多观察、多思考，多做事，少说话。同时新进员工要保持谦逊，只有懂得谦逊和尊重自己的同事和前辈，才能得到别人的支持和帮助。

2. 要懂得尊重前辈

每个单位，都会有一些资历比较深的前辈，这些老员工有的可能从表面上看不出有多厉害，所以有些新进员工就容易对他们产生轻视之心，在与老员工的沟通过程中表现出不以为意甚至对老员工不甚尊重的态度。事实上，老员工也许既没有很高的学历，也没有特别拿得

出手的业绩,但常常因为资历深、经验丰富、忠诚度高而在员工中和单位里拥有一定的威望和人脉,需要新进员工加以重视。所以,新进员工要学会很好地与老员工进行沟通和交往。首先,新进员工要积极主动,遇事多虚心请教,充分尊重对方的意见或建议,即使双方存在分歧,也要把敬意和肯定放在前面,用谦虚、委婉的方式表明自己的观点。其次,要以礼相待,尽量多使用"请""麻烦""谢谢"等礼貌用语。

3. 面对工作任务和问题,尽量不要埋怨,少说"不会"

新进员工刚刚进入一个新的环境,当然存在对很多规章制度、程序安排、内外环境等不熟悉的情况,还有一些新进员工刚刚从学校毕业,还没有从学生心态成功转型为职业人心态,再加上性格、习惯等影响,碰到困难、面对上司的安排或是同事的请求时,不试着尽力处理和解决,反而抱怨连连或者干脆以"不会""不清楚""不了解"来拒绝。这些都是相当幼稚和没有担当的表现,而职场需要的是成熟、肯学习和能负责任的个体。

4. 不要自以为是地处理问题

有些新进员工出于性格、经验、思维方式等种种原因,常以自己的喜好或猜想自以为是地理解和处理问题,导致误解和偏差。尤其是在对工作任务不理解、不明白或者任务完成过程中遇到困难时,仅凭自己个人的主观意愿来处理,往往会导致无法完成任务,到那时,再以"对不起,我以为……"来解释就为时已晚了。

三、与下属的沟通

随着人们文化水平的不断提高,在管理的过程中,上下级之间能否实现有效的沟通,往往决定着管理的效率,进而决定着组织能否获得更大的发展。因此,领导者必须时刻了解下属的观点、态度和价值观念,积极帮助他们通过创造性的工作实现其价值。实现这一目标的根本途径就是有效沟通。上级在与下属沟通时,可灵活综合使用下列技巧。

(一)积极授权,传达信任

授权指上级将职权或职责授给某位下属负担,它是一门管理艺术,充分合理的授权不仅能使领导者们不必亲力亲为,把更多的时间和精力投入组织机构的大政决策上,更重要的是还能够充分传达对下属的信任。它对下属的激励作用是任何其他管理行为都难以企及的。可以说,由授权所传达出的信任为上级与下属沟通打下了坚实的情感基础。

(二)拉近距离,平等交流

下属对上级,往往存在各种各样的心态:试探、戒备、恐惧、对立、轻视、佩服、无所谓等。作为领导者,要充分了解下属的心理和他们所关心的焦点问题,适时地与之进行有效的沟通。交流伊始,要重视开场白的作用,可以从日常生活话题开始,拉几句家常,开一些善意的小玩笑。这样,既可以消除对方的疑虑,又能拉近双方心理上的距离。在此基础上再引入正题,就很容易达到沟通的目的。上级在围绕相关问题阐述自己的观点时,语气要平和,语调要自然,态度要和蔼,晓之以理,动之以情,多采用商量的口吻。

（三）提高频率，缩短时间

上级与下属的沟通是开展日常管理活动的一种重要方式，因此，作为领导者，不要寄希望于一次沟通解决所有问题。要随时随地尽可能多地与下属进行交流，只有这样，才能使上下级关系日趋顺畅。但这并不是要求领导者没话找话，而是要把沟通在管理当中的作用日常化。要带着明确的目的交流，一旦目标实现，就策略撤退，果断结束谈话，不拖泥带水，更不要海阔天空地扯一些与工作无关的话。也就是说，领导者与下属的沟通要经常化，一次交流的时间不要太长，频繁、短时间地与下属沟通，下属容易感受到领导者的亲近，更明确地体会到上级对他的注意、关心。

（四）因人而异，不做比较

由于性格、知识水平和人生经验的差异，不同的人开展工作的能力和方式也会有很大的差别，这就要求上级在与下属沟通时要根据不同对象采取不同的方式。要避免拿一个人的短处与他人的长处进行比较，也不能将一个人做错的事同别人做对的事相比。

四、如何与客户沟通

（一）留下良好的第一印象

1. 仪容整洁

保持整洁的仪容是对客户的尊重，也会让客户对你产生好感。与客户见面，穿着打扮一定要得体大方，男性一般以西装为主，女性则以职业套装为主。身上的配饰不要过于华丽，也不要过于寒酸。一位著名的企业家对职员与客户见面时的着装提出了以下9条建议。

（1）业务员应当穿西装或者其他庄重的服装。

（2）业务员的衣着式样和颜色要大方稳重。

（3）不要佩戴一些代表个人身份或宗教信仰的东西。

（4）不要戴太阳镜或变色镜。

（5）不要佩戴过多的饰品。

（6）可以佩戴代表公司的标志性物品。

（7）带上一个精致的笔记本、一支比较高级的圆珠笔或钢笔。

（8）不要脱去上装，以免削弱你的权威或尊严。

（9）见客户时，忌食辛辣及气味不好的食物。女士可以喷洒一点淡雅的香水。

2. 言谈得体

（1）进门之前，先按门铃或轻轻敲门，得到允许后才能进屋。

（2）见客户时，点头微笑，谈话过程中始终保持微笑。

（3）客户未坐定之前，自己不要先坐。

（4）客户起身离席时，要同时起身致意。

（5）与客户初次见面时，应先向对方表示打扰的歉意，告辞时，感谢对方的交谈和指点。

（6）不与客户发生争执，要让客户感觉到自己是对的。

（7）不主动贬低同行人员、公司或产品。

（8）保持良好的卫生习惯，举止文雅。

（二）讲究沟通的策略

1. 从感情入手

人是感性的，有时候人的感情能主宰一个人的行为。在说服客户时，我们可以从感情方面入手，进行感情的交流，营造平和、温暖、热情、诚恳的氛围。

2. 寻找沟通点

实际上，无论是在心理、感情上，还是在理性上，我们都可以找到与客户的共鸣之处。这就是双方最好的沟通点。比如共同的爱好、兴趣、性格、情感、理想、行业、工作等，甚至是孩子的教育方式。当双方认识到彼此之间的沟通点时，就会情不自禁地拉近与对方的心理距离。

3. 步步推进

在与客户沟通时，可以采取美国门罗教授的激发动机引诱法。

（1）引起客户的注意；

（2）明确客户需要什么，把客户引导到他自己的问题上；

（3）告诉客户怎么解决，拿出具体的解决办法；

（4）指出两种前途，即预测两种不同的结果；

（5）说明应采取的行动。

在步步引诱的过程中，要一直站在客户的立场上看问题，从对方的利益出发，这样才能快速达到沟通的目的。

4. 一定不争辩

人们总是喜欢与和自己看法一致的人打交道。所以，与客户沟通时，如果谈到看法不一致的问题，或者面对客户的抱怨、发怒，无论客户有无道理，不要与客户争辩，甚至当客户明显犯错时，也不要直接指出，只要微笑并适当做出反馈就可以了。

5. 赠送小礼物

拜访客户时，可以赠送一些小礼物，如某地的特产、精致的糕点、台历、茶杯、笔记本、签字笔等。与客户见面时，碰到客户的家人尤其是孩子时，花费不多但投其所好的小礼物会发挥更大的作用。

第四节　冲突情境下的沟通

一、处理好自己的负性情绪

在冲突的情境中，当事人往往都带有比较强烈的负面情绪和对彼此的消极感受，如果不能很好地控制情绪,当事人的言行举止很容易过激。而且负面情绪有很大的传染性,会激发彼此用更消极的方式处理问题。所以,我们要学会控制自己的不良情绪。为了不让消极情绪进一步给彼此关系带来伤害,发生冲突时我们可以通过暂时停止接触、离开冲突情境,稍后再进行沟通等方式来处理自己的情绪,增加冲突被化解和修复的可能性。再次沟通之前,我们一定要先对自己的情绪做一些处理,力争在心平气和的状态下进行进一步沟通。

二、牢记沟通目的,对事不对人

　　为了解决冲突而进行沟通时,我们一定要提醒自己牢记沟通的目的:沟通是为了解决问题,而非宣泄情绪。在沟通过程中要理性从容、目的明确,用恰当的方式客观地描述事情的经过,表达自己的感受,尽量少判断、少评定,做到对事不对人、不扩大、不泛化。因为冲突情境下,双方的情绪感受都比较消极、敏感性都会增强,所以此种情境下的表达就更加要慎重、谨慎。为了使自己的表达更能让对方接受,我们要换位思考,在表达给对方之前,不妨先说给自己听听,看看自己能否接受、认同。

三、要表达自己真正的需求,不要口不对心

　　人在冲突情境下往往受到强烈情绪的支配,容易口不择言、怎么畅快怎么来,有时候说出来的话、表达出来的情绪,未必是个体内心真正的想法和感受。比如,一对情侣约会,一向不迟到的男方在毫无预兆的情况下迟到了,并且联系不上,女方在约会地等了很久,当看到姗姗来迟的男友时,女孩会怎样表达呢? 也许是发火来表达自己的不满、愤怒和埋怨,但实际上,这可能就掩盖了女生对男友更真实、更深层的担忧和见到对方安全无恙时的释然。但很显然,如果只是表达前者,很容易激起另一方的消极感受,而忽略这浓烈火药味的背后所掩盖的表达者对所爱之人的牵挂和在意。所以在冲突情境下进行沟通,就更加要清楚自己内心真正想要的到底是什么,切勿口不对心、让自己事后追悔莫及。

四、尊重不同,悦纳多样

　　有时候,即便我们努力沟通,但很难让别人认同我们的建议、听从我们的劝告,也无法消解彼此的差异和分歧。这时,我们要能够尊重彼此的独特性和差异性。实际上,正是有这样多的差异和分歧,世界才丰富多彩,我们的生活才不至于单调乏味。而当我们能够真正悦纳这些分歧、求同存异时,也许我们就会发现,冲突就这样在不知不觉中消失于无形了。

第八章　自我管理素养

　　美国管理学家德鲁克在《21世纪的管理挑战》一书中指出,自我管理是个人为取得良好的适应,积极寻求发展而能动地对自己进行管理。自我管理水平的高低是影响个体社会适应效果和活动绩效及心理健康状况的重要因素。大学生是我们国家的未来,更是中华民族实现伟大复兴的希望。在21世纪,科学技术飞速发展,知识、信息与人才等方面的竞争尤为激烈。面对这样竞争激烈的社会,大学生除了需要掌握不断更新的专业知识和职业技能外,更要具有较强的自我管理能力,才能更好更快地提高、发展和完善自我,才能为我国社会的发展和民族的未来添砖加瓦。

第一节　自我认知

一、自我认知的定义

　　自我认知也叫自我意识,或叫自我(EGO),是个体对自己存在的觉察,包括对自己的行为和心理状态的认知。

二、自我认知的分类

　　从自我的内容上来划分,自我可以分为生理自我、心理自我和社会自我。

　　1. 生理自我

　　生理自我是指个体对自己生理属性的认识,如身高、体重、长相等。

　　2. 心理自我

　　心理自我是指个体对自己心理属性的认识,如心理过程、能力、气质、性格等。

　　3. 社会自我

　　社会自我是指个体对自己社会属性的认识,如自己在各种社会关系中的角色、地位、权力等。

三、希波克利特气质类型

　　古希腊著名医生希波克利特根据日常观察和人体内四种体液中血液、黏液、黄胆汁、黑胆汁的多少不同,把人分为四种不同的气质类型,典型表现如下。

1. 胆汁质

特征：热情、直率、外向、急躁。

优点：积极热情、精力旺盛，坚忍不拔，语言明确，富于表情，性格直率，处理问题迅速而果断。

缺点：易急躁，热情忽高忽低，粗心浮躁，有时刚愎自用、傲慢不恭。

适合职业：导游、推销员、作者、节目主持人、演员等。

2. 多血质

特征：活泼好动、敏感。

优点：行为敏捷，姿态活泼；情绪色彩鲜明，有较大的可塑性；外向型，表演、表达和感染能力强，善于交际。

缺点：粗心浮躁，办事多凭兴趣，缺乏耐力和毅力。

适合职业：政府及企业管理人员、外事人员、公关人员、驾驶员、医生、律师、运动员、公安、服务员等。

3. 黏液质

特征：稳重、自制、内向。

优点：心平气和、不易激怒；遇事谨慎，善于克制忍让；工作认真，有耐力，注意力不易转移。

缺点：不够灵活，容易固执、拘谨。

适合职业：外科医生、法官财务、统计员、播音员。

4. 抑郁质

特征：安静，情绪不易外露，办事认真。

优点：感受性强，易相处、人缘好；工作细心谨慎、稳妥可靠。

缺点：遇事缺乏果断与信心，适应力差，容易产生悲观情绪。

适合职业：机要员、秘书、档案管理员、化验员、保管员。

第二节　自我效能

一、效能与效率

效率的本义是指在单位时间里完成的工作量，或者说是某一工作所获的成果与完成这项工作所花费的人力、物力的比值。从经济意义上讲，效率指的是投入与产出或成本与收益的对比关系，并不能反映人的行为目的和手段是否正确。简言之，效率就是把事情很快地做完。效能则强调人的行为目的和手段方面的正确性与效果方面的有利性，即把事情很快、很对地做完。效率与效能的另一个区别是获取的途径、方法不同。世界著名管理学家、诺贝尔奖获得者西蒙对"效率与效能的区别"做过较全面的剖析，他认为："效率的提高主要靠工作

方法、管理技术和一些合理的规范,再加上领导艺术,但是要提高效能必须有政策水平,战略眼光,卓绝的见识和运筹能力。"

二、自我效能概述

(一)自我效能的内涵

人们总是努力控制影响其生活的事件,通过对可控的领域进行操纵,能够更好地实现理想,防止不如意的事件发生。

班杜拉认为,人是行动的动因,个体与环境、自我与社会之间的关系是交互的,人既是社会环境的产物,又影响、形成社会环境。自我效能就是个体对自己作为动因的,具有组织和执行达到特定成就能力的信念,它控制着人们所处的环境条件。自我效能是构成人类动因的关键因素,如果人们觉得自己没有能力引起一定后果,他们将不会控制之前发生的事情。

人类的适应和改变以社会为基础,因而个人动因是在一个社会结构性影响的大网络中发挥作用的。在动因的作用下,人们既是社会系统的生产者,又是社会系统的产物。

(二)自我效能的本质特征

1. 自我效能是一种生成能力

人的自我效能是一种生成能力,它结合认知、社会、情绪及行为方面的亚技能,并能把它们组织起来,有效地结合,运用于多样目的,比如,只知道一堆单词和句子,不能被视为有语言效能,同样,拥有亚技能和能把它们综合运用于适当的行为中,并在逆境中加以实现,两者有显著的不同。因此,即使人们完全明白做什么,并有必需的技能去做某些事情的时候,由于自我效能不高,也常常不能把事情做到最好。

2. 自我效能是行为的积极产生者和消极预言者

自我效能影响思维过程、动机水平和持续性及情感状态,对各种行为的产生起着重要作用。那些怀疑自己是否在特殊活动领域具有能力的人,会回避这些领域中的困难任务,他们很难激励自己,因而遇到障碍时易松懈斗志或很快放弃。他们对选定的目标往往并不是很投入,在艰难的环境下,他们常停留于自己的不足和任务的严峻以及失败的负面后果之中,遇到失败和挫折后,易把未完成目标的行为归咎于能力缺陷,因而,即使很少失败,也会失去对自己能力的信念。而具有很强能力信念的人,往往视困难为挑战对象,不回避威胁,他们对活动产生兴趣后会完全投入,并对此富有强烈的责任感,面对困难时仍然以任务为中心,想方设法克服困难;在遇到失败或挫折时,常常把失败归因于努力不够,注重提高自身的努力程度,这会促使他们不断地走向成功。

三、自我效能的影响因素

人们对自我效能的认识,是自我认识的一个主要组成部分,自我效能有四个主要的影响因素:①作为能力指标的动作性掌握经验;②通过能力传递及与他人成就对比而改变效能信念的替代经验;③使个体知道自己拥有某些能力的言语说服及其他类似的社会影响;④一定程度上,人们用于判断自己能力、力量和技能障碍脆弱性的身体和情绪状态。

(一)动作性掌握经验

动作性掌握经验是最具影响力的自我效能的影响因素,因为它可以就一个人是否能够调动成功所需的一切提供最可靠的证明。成功使人建立起对自我效能的积极信念;失败尤其是在自我效能尚未牢固树立之前发生的失败,会对自我效能产生消极影响,当人们相信自己具备成功所需的条件时,面对困难会坚持不懈,遭遇挫折也会有紧咬牙关走出低谷的信念,人们就会变得更加强大而有力。然而,通过掌握经验建立个人的自我效能,并不是一件按部就班的事,它需要获取认知、行为和自我调节工具来创立和执行有效的行为过程,以控制不断变化的生活环境,其中,认知和自我调节两方面为有效行为的表现创造了条件。

(二)替代经验

替代经验是指以榜样为中介进行推论性比较从而对自我效能的评价产生一定程度的影响。对于大多数活动,我们对自己的胜任程度没有绝对的度量方法,必须根据自己与他人成就的关系来评价自己的能力。比如,我们考试得了85分,如果不知道其他同学的成绩如何的话,就很难推断这个分数的高低程度。日常生活中,人们常常在同一条件下与特定的人,如同学、同事、对手等进行比较,自己胜出,则自我效能提高,反之,自己落后,则自我效能减弱。因此,由于所选择的社会比较对象的不同,自我效能会发生较大的变化。此外,替代经验还可通过由比较性自我评价引起的情感状态来影响自我效能。

(三)言语说服

言语说服影响着人们实现所追求的信念的能力,当重要的他人对个体的能力表示信任时,个体比较容易维持一种积极的效能,尤其是在与困难的抗争时更加明显,但是,言语说服在建立持续增长的自我效能上,作用比较有限;并且,如果言语说服的内容是提高对个人能力的不现实信念时,则反而会降低说服者的权威性,进一步削弱接受者的自我效能。

(四)生理和心理状态

人们在判断自身能力时,在一定程度上会依赖生理和心理状态所传达的身体信息。人们常把自己在紧张、疲劳情况下的生理活动理解为功能失调的征兆,回想起有关自己的无能和应激反应的不利想法后,就会唤起自己更高的痛苦水平,而这恰好能导致他们所担心的失调,进一步削弱自我效能。

心情由于常常因活动性质的改变而改变,成为自我效能的另一个影响因素。如果人们学习的内容与他们当时所处的心情相符合,就会学得比较快,如果人们复习时,与学习时所处的心情一样,回忆效果也会比较好,强烈的心情比微弱的心情具有更大的影响力。鲍尔研究显示,情绪记忆与不同时间相联系,在关联网络中创设了多重联系,激活记忆网络中的特定情绪单元,将促进对相关事情的回忆,消极心情激活人们对过去缺憾的关注,积极心情则使人们回想起曾经的成就,自我效能评价因选择性回忆以往的成功而提高,因回忆以往的失败而降低。

不同形式的效能影响因素往往很少单独发挥作用。人们不仅看到自己努力的结果,而且也看到他人在类似活动中的行为,还不时接受有关自己行为是否恰当的社会评价。这些因素彼此影响并共同影响着自我效能。

四、自我效能提升策略

(一)设置明确而合适的目标

学习动机对学习的推动作用主要表现在学习目标上,美国著名教育心理学家奥苏伯尔认为,学生的学习动机由三方面的内驱力(需要)构成:认知内驱力(以获取知识、解决问题为目标的成就动机)、自我提高内驱力(通过学习而获得地位和声誉的成就动机)和附属内驱力(为获得赞许、表扬而学习的成就动机)。一个人的求知欲越旺盛,越想得到别人的赞许和认可,他在有关的目标指向性行为上就越想获得成功,其行为的强度就越高。因此,不管是为了获得知识、能力,或者是为了获得良好的地位、声誉,学习目标定向明确,个体学习行为的积极性也将更高。一个没有学习目标的人,在学习上是缺乏进取性、主动性、自觉性的,即使获得好成绩,其成功感也不强。但是,对于不同的学习目标定向,学习动机的推动作用存在一定的差别,学业成绩也会有一定的差异。其一,以获得知识、能力为学习目标的个体,在乎的是自己在学习中学会了多少知识、获得了哪些能力,当他们遇到困难时,会不断地尝试解决问题,在这一过程中,其学习动机进一步增强,学习成绩又得以提高,这来之不易的成功会让其有更强烈的愉快体验。其二,以获得赞许、良好声誉等为学习目标的个体,则更多地选择回避挑战性的学习情境,以避免失败或较低的学习成绩,尤其是那些自我能力归因较低的个体,当遇到困难或遭遇失败时,学习会更加消极。因此,明确而合适的学习目标定向,有助于发挥个体的学习动机,使其获得强烈的成功体验。

(二)与成功者为伍

由替代经验可见,相似群体的示范作用是非常大的。当看到别人成功时,个体内在的动力也会被激发出来,因此,主动寻求积极的榜样,有利于自我效能的提升。

然而,成败经验对自我效能的影响还受到个体归因方式左右,只有当成功被归因于自己的能力这种内部的、稳定的因素时,个体才会产生较高的自我效能,如果把成功感都归因于运气、机遇之类的外部的、不稳定的因素,则不太能影响个体的自我效能;同样地,只有当失败被归因于自己的能力不足这种内部的、稳定的因素时,个体才会产生较低的自我效能。也就是说,自我效能高的个体会认为可以通过努力改变或控制自己,而自我效能低的个体则认为行为结果完全是由环境控制的,自己无能为力。因此,在对成败进行归因时个体还应持积极、客观的态度,以增强自我效能感,保持持续的动力。

(三)自我竞赛

自我竞赛即同自己的过去比,从自身进步、变化中认识、发现自己的能力,体验成功,提高自我效能。如果总是与班上的优秀生相比,尤其是中、下水平的同学会觉得自己样样不如别人,越比自信心越差。

(四)保持良好的身心状态

身体效能管理就是对身体进行医学、运动学、心理学、营养学、物理治疗学等多学科的系统干预,促使个体在工作中始终保持精力充沛、头脑清醒、身体舒适的高效能状态,并且能自如应对工作和生活中的各类突发事件。

自我效能可以激活各种各样作为人类健康和疾病中介的生物过程。自我效能的许多生物学效应是在应对日常生活中急性和慢性的应激源时产生的,而应激源被看成许多躯体机能失调的重要来源。面临有能力控制的应激源时,个体不会产生有害的躯体效应;而面临相同的应激源,个体却没有能力控制时,神经激素、儿茶酚胺和内啡肽系统则会被激活,并使免疫系统的机制受到损害。因此,保持良好的身心状态,也是提高自我效能的有效途径。

第三节　时间管理

一、时间管理概述

(一)时间

人的时间感觉是最不可靠的。日常生活中,我们常常会觉得时间很紧张,都用在了工作中的重要事情上,但是如果仔细分析,我们会发现事实并非如此,导入案例就是一个很好的佐证。因此,管理好时间,是管理好其他事情的前提,而分析认识自己的时间,是系统地分析自己的工作、鉴别工作重要性的方法,也是通向成功的有效途径。那么,人的一生到底拥有多少时间呢? 如果按"人生七十古来稀"的说法计算,则人的一生拥有的时间为 365×70 = 25 550(天)。扣除前 20 年的成长阶段、后 15 年的退休阶段,您用于职业生涯的时间大约只有 35 年,即 365×35 = 12 775(天)。再去除其中每天必需的 8 小时睡眠以及生活、休闲的时间,大约只剩下一半的时间了,即约 6 300 天。如何利用这仅有的时间? 我们需要从了解时间的特征着手。首先,时间具有固定性。时间对于每个人来说都是固定的,不管是成功的人,还是不成功的人,在任何情况下时间既不会增加,也不会减少,一天都只能是 24 小时,并且,任何人都无法阻止其持续流逝,也无法将其暂时储存。成功与不成功的差别仅在于如何利用 24 小时。其次,时间具有不可替代性。时间是任何东西都不能替代的,是任何活动必不可少的基本资源。

(二)时间管理

时间管理是指为了达到某种目的,人们通过可靠的方法和途径,安排自己和他人的活动,合理、有效地利用可以支配的时间。其所探索的是如何减少时间浪费,以便有效地完成既定目标。时间管理的关键在于,如何选择、支配、调整、驾驭单位时间里所做的事情。时间管理源于不满足于现状,或是想要有更好的时间管理。

二、时间管理陷阱

时间管理陷阱是指导致时间浪费的各种因素。在现实生活中,我们常常会出现习惯性拖延时间、不擅长处理不速之客的打扰、不擅长处理无端电话的打扰,以及泛滥的"会议病"困扰等情况,这些都会影响我们对时间的有效管理。常见的时间管理陷阱有五类。

(一)拖延

"明日复明日,明日何其多;我生待明日,万事成蹉跎。"这首大家耳熟能详的《明日歌》,形象地描绘了拖延的特征及后果。

(二)缺乏计划

培根曾经说过:"合理安排时间,就等于节约时间。"工作缺乏计划,将导致目标不明确,不能有效地归类工作,也就很难按照事情轻重缓急的顺序,有效地分配时间。

(三)文件满桌

你很难在最短时间,从一个杂乱无章、堆满文件的办公桌上,准确获取所需要的资料,这就可能会浪费很多的时间。

(四)事必躬亲

人的时间和精力都是有限的,如果亲自处理每一件事情,势必会"眉毛胡子一把抓",无法节约时间去做最重要的工作。

(五)不会拒绝

我们不可能满足所有人的要求,因为每个人的时间都是有限的。在日常工作中,我们经常会遇到各种请求,往往会碍于面子而答应下来,但又没有时间完成,这对自己和他人来说,都将是一种伤害。

三、时间管理策略

(一)目标原则

目标的功能在于让你在面临各种选择时,有一个清晰的认识,使你的行动更有效率。哈佛大学的一项对智力、学历、环境相似的人的跟踪研究发现,3%的人有十分清晰的长期目标;10%的人有比较清晰的短期目标;60%的人目标模糊;27%的人没有目标。25年后,那3%的人,几乎都成了社会各界的成功人士;那10%的人,大都生活在社会的中上层;那60%

的人,几乎都生活在社会的中下层;那27%的人,几乎都生活在社会的最底层。由此可见,清晰的目标,可以使人在同样的时间内,更高效地完成工作,也最能刺激我们奋勇前进,引导我们发挥潜能。

根据SMART原则,有效的目标应遵循具体明确(Specific)、可衡量(Measurable)、可实现但有挑战性(Achievable and Challenging)、有意义(Rewarding)、有明确期限(Time-Bounded)五项原则。同时,还必须具有书面性和可操作性。

需要清楚的是,任何一个目标的设定,时间限定都是一个重要内容,很多目标实现不了的重要原因,就是没有时间上的限定。如果我们仔细回顾一下,就可以发现,因没有时间限定而实现不了目标的例子,在我们现实生活中不胜枚举。

(二)象限原则

在开始工作前,我们如何在一系列以目标为导向的待办事项中,选择孰先孰后呢? 一般来说,优先考虑重要和紧迫的事情,但是在很多情况下,重要的事情不一定紧迫,紧迫的事情不一定重要。因此,处理事情的优先顺序的判断依据是轻重缓急,常用四象限原则来作为判断依据。

第一象限是紧急但不重要的事情。这类事情包括应付干扰、处理一些电话及电子邮件,参加会议、处理其他人际关系的事情。

第二象限是重要且紧急的事情。这类事情包括紧急事件、有期限要求的项目或需要立即解决的问题,需要引起高度重视。

第三象限是重要但不紧急的事情。这类事情包括策划、建立关系,网络工作,个人发展。

第四象限是不重要而且也不紧急的事情。这类事情包括处理垃圾邮件、直销信件、浪费时间的工作、与同事的社交活动以及个人感兴趣的事情。

通过四象限原则,我们清楚地看到,处理事情的优先顺序依次为第二象限、第三象限、第一象限、第四象限。但是,对于一个善于管理时间的人来说,通常会重点关注第三象限的事情,做好提前准备,以免将其拖延成第二象限的事情,从而措手不及,影响成效。

(三)二八原则

"二八原则"又称帕累托定律,是意大利经济学家帕累托在对19世纪英国社会各阶层的财富和收益统计分析时发现的,其研究结论为:80%的社会财富集中在20%的人手里,而剩余的80%的人只拥有20%的社会财富。随后哈佛大学语言学教授吉普夫和罗马尼亚裔的美国工程师朱伦进一步完善了"二八原则"。"二八原则"提示我们,并不是所有的产品都一样重要,并不是所有的顾客都同等重要,并不是所有的投入都同样重要,并不是所有的原因都同样重要。在任何一组事物中,最重要的只占一小部分,即20%,而其余的80%虽然占多数,却是次要的。如果想取得人生的辉煌和事业的成就,你就必须学会找出你心中的事物的优先顺序,抓住重点。

(四)避免干扰原则

凡是没有规定日程的拜访或电话都是干扰。虽然干扰未必都是不必要或不利的,但是,干扰会中断计划中的事情,影响正常的工作。那么,常见的干扰及对策有哪些呢?

1. 来自上司的干扰对策

①让上司清楚你的工作目标。

②主动约见你的上司。

2. 来自同事的干扰对策

①如果有人找你,就站起来接待他。

②建议公司设立人人安静1小时制度。

3. 来自下属的干扰对策

①安排固定时间供下属汇报工作。

②保留固定时间供下属讨论问题。

③安排其他时间处理非紧急事件。

(五)黄金时间法则

通常人一天的变化规律为:早上思维最敏捷,下午精力有所减退,晚上精力得到恢复但没有达到高峰。在实际生活中,人的生物钟是有个体差异的,差异最大的是"百灵鸟"和"夜猫子"。从名称上我们可以看出,有人白天效率高,有人夜晚效率高,但是,不管何种类型,其生物钟的模式设定规律都是一致的,即思维敏捷、精力减退、精力恢复。了解自己生物钟的变化规律,根据自己的精力周期认真进行日程安排,可提高工作效率。

根据生物钟一般规律的黄金时间法则,日程安排可如下:

①智力任务:安排在思维敏捷阶段,这是制定决策的最佳时间,通常是在早上。

②思考性或创造性工作:精力减退期是思考、处理信息和长期记忆的理想时间,这一时期通常是在下午。

③日常工作精力恢复期适合做需要集中精力的日常工作或重复性工作,这个时期通常是晚上。

(六)大块时间法则

大块时间法则是培养工作情绪的法则,即用前30分钟做容易做的事情,让事情看起来有进度,在后90分钟做最重要的事情。具体方法包括:

①列举今天所有要做的事情,将其分成容易的、重要的及其他事情,用"二八原则"排出事情的优先顺序。

②在前30分钟完成最容易的事情,时间一到,不管是否完成都要将手里的工作告一段落。

③在后90分钟完成最重要的事情,如果顺利,可以持续工作。

④在空余时间完成遗留的、容易的事情。

第四节　情绪管理

一、正面思维

（一）正面思维的内涵

正面思维是人在处理任何事情时都能以积极、主动、乐观的态度去思考和行动，并促使事物朝着有利的方向转化。正面思维会使人在逆境中更加坚强，在顺境中脱颖而出，变不利为有利，从优秀到卓越。从认知上改变命运，是事业成功和实现自我的有效途径，它的本质是发挥人的主观能动性，挖掘潜力，体现人的创造性和价值。

正面思维的"正面"，实际上有三个方面的含义。

1. 自己的正面

所谓"自知者明"，看清自己的优势和潜力，充满必胜的信念，这样，就不会稍遇挫折就轻言放弃，从而做到持之以恒，直到成功。

2. 别人的正面

看到别人的正面，见贤而思齐，就能从别人身上学到更多东西，也更能赢得别人的好感和尊重，从而拓宽自己成长的道路。

3. 环境的正面

上帝为你关上一扇门，必然会为你打开一扇窗。不管我们处于什么样的环境之中，一定要看到光明的一面，保持乐观的心态。

（二）正面思维的作用

正面思维，有点石成金的力量。

1. 有利于身心健康

在我们熟悉的中医养生理论中，情志指的是喜、怒、忧、思、悲、恐、惊七种情绪的变化。一个人如果长期处于心情不畅、情绪失调等情志不合理的状态，就会对正气、阴阳和脏腑造成伤害，影响身心健康。那有没有一种方法，可以帮助我们保持心情的愉快和情志的合理呢？正面思维就是一种非常有效的方式。

正面思维是指人们在任何情况和环境下，都从正面看问题，以主动、乐观、进取的态度去思考和行动。它不仅是一种积极的人生态度，也是我们获得健康、快乐的源泉。

正面思维使我们的心胸更宽广、视野更开阔、看事物更积极，帮助我们坦然面对事物的变化、工作和生活的压力，冷静、客观地处理各种事情，保持良好的情绪和健康的心态。

那怎样才能做到正面思维呢？遇到事情不妨换个角度看问题，"重新框架"以后，你就能发现事情的积极方面和对自己的好处，从而走出困惑与烦恼。比如，你遇到一位要求严苛、简单粗暴并且处处跟你过不去的"恶"上司，你会怎么办？也许你会立即跳槽，但是，跳到下一份工作仍遇上这样的上司，你又会怎么办？其实，遇上不好的上司是件非常好的事情，这是锻炼自己的好机会。在这样的上司面前，你都能生存和发展，足以证明你的能力。大家不如这样正面去想：上司越差，对我越好。其实，无论是工作、生活，还是与人交往，很多困扰你的事情，看起来很严重，但你"重新框架"之后，会轻松、开心很多，你的态度会大不一样，方法会增加很多，内心也会变得强大、坚定。

当你做到正面思维，你的积极、乐观与自信不但会给他人送去快乐、信心和希望，而且会给你的内心带来宁静、平和与喜悦。这样，你的情志就会更合理，你的身心自然也会更健康。如果你想为自己的健康加分，让自己的情志更合理，那就从现在开始做到正面思维吧！

2. 有利于人性的拓展

心理学之父威廉·詹姆斯说过，我们这个时代最伟大的发现就是人们可以通过改变思维方式来改变自己的生活。而思维方式是一种选择，我们可以用积极的思想对待事物，也可以用消极的思想对待事物。据最新出版的《学会正面思维》披露，除非身体机能出现紊乱，否则人们都可以自主地选择使用正面还是负面的思维方式进行思考。

3. 有利于事业的成功

纵观职场，成功者之所以成功，就是摆脱了负面的想法，强化了正面的想法，即自己树立自己，自己成就自己。曾子说过："吾日三省吾身。"如何省？无外乎取舍，无外乎用正面思维取代负面思维。一日三次，持之以恒，就能校正好自己的"思想路线"，端正自己的行为。《学会正面思维》一书认为，成功有顺序，首先是思维的成功，然后是做法的奏效，最后才有功劳簿的记载。

可以说，正面思维是成功的源头。"正面思维会确保员工处理任何事情都可以用积极、主动、乐观的态度去思考和行动，促使事物朝有利的方向转化。"这便是《学会正面思维》一书的观点。因为，"正面思维使人在逆境中更加坚强，在顺境中脱颖而出；变不利为有利，从优秀到卓越；从认知上改变命运，是事业成功和实现自我的有效途径；它的本质是发挥人的主观能动性，挖掘潜力，体现人的创造和价值。"

4. 有利于实现自我价值

简言之，正面思维是一种人生态度。迈克尔·乔丹有一句名言："不要害怕失败，很多成功人士在成功之前，都经历过许多次失败。"失败并不可怕，成功也并不是最宝贵的，最难能可贵的是失败后还能再一次站起来，甚至取得更大的成功。

（三）拒绝负面思维、拒绝失败

阿兰·彼得森在《更好的家庭》一书中说："消极思潮正影响到我们所有的人，人天生就容易受到消极思想的影响。"彼得森所言的消极思想就是负面思维。如果一个人总是让负面思维来左右自己的言行，那就是一种不成熟的表现，而且这种思维方式还容易引起别人的厌烦。对于工作中的人来说，负面思维会使大脑的运作能力大打折扣，会降低员工做事的能力，直接影响人的工作效率和效果，并会导致利益的损失，久而久之，这种员工被淘汰出局也不是没有可能。从这一意义上讲,负面思维堪称致人失败的温床。

负面思维的几种行为表现如下:

1. 动辄生气发火

工作中,经常和同事发生矛盾、口角,处于这样的负面情绪之中的人常常会难以自拔。曾有人问雅虎中国区前任总裁周鸿,他自己的哪个特点让他最痛恨?他说:"不容易制怒。忍不住就冲人发火,自己知道这样会伤害别人,事后非常后悔。"

2. 时常抱怨

有的员工只要一走进办公室就牢骚满腹,天天抱怨。他们不接受额外的工作,拒绝加班;本职工作没做好,就到处找借口。其中,只有极少部分人是因为追求完美而抱怨,大多数人却是因不思进取而抱怨。正像荷马所说:"那些干得最少的人,指责也最多。"

3. 逃避困难

遇到问题和困难,他们不是去寻找解决的方法,而是以各种形式来躲避,有时显得可怜和无奈,甚至还振振有词。

4. 嫉妒、诋毁同事

他们不懂得欣赏、赞美周围的同事和上级,甚至还对那些成功的同事和上司心生妒意,甚至恶意诋毁。可以说,负面思维是职场最大的精神病毒,它造成的危害形形色色,使人不能在职场中充分发挥自己的潜能。例如,负面思维会使大脑的运作能力大打折扣,会降低员工做事的能力,直接影响工作效率和效果,并会导致利益的损失。久而久之,不仅难以获得升迁和良好的工作成绩,甚至还会因此而职位不保。从这一意义上讲,负面思维确实和失败如影随形。职场如同战场,你要想在这个战场上充分地展示自己,并最终取胜,你必须把内心负面的思维清理干净,让正面思维取而代之,这样才能做到"身怀利器,轻装上阵",才能做到"手起刀落,杀敌于无形"。正面思维就好比一个给人鼓舞士气、提振精神的发动机。当一个人在工作中提不起兴趣,也欠缺激情的时候,不妨用正面思维来给自己打气,来给自己灌输动力和能量,这样才能在工作中促成积极的结果。纵观职场,那些成功者之所以成功,就是由于不断地反省自己,不断地摆脱负面的想法,并强化了正面思维,最终成就了自己。曾子曰:"吾日三省吾身:为人谋而不忠乎?与朋友交而不信乎?传不习乎?"其意思是:"我每天都要多次反省自己:想想自己帮助别人办事是否尽心尽力了?看自己和朋友交往是不是真诚守信?还有老师传授的学业是否进行了复习?"那么,如何反省呢?无外乎就是对自己的惯常做事态度和行事方式进行新的判断与取舍,无外乎用正面思维来取代负面思维。这样,感恩自己拥有的一切;不是只因成功才快乐,更懂得去快乐工作,在快乐中创造成功。在不少人的惯常思维中,都将"活在当下"当作自己的座右铭,乍一看来,似乎这种思维方式也没有什么不妥。我们可以把"活在当下"的范围缩小到"活在今天",认真地过好自己的每一天,踏实地走好每一步,厚积薄发,最终收获一个美好的未来。然而,"活在当下"或许是一种无可厚非的生活态度,对于职场中人而言,却是一种负面的思维方式,它会让人只是着眼于现在甚至是过去,满足于既有成绩,而难以妥善应对变幻莫测的未来形势。

正面的思维方式应当是立足当下,活在未来。我们正处于一个飞速发展的知识经济时代,变革与创新是永恒的主题,任何一个人都无法将自己置身于这种洪流之外,整个社会都在日新月异,一日千里。作为个体,也只有具备充分的紧迫感与未来意识,才能让自己在未来的激烈竞争中不掉价,才能不被时代所淘汰。如果你不去展望未来,不考虑未来世界的发展方向,那么你今天的努力可能就会大打折扣,你离梦想可能就会越来越远。而那些"活在未来"的人,却不会为现有的各种固有思维所羁绊,他们敢于冲破现有的一切,勇于创新,善于打破常规,因而往往能够出奇制胜。当然,紧迫感和未来意识并非人生来就有的,而是在一定的生活、工作环境中养成的。正面思维,活在当下——不论是从思维的角度,还是从适应职场竞争、更好地生存的角度,我们都应该更具前瞻意识,努力让自己"活在未来中",处处快别人一拍。去想一下自己未来的辉煌,并在大脑中描绘出一个清晰的理想蓝图,想象那一天已经来临。这样的话,久而久之,这种梦幻中的蓝图就会真的转变为现实。

二、适应环境

(一)环境的内涵

环境是指周围所在的条件,不同的对象和科学学科,环境的内容也不同。一棵在深山里长了好多年的大树,被修剪了枝叶后移栽到新建的公园里。人们围着它,议论着。一个人说:"修枝剪叶,伤根破皮,到这里还要重新扎根生叶,适应新环境,一定是要付出代价的啊!"虎啸深山,鱼翔浅底,驼走沙漠,雁排长空,自然界万物都知道哪里才是最适合自己的生存环境,哪里才能将自己的美绽放到极致,同样我们人类也要学会尽情绽放自己,让别人欣赏到自己的才华。

(二)适应环境

"物竞天择,适者生存",这句话大家都耳熟能详。但究竟什么是适应呢? 适应就是与环境相融合。

1.适应环境的两种情况

在现实生活中,人们对环境的适应,从适应的方向上看,大体上有以下两种。

(1)消极的适应。

这种适应是人与环境的消极互动过程。在这一过程中,个体认同、顺应了环境中的消极因素,压抑了自身的积极因素,即自身的潜能,违背了人的心理发展方向。其结果是环境改造了人,而人未发挥自己对于环境的能动作用。例如,人在遭受了挫折的环境下,采取的消极的悲观态度等。这些人都是以压抑自己的潜能、牺牲个人的心理机能和品质的发展为代价的,这种对环境的适应是退化,而不是发展。

(2)积极的适应。

积极的适应是个体在客观环境中积极主动地调整自己与环境的不适应行为,增强个体在环境中的主动性、积极性,使自身得到发展。任何环境中都存在着有利于个人成长的积极因素和不利于个人成长的消极因素。积极的适应是要正确地分析自身的特点及环境的特点,从对这二者的分析中找到自己的生长点。

2. 改变自己,适应环境

心理学家马斯洛在谈到成长与环境的关系时说:"环境的作用最终只是允许他和帮助他,使他自己的潜能现实化,而不是实现环境的潜能。环境并不赋予人潜能,是人自身以萌芽或胚胎的形态具有这些潜能,属于人类全体成员,正如他的胳臂、腿、脑、眼睛一样。"马斯洛的观点虽然强调人的先天因素,但他给我们以启示:每个人都存在着潜能,环境只是才能发展的条件,而不是"种子"。我们对其理论的补充和修正是:潜能发挥的重要条件是个人的实践,个人在具体环境条件下的能动的活动。将环境中的有利因素和个性中的积极因素统一在自己能动的实践活动中,人就获得了一种积极的适应。发展是人对环境的积极适应,我们所提倡的正是这种积极的适应。

我们不能要求环境适应自己,只能让自己适应环境。虽然我们不能改变世界,但我们可以改变自己,让我们用爱心和智慧来面对一切环境。也许,我们没有庄周梦蝶的浪漫,没有庄子那"泥泞中亦可"的超然;也许,我们无法像彷徨斗士鲁迅一样以血荐轩辕,深刻揭示中华民族几千年来的劣根性;也许,我们没有海伦·凯勒那虽然盲聋但却以心灵探求未知世界的勇敢。但至少,我们可以改变自己。比尔·盖茨曾说过:"社会充满不公平的现象。你先不要想着去改造它,只能先适应它。"人应该适应环境,改变自我。每个人都是一道亮丽的风景线,但世界不会为你而改变,环境也不会主动去适应我们自己。因而,我们只能改变自己,适应环境,进而取得成功。

当为官仅七十多天的陶渊明挂印田园归隐山间时,他改变了自己。官场的黑暗,是他无法改变的,变的只能是自己。于是不为五斗米折腰,与菊为伴,虽然仕途不复,但他高洁的志向却被历史所赏识,为后人所铭记。当"御用文人"李白呼唤自己放养于青崖间的白鹿即骑访名山时,他改变了自己。朝廷希望他吟风弄月、歌功颂德,而他却只想一展鸿鹄之志,无法改变官场的他,只得改变自己的志向,于是他寄情于山水,纵览名山大川,虽然未能圆自己的经天纬地之梦,但却造就了半个盛唐的诗歌,为后人所传颂。他们改变自己,同时也改变了时代,虽不被时人钦慕,但却被后人铭记,在历史的苍穹中闪闪发光。那些不能改变自己的人,只能被环境淘汰。

阳光大学生网箴言:当一个人无法适应周遭的环境时,那么,失败与毁灭就将常伴你左右。反之,你才能获得人生的成功与完善。一句话,适者生存。

(三)提升心理适应能力的实现路径

个体成长的过程就是一个不断适应新环境的过程,在此过程中,适应的关键是内部心理活动的自我调节。对适应不良的学生通过教师采取心理辅导与咨询的方式帮助其提高适应水平。根据对心理适应内部机制的分析,建议按以下路径来增强心理适应能力:

(1)要有较强的分析问题和做出正确判断的能力,面临新环境的变化,要能够尽快了解新的要求,明确新的努力方向。

(2)对自己要有一个全面、客观的评价,了解自己不适应的表现和存在的差距,同时也要看到自己的潜力,在此基础上形成积极的自我观念,做到自尊、自爱,始终对自己充满自信。

(3)要培训自己坚韧、顽强、果断的精神和较强的自制力、竞争意识和好胜心,还要有对人、对事宽容的态度与豁达的胸怀。

（4）要增强自我监控的意识和自我调节的能力。实践证明，通过系统的心理辅导与训练，可以帮助学生在心理适应能力的发展上取得明显的进步。

（四）新员工快速适应工作环境的途径

人的一生，其实质是一个不断适应的过程，新员工的适应只是人生某一阶段的一个新起点，我们要学会尽快地适应新环境，主动地适应新规则，用新思想提升自己各方面的能力。刚刚加入一个新公司，一切都是陌生的。企业在接待新员工入职时都要给新员工介绍一些公司的基本外部环境以及组织结构框架，以便他们能更快、更好地适应新的工作环境。一般而言，大多数员工都能比较好地适应新环境，但是当新工作环境与以前的环境差异较大，且某些新员工的心理状态有薄弱环节时，就有可能出现适应困难的情况。那么，新员工如何能顺利地接受新环境、进入新角色，进而适应公司的企业文化呢？

1.想方设法亲密接触企业文化

"说你行，你就行，不行也行；说你不行，就不行，行也不行。"相信这句话大家都耳熟能详。我们无意于纠缠这句话的真实性，但它至少反映了一种让人疑惑的现象："行也不行"。这种现象在现实中确实存在，究其原因，与员工能否融入公司的企业文化密切相关。进入一个新的文化环境中，肯定有一些陌生的地方，这就要求新员工多学、多问、多了解。对于"可视规矩"，则找来公司的制度、流程和职位说明书加以学习；对于"不可视规矩"，也就是企业文化，就要虚心地向老员工请教。因为他们在公司的工作时间长，对公司的方方面面可谓了解入微，多和他们交流，可以让你少走很多弯路。工作中遇到难题或是处理问题拿不准时，千万不要不闻不问、不懂装懂，而应主动大方地请教身边的同事，培养自己对公司的归属感。

国际贸易专业毕业的小陈，毕业后在一家外企找到了一份市场调研的工作，对于外企公司的工作节奏快、管理要求严的说法，此前小陈早有所闻。所以在刚参加工作时，他尽量改变自己原来读书时拖拉、懒惰、不拘小节等毛病，争取在最短的时间内完成工作，同时多学、多问、多了解。经过三个多月的努力，小陈对工作已得心应手。他感触最深的是，要快速地融入公司的企业文化，最重要的就是多学、多问、多了解，但前提是要掌握好学习和询问的时机。

2.积极参加新员工培训

新员工培训又称岗前培训、职前教育，是企业把新录用的员工从局外人转变为企业人的过程。企业对新员工进行岗前培训是新员工了解所在企业的好机会。它不但可以帮助员工了解企业的行为规范、福利待遇、可用资源等，更重要的是将企业文化大义灌输到员工的大脑。如今，越来越多的企业认识到新员工培训的重要性，在新人入职时已不仅仅只做简单的引荐，往往还要安排内容丰富的培训等待新人入职。

如国内著名企业海尔，通常在新员工入职后做的第一件事就是举办新老"毕业生"见面会，通过师兄、师姐的亲身感受理解海尔。新人也可以利用面对面与集团最高领导沟通的机会，了解公司的升迁机制、职业发展等问题。这无疑是新员工了解海尔企业文化的一个绝好时机。

又如,联想对新员工实行的"入模子"培训。所有加入联想的员工,在试用期都要接受为期一周的封闭培训("入模子"培训),了解公司的文化、理念、产品、历史、发展方向,等等。从"模子班"里出来的员工,都感到整个人好像发生了变化,联想的一切已经深深植入脑海。

3. 谦虚行事

身处一个陌生的文化环境,谦虚行事是必不可少的。在对公司的企业文化还没有基本了解的情况下,急于表现自己的所知所能,不但不能让别人对你刮目相看,还容易弄巧成拙,给人锋芒毕露的感觉,容易让人产生厌恶感,这不利于融入公司的企业文化。

小李的专业经验非常丰富,跳槽到国内一家大型IT企业后,更是摩拳擦掌,很想大干一场,加入公司不到一周的时间就做出一份长达30多页的企划案,放到老板桌前。令小李困惑不解的是,老板接到企划案后非但没有表扬他,反而大皱眉头。后来小李通过同事了解到:原来公司一贯奉行稳健经营的作风,而小李的企划案虽然具有开拓性,但是存在着巨大的经营风险,与公司的企业文化不符。

每家公司都有自己独特的企业文化,作为新人,要有一个逐步适应的过程。在没有了解公司的企业文化之前,千万不要急于求成,以至于给别人留下不好的印象。谦虚行事才是最明智的做法。

三、抗压耐挫

(一)心理压力的内涵

心理压力即精神压力,现代生活中每个人都有所体验。总的来说,心理压力有社会、生活和竞争三个压力源。压力过大、过多会损害身体健康。现代医学证明,心理压力会削弱人体免疫系统,从而因为外界致病因素引起机体患病。现代生活的压力,像空气一样无处不在,无时无刻挤压着人们。

心理压力是个体在生活适应过程中的一种身心紧张状态,源于环境要求与自身应对能力的不平衡,这种紧张状态倾向于通过非特异的心理和生理反应表现出来。

压力是压力源和压力反应共同构成的一种认知和行为体验。人的内心冲突及与之相伴的情绪体验是心理学意义上的压力。从心理学角度看,压力是外部事件引发的一种内心体验。

完全没有心理压力的情况是不存在的。我们假定有这样的情形,那一定比有巨大心理压力的情景更可怕。换一种说法就是,没有压力本身就是一种压力,它的名字叫作空虚。无数的文学艺术作品描述过这种空虚感,那是一种比死亡更没有生气的状况,一种活着却感觉不到自己在活着的巨大悲哀。

为了消除这种空虚感,很多人用各种举措来寻找压力或者说刺激,一部分人找到了,在工作、生活、友谊或者爱情之中;另一部分人,他们在寻找的过程中甚至付出了生命的代价。

（二）心理压力源的种类

1. 生物性压力源

生物性压力源包括躯体创伤或疾病、饥饿、性剥夺、睡眠剥夺、噪声、气温变化。

2. 精神性压力源

精神性压力源包括错误的认知结构、个体不良经验、道德冲突、不良个性心理特点。

3. 社会环境性压力源

社会环境性压力源包括纯社会性的社会环境压力源（如重大社会变革、重大人际关系破裂、战争等）和自身状况（如个人精神障碍、传染病等）造成的人际适应问题（如恐人症、社会交往不良）等。

（三）心理压力的危害

压力，每天都围绕在生活中，有压力才有动力，此话不假，但面临的压力超出了心理承受能力，就会导致心理失衡，引起抑郁、焦虑等心理疾病。无论是哪种类型的心理压力，都有可能使人出现以下症状：心跳过速、手心冰冷或出汗、呼吸短促、头痛胃痛、恶心呕吐、腹胀腹泻、肌肉刺痛、健忘失眠、自卑、多疑、嫉妒、消沉、思维混乱、脾气暴躁、过度亢奋、喜怒无常，等等。

人们都知道，生活在高压环境下会给身体和情绪造成严重后果。耶鲁大学的研究人员发现，巨大的压力会减少大脑负责自控区域的灰质体积。

一旦失去了自控力，就会失去应对压力的能力。这样一来，你不仅更加难以让自己脱离高压环境，而且更有可能通过种种方式（比如对别人过度反应）为自己制造压力。所以常常出现陷入压力越来越大的死循环，最后完全崩溃甚至更糟的情形。压力会影响大脑的生理机能，导致高血压、糖尿病等慢性疾病，因此自控力的下降显得尤为可怕。而且压力造成的后果还不仅限于此——它还与抑郁、肥胖、认知能力下降有关。

（四）调适心理压力的方法

每个人都会有心理压力，尤其是现代社会，工作、房子、婚姻、感情等问题，人们的心理压力越来越大。对于心理压力，我们不但要学会调整它，更要学会跨越它。在压力下管理情绪、保持冷静的能力直接关系到你的表现。情商测评和训练服务商 TalentSmart 对超过一百万人进行了研究，结果表明，90%的优秀人士都善于在压力下管理情绪，保持冷静和克制。

实际上，时断时续的压力事件能够让你表现得更出色，因为它能使大脑更加警觉。而大多数优秀人士都有精心磨炼的应对策略，供他们在高压环境下使用，以降低压力水平，确保自己感受到的压力不会持续。由此一来，他们既可以有高水平的表现，又能够将压力的消极影响降到最低。

1. 调适心理压力的主要方法

（1）补偿。

建立合理的、客观的自我期望值，以及合理的奋斗目标，在实施过程中，发现目标不切实际、前进受阻,实现目标的愿望受挫后,可以通过别的途径达到目标,应及时调整目标,或者确立新的目标,以便继续前进,获得新的胜利。做事可往最坏处想,但向最好处努力。即"失之东隅,收之桑榆",这是一种心理防御机制。

(2)换位。

正确认知压力,灵活调整自己的心态,学会换位思考。例如,当你遇到不公平的事情、不协调的人际关系、不愉快的情感体验,妒火中烧时,要变换自己的角度,有意识地控制自己的情绪,增强个人修养。

(3)推移。

时间是解决问题的最好办法,运用推移时间遗忘法,积极忘记过去的、眼前的不愉快,随时修正自己的认知观念,不要让痛苦的过去牵制住你的未来。

(4)升华。

我们要学会管理自己的情绪,当我们愤怒时,可以离开当时的环境和现场,转移注意力。人在落难受挫之后,奋发向上,将自己的感情和精力转移到其他的活动中。如大学生在感情上受挫之后,将感情和精力转移到学习中。这也是大学生在受挫之后一种很好的调节方法。

(5)自信。

自信自主激励法。即相信自己是最好的、最可以依赖的,每个伟业都由自信开始。

(6)学会运用压力。

出现压力并不可怕,适当的压力可以让我们更加积极与进步,所以我们要学会运用压力。

2.调适心理压力的妙招

(1)大笑。

美国斯坦福医学院的一位精神病专家指出,当你大笑时,你的心、肺、脊背和身躯都得到了快速锻炼,胳膊和腿部肌肉都受到了刺激。大笑之后,你的血压、心率和肌肉张力都会降低,从而使你放松。我们可以通过听相声、看小品帮助我们笑出来。

(2)一吐为快。

当受了委屈,一时想不通时,不要把痛苦闷在心里,不妨说出你的焦虑,主动向朋友、同学或亲友倾诉苦衷,争取别人的原谅、同情与帮助,一个忠实的听众能帮助你减轻因紧张带来的压抑感。当我们悲伤时,不妨痛哭一场,让泪水尽情地流出来,这样可以减轻挫折感,改变内心的压抑状态,获得身心轻松,从而将目光面向未来,增强克服挫折的信心。此外,还可以把你的感受写成信,然后扔到一边,给自己留出一定的"忧虑"时间,随后再去解决。

(3)欣赏音乐。

各种声音都能通过耳朵被人感受,如他人的赞扬声、指责声、议论声等都会影响你的心态,因此,你可以多听些优美的音乐,缓解不愉快的心情。

(4)户外运动。

当我们遭受挫折时,也会出现心理压力,一般人都会感觉度日如年,这时,要适当安排一些健康的娱乐活动,到户外去运动,比如散步、爬山,呼吸大自然新鲜的空气,可以转移注意力,使挫折感转移方向,扩大思路,使内心产生一种向上的激情,从而增强自信心。

（5）自我放松。

顺其自然自我解脱法也很有效。学会自我放松，在适当的情况下，通过温水浴、深呼吸等放松的方法解除你的心理压力。还可以变换环境，例如到室外观景、到室内养花、对美好事物的想象等。

（6）丰富个人业余生活法。

丰富多彩的闲暇活动往往让人心情舒畅，绘画、书法、下棋、运动、娱乐等能给人增添许多生活乐趣，调节生活节奏，使人从单调紧张的氛围中摆脱出来，走向欢快和轻松。应发展个人爱好，培养生活情趣。

（7）学会说三句话。

第一句："算了！"即指对于一个无法改变的事实的最好办法就是接受这个事实。

第二句："不要紧！"即不管发生什么事情，哪怕是天大的事情，也要对自己说："不要紧！"记住，积极乐观的态度是解决任何问题和战胜任何困难的第一步。

第三句："会过去的！"不管雨下得多么大，连续下了多少天也不停，你都要对天会放晴充满信心，因为天不会总是阴的。自然界是这样，生活也是如此。

3. 调适心理压力的食疗

食物不但能满足我们的生理需求，让我们的身体得到能量，也可以帮助我们放松心理压力，调整不良情绪。放松心理压力的食物主要有以下几种。

（1）香蕉。

香蕉是色氨酸（一种必需的氨基酸，是天然安眠药）和维生素 B6 的良好来源，可帮助大脑制造血清素。香蕉所含的生物碱也可以调节情绪和提高信心。

（2）葡萄柚。

葡萄柚含有丰富的维生素 C，在制造多巴胺时，维生素 C 是重要的成分之一。多巴胺是一种神经传导物质，用来帮助细胞传送脉冲信息；多巴胺会影响大脑的运作，传达开心的情绪，恋爱中男女的幸福感，与大脑产生的大量多巴胺有关。

（3）蔬果。

叶酸存在于多种蔬果中，含量较丰富的有芦笋、菠菜、柑橘类、番茄、豆类等，当叶酸的摄取量不足时，会导致脑中的血清素减少，易引起情绪问题，包括失眠、忧郁、焦虑、紧张等。叶酸还能促进骨髓中的幼细胞发育成熟，形成正常形态的红细胞，避免贫血；妇女怀孕期间缺乏叶酸，会影响胎儿神经系统的发育。

（4）全麦面包。

碳水化合物有助于增加血清素，睡前两小时适当摄入含碳水化合物的食物，如蜂蜜全麦吐司，有助眠效果，但不会像药物产生依赖性的副作用，不会上瘾。

（5）深海鱼类。

根据哈佛大学的研究报告，鱼油中的 Omega-3 脂肪酸，与抗忧郁成分有类似作用，可以调节神经传导，增加血清素的分泌量。血清素是一种大脑神经传递物质，与情绪调节有关，如果血清素功能不足、分泌量不够或作用不良时，会有忧郁的现象发生，因此，血清素是制造幸福感的重要来源之一。

4.乐观防御

如何有效地对抗压力？管理专家吴岱妮女士认为快乐就是抵抗压力最好的防御针。"人生以快乐为目的"，她指出卓越的经理人在受到压力或意外打击时，他们相信自己能赢。他们可以将自己的情绪从低潮中解脱出来，重新找回价值信仰和精神力量。乐观防御心理压力，保持良好的身体和心理状态主要有以下几种方法。

（1）充分休息。

不管多忙，每天必须保证8小时的睡眠时间。睡眠对于提高情商、管理压力水平的重要性，再怎么强调也不为过。当你睡觉的时候，大脑在重新休整，整理一天的记忆，进而储存或丢弃其中的某些部分（梦境就是这么产生的）。于是，当你醒来的时候，头脑就会清晰而警觉。一旦睡眠不足或质量不好，你的自控力、注意力和记忆力都会下降。睡眠不足本身就能升高应激激素的水平，即便没有压力源的存在。压力大的项目往往会让你觉得没时间睡觉，但是花一点时间，好好睡一个晚上，往往能够让你精力充沛地将事情置于掌控之下。

（2）调适饮食，禁烟少酒。

酒精和尼古丁只能掩盖压力，不能解除压力。

（3）知足。

花一点时间来思考值得让你感恩的事物，这不仅仅是一项应该做的事情，还能改善你的情绪，因为它能使你体内的应激激素皮质醇减少23%。加州大学戴维斯分校开展的研究表明，每天努力培养感恩心态的人，能够体验到情绪、能量和身体健康的改善。皮质醇水平的降低很可能在其中发挥了主要作用。

（4）使自己具备一定弹性。

工作张弛有度，考虑到让压力时断时续的重要性，我们就很容易知道，工作之余偶尔放松，有助于将压力控制在适度的水平。当你让自己24小时/7天任听差遣时，你就会将自己暴露在压力源的持续攻击之下。逼自己"离线"，甚至"啪"的一声关掉手机，能够让身体摆脱压力源的持续攻击，从而养精蓄锐。研究表明，就算只是空出一段时间不看邮件，也能降低压力水平。技术的进步使人们实现了无间断的沟通，与此同时也形成了对24小时/7天任听差遣的预期。在工作之余享受无压力的时刻已经变得极其困难，因为随时可能有邮件发送到你的手机上，让你骤然改变思维状态，想到（忧心）工作上的事情。如果说，工作日的晚上脱离与工作相关的通信，实在太难做到，那么周末试一试怎么样？选择一些时间段来切断联系，让自己"离线"，你会惊讶地发现，经过这些时间的休息，你整个人会变得神清气爽，可以以全新的状态投入新一周的工作当中。如果你担心这样做会造成负面影响，那就先在不太可能有人联系你的时间段尝试一下——比如周日早晨。等你对此更加放心，而同事也开始接受你"离线"的时间以后，你就可以慢慢地延长自己脱离通信工具的时间。

（5）与自己的伴侣建立良好的关系。

建立良好的关系，有助于维系并深化感情。

（6）拥有几位快乐的朋友。

拥有几位快乐的朋友，其意义不言而喻，快乐的朋友不但可以影响你的情绪，而且在你

不快乐时,可以有倾诉的对象。

（7）开展自己理想的生活方式。

比如适度地进行运动、每年定期休假等。即使只运动10分钟,也能促进机体分泌伽马氨基丁酸（GABA）,这种神经递质具有镇静作用,能够帮助你控制情绪,减少压力,进而改善心情,提高工作效率。

（8）敢于说"不"。

对自己感到难以承受的工作和义务,要敢于拒绝,量力而为。加州大学旧金山分校开展的研究表明,你越难说"不",就越容易感觉到压力、崩溃甚至抑郁。说"不"对于大多数人来说,确实是一大挑战。"不"是一个很有威力的词语,你不应该害怕使用它。在该说"不"的时刻,情商高的人不会说出"我想我可能不太行"或者"我不确定"这样的话。对新的承诺说"不",能够使你专注于兑现已有的承诺,并给自己机会来完成它们。

（9）拒绝沉迷。

打开相册,重温过去的美好时光、回忆曾经拥有的最幸福时刻,做这些事时,注意不要沉迷其中。

（10）不问"万一……怎么办?"

"万一……怎么办?"这句话会给紧张和焦虑的情绪火上浇油。事情可以向一百万个不同的方向发展,你越是花时间担心各种可能性,就越没有时间专注于采取行动让自己冷静下来,将压力置于控制之下。成功人士都知道,提出"万一……怎么办?"这个问题只会让他们陷入自己不想或者原本无须陷入的境地。

四、恒心毅力

（一）恒心毅力的内涵

毅力也叫意志力,是人们为达到预定的目标而自觉克服困难、努力实现的一种意志品质;毅力,是人的一种心理忍耐力,是一个人完成学习、工作、事业的持久力。当它与人的期望、目标结合起来后,它会发挥巨大的作用;毅力是一个人敢不敢自信、会不会专注、是不是果断、能不能自制和可不可忍受挫折的结晶。

（二）恒心毅力的意义

1. 毅力对成功有决定意义

在所有的成功者中,有没有毅力,坚不坚强,起着决定性的作用;而对失败者来说,缺乏毅力几乎是他们共同的毛病。所以毅力极其重要,也很可贵。毅力会帮助你克服恐惧、沮丧和冷漠;会不断地增加你应对、解决各种困难问题的能力;会将偶然的机遇转变为现实;会帮助你实现他人实现不了的理想……因此,古今中外的先贤、哲人、伟人、名人,都对它做出了高度的评价。

2. 毅力是实现理想的桥梁

毅力是实现理想的桥梁,是驶往成才的渡船,是攀上成功的阶梯。通往成功的道路往往是充满荆棘、坎坷不平的,会有许多障碍险阻。有作为的人,无不具有顽强的意志、坚忍不拔的毅力。李时珍写《本草纲目》花费了 27 年,达尔文写《物种起源》用了 15 年,哥白尼写《天体运行论》用了 30 年,歌德写《浮士德》用了 60 年,而郭沫若翻译《浮士德》就用了 30 年,马克思写《资本论》用了 40 年。这些中外巨人的伟大成果无一不是理想、智慧与毅力的结晶。还有一些科学家为坚持真理付出了鲜血与生命。例如赛尔维特发现了血液循环,被宗教徒活活烤了两个小时;布鲁诺提出了宇宙无限、没有中心的思想,被罗马教廷关了 7 年,最后被判火刑。顽强的毅力是他们成为巨人的一个必备的重要条件。

培养顽强的毅力,要从小做起。有位教育家做了一个实验。找来一些孩子,拿来一堆糖果等好吃的东西告诉他们说:"在我离开这里再次回来之前,你们不能吃这些东西,等我回来后才能吃,而且我回来后会给你们更多的糖果。"这位教育家走后,有些孩子耐不住了,就动手吃了这些糖果。这位教育家过后做了一个跟踪调查,凡是当初能克制自己,在这位教育家回来前没有吃糖果的孩子,长大以后发展前途好,事业有成。所以常言有"三岁看大,七岁知一生"的说法。

(三)恒心毅力的培养

恒心毅力是一种心智状态,所以是可以培养训练的。恒心毅力和所有的心态一样,奠基于确切目标,培养恒心毅力的途径有以下几种。

1.强化正确的动机

强烈的动机可以驱使人超越诸多困境。目标坚定,是培养恒心毅力最重要的一步。由灼烧的渴望,支持自己实现确切的目标,使人比较容易有恒心毅力,并坚持到底。人们的行动都是受动机支配的,而动机的萌发则起源于需要的满足。什么也不需要或者说什么也不追求的人,从来没有。人都有各自的需要,也有各自的追求;只是由于人生观的不同,不同的人总是把不同的追求作为自己最大的满足。伟大的目的产生伟大的毅力。从奥斯特洛夫斯基和张海迪身上,我们可以充分地看到,崇高的人生目的如何有力地激发出坚韧的毅力。

2.从小事做起

从小事做起可以锻炼大毅力。李四光向来以工作坚韧、一丝不苟著称,这与他年轻时就锻炼自己每步走 0.8 米这类的小事不无关系。道尔顿平生不畏困难,看来从他 50 年天天观察气象而养成的韧性中受益匪浅。高尔基说:"哪怕是对自己的一点小小的克制,也会使人变得强而有力。"生活一再昭示,人皆可以有毅力,人皆可以锻炼毅力,毅力与克服困难伴生。

克服困难的过程,也就是培养、增强毅力的过程。毅力不是很强的人,往往能克服小困难,而不能克服大困难;但是,积克服小困难之小胜也能使人具有克服大困难之毅力。今天,你或许挑不起一百斤的担子,但你可以挑三十斤,这就行。只要你天天挑,月月练,总有一天,一百斤担子压在你肩上,你能健步如飞。恽代英说得深刻:"立志需用集义功夫。余谓集义者,即在小事中常用奋斗功夫也。在小处不能不犯过失者,其在大处犯过失必矣。小压迫、小引诱即能胜过,在大压迫、大引诱中能否胜过尚为一问题。如小处不能胜过,尚望大处胜过,岂非自欺之甚乎? 胜过小者,再胜过较大者。此所谓集义也。不然集义仍然是一句空话。"

小事情很多,从哪些小事情做起?有的人好睡懒觉,那不妨来个睁眼就起;有的人"今日事,靠明天",那就把"今日事,今日毕"作为座右铭;有的人碰到书就想打瞌睡,那就每天强迫自己读一小时的书,不读完就不睡觉,只要天天强迫自己坐在书本面前,习惯总会形成,毅力也就油然而生。人是需要同自己作对的,因为人有惰性,克服惰性需要毅力。任何惰性都是相通的,任何意志性的行动也是共生的。事物从来相辅相成,此长彼消。从小事情做起就可以培养大毅力,其道理就在其中。

3. 培养兴趣

有人说兴趣是毅力的门槛,培养兴趣能够激发毅力,这话是有道理的。法布尔对昆虫有特殊的爱好,他在树下观察昆虫,可以一趴就是半天。诺贝尔奖获得者丁肇中说:"我经常不分日夜地把自己关在实验室里,有人以为我很苦,其实这只是我的兴趣所在,我感到'其乐无穷'的事情,自然有毅力干下去了。"当然人的兴趣有直观兴趣和内在兴趣之分,但两者是可以转换的。例如:有的人对学外文兴味索然,可他懂得,学好外文是建设四化的需要,对这个需要,他有兴趣,因此他能强迫自己坚持学外文。在学的过程中,对外文的兴趣也就能够渐渐培养起来了,这反过来又能进一步激发他坚持学外文的毅力。一个人一旦对某种事物、某项工作发生内在的稳定的兴趣,那么,令人向往的毅力便会不知不觉来到他身边,也就成为十分自然的事情。

4. 由易入难

由易入难,既可增强信心,又能锻炼毅力。有些人很想把某件事情善始善终地干完,但往往因为事情的难度太大而难以为继。对毅力不太强的人来说,在确定自己的奋斗目标、选择实现这一目标时,一定要坚持从实际出发、由易入难的原则。徐特立同志学法文时,已年过半百,别人都说他学不成,他说:"让我试试看吧。"他知道自己记性差了,工作又忙,所以,开始为自己规定"指标",每天只是记一两个生词。这个计划起步不大,容易实现,看起来慢了一些,但能够培养信心,几个月下来,徐老不但如期完成计划,而且培养了兴趣,树立了信心,又慢慢掌握了学法文的"窍门",以后每天可以记三四个生词了。徐老的做法很有辩证法。要是一开始在没有把握的情况下,就提出过高的指标,不但计划很可能实现不了,信心也必然锐减,纵使平时有些毅力的人,这时也可能打退堂鼓。美国学者米切尔·柯达说过:"以完成一些事情来开始每天的工作是十分重要的,不管这些事情多么微小,它会给人们一种获得成功的感觉。"这种感觉无疑有利于毅力的激发。柯达的话看来对于人们干其他事情也是有启发的。

5. 自立自强

相信自己有能力执行计划,可以鼓舞一个人坚持计划不放弃(自立自强可以根据自我暗示那一原则培养出来)。

6. 计划确切

即使是不太扎实的计划,不够实际的计划,都能鼓励人坚韧不拔,以连贯的行动执行确切的计划。

7. 正确的知识

自己的明智计划是以经验或以观察为根据的,可以鼓励人坚定不移;不知情而光是猜想,则易摧毁恒心毅力。

8. 合作

和他人和谐互助、彼此了解、声息相通,容易助长恒心毅力。和一名以上鼓励自己执行计划追随目标的人建立友好的盟谊关系。

9. 意志力

集中心思,拟构确切目标,可以带给人恒心毅力。

10. 习惯

恒心毅力是习惯的直接产物。人们会吸引滋长心智的日常经验,并且化身为其中的一分子。可以采取强迫自己行动的方法,来对抗恐惧。每个在作战中积极行动过的人都知道这一点。

五、自信乐观

(一)自信乐观的内涵

自信,是指自己相信自己,是发自内心的自我肯定与相信。乐观是一种向阳的人生态度,精神愉快,积极向上,对事物的发展充满信心。

自信是指人对自己的个性心理与社会角色进行的一种积极评价的结果。它是一种有能力或采用某种有效手段完成某项任务、解决某个问题的信念。它是心理健康的重要标志之一,也是一个人取得成功必须具备的一项心理特质。广义地讲,自信本身就是一种积极性,自信就是在自我评价时的积极态度。狭义地讲,自信是与积极密切相关的事情。没有自信的积极,是软弱的、不彻底的、低能的、低效的积极。

(二)自信乐观的重要性

1. 自信是成功的基础

我们重温一下熟知的故事"毛遂自荐"。赵王使平原君求救于楚,平原君约其门下食客文武备具者二十人与之俱,得十九人,余无可取者。毛遂自荐于平原君。平原君曰:"夫贤士之处世也,譬若锥之处囊中,其末立见。今先生处胜之门下三年于此矣,左右未有所称颂,胜未有所闻,是先生无所有也。先生不能,先生留!"毛遂曰:"臣乃今日请处囊中耳!使遂蚤得处囊中,乃脱颖而出,非特其末见而已。"(赵王让平原君去向楚国求救,平原君打算请他门下食客中二十个文武全才的人和他一起去,找到了十九个,剩下的没能选到。毛遂向平原君自我推荐。平原君说:"有才能的人处在世上,好比锥子放在口袋里,那锥子尖立刻就会显露出来。现在先生在我的门下已经三年了,身边的人对您没有什么称道,我也没有听说什么,这表明先生没有什么能耐。先生不行,先生留下吧!"毛遂说:"我不过是今天才请求进入口袋里的呀!假如早让我进入口袋,就连锥子上部的环儿也会露出来,岂止是露出个锥子尖呢!")战国时期,秦国的军队围攻赵国都城邯郸。赵国派平原君到楚国求救,平原君的门下食客毛遂"自荐"并且在出使中建立奇功,终于劝说楚王同意援救赵国,从此流传于后世,后人就用"毛遂自荐"来比喻自告奋勇,自我推荐。

毛遂"自荐"是建立在对自己有信心的基础上。"自荐"需要能力、自信和对国家的一腔热诚。有信心，才能克服眼前困难，看到光明前景。盲目的"自荐"则是行不通的。历史上无数成功的事例和经验证明了自信之于成功的重要，我们也熟知关于自信乐观的很多名言，李白的"长风破浪会有时，直挂云帆济沧海"；毛泽东的"自信人生二百年，会当水击三千里"；还有但丁的"走自己的路，让别人说去吧"；等等。

2. 乐观是成功的积极力量

相信大家都听过半杯水的故事。讲述的是两个人穿越沙漠去另一边的绿洲。天气炎热，喝水量很大。走到一半的时候，一个人发现自己的水壶只剩半壶水，心里有些紧张烦躁。他一边走一边抱怨、诅咒、谩骂；而另一个人则想到自己水壶还剩半壶水，只要他节省点喝，就可以熬过去的。后来，惋惜自己只有半壶水的人没有走出沙漠，而心态好的另一个人则走出了沙漠。美国著名心理学家马丁塞利格曼认为，乐观是一种"迷人"的性格特征。他经过长期的研究及跟踪调查发现，乐观对一个人的成长起着积极的作用，这主要表现在：乐观能使人对生活中的许多困难产生免疫力；乐观能使人的身体更加健康；乐观的人更容易与周围的人保持融洽的关系；乐观的人更容易获得家庭的幸福和事业的成功。

乐观，是一种态度，从容、自信、处变不惊；乐观，是一种人生，既能娱己又能悦人，使人生旅途充满情趣。

（三）自信乐观的培养

1. 挑前面的位子坐

你是否注意到，无论在教室还是在各种聚会场合，后排的座位是怎么先被坐满的吗？大部分占据后排座的人，都希望自己不会"太显眼"。而他们怕受人注目的原因就是缺乏信心。而坐在前面能建立信心。把它当作一个规则试试看，从现在开始，就尽量往前坐。当然，坐前面会比较显眼，但要记住，有关成功的一切都是显眼的。

2. 练习正视别人

一个人的眼神可以透露出许多有关他的信息。某人不正视你的时候，你会直觉地问自己："他想要隐藏什么呢？他怕什么呢？他会对我不利吗？"不正视别人通常意味着：在你旁边我感到很自卑，我感到不如你，我怕你。躲避别人的眼神意味着：我有罪恶感；我做了或想到什么我不希望你知道的事；我怕一接触你的眼神，你就会看穿我，这都是一些不好的信息。正视别人等于告诉你：我很诚实，而且光明正大。我相信我告诉你的话是真的，毫不心虚。

3. 把你走路的速度加快25%

当大卫·史华兹还是少年时，到镇中心去是很大的乐趣。在办完所有的差事坐进汽车后，母亲常常会说："大卫，我们坐一会儿，看看过路行人。"母亲是位绝妙的观察行家。她会说："看那个家伙，你认为他正受到什么困扰呢？"或者"你认为那边的女士要去做什么呢？"或者"看看那个人，他似乎有点迷惘"。观察人们走路实在是一种乐趣。这比看电影便宜得多，也更有启发性。许多心理学家将懒散的姿势、缓慢的步伐跟对自己、对工作以及对别人的不愉快的感受联系在一起。但是心理学家也告诉我们，借着改变姿势与速度，可以改变心理状态。你若仔细观察就会发现，身体的动作是心灵活动的结果。那些遭受打击、被排斥的人,走路都拖拖拉拉,完全没有自信心。普通人有"普通人"走路的模样,做出"我并不怎么以自己为荣"的表白。另一种人则表现出超凡的信心,走起路来比一般人快,像跑。他们的步伐告诉整个世界:"我要到一个重要的地方,去做很重要的事情,更重要的是,我会在15分钟内成功。"使用这种"走快25%"的技术,抬头挺胸走快一点,你就会感到自信心在滋长。

4. 练习当众发言

拿破仑·希尔指出:"有很多思路敏锐、天资高的人,却无法发挥他们的长处参与讨论。并不是他们不想参与,而只是因为他们缺少信心。"在会议中沉默寡言的人都认为:"我的意见可能没有价值,如果说出来,别人可能会觉得很愚蠢,我最好什么也不说。而且,其他人可能都比我懂得多,我并不想让你们知道我是这么无知。"这些人常常会对自己许下很渺茫的诺言:"等下一次再发言。"可是他们很清楚自己是无法实现这个诺言的。每次这些沉默寡言的人不发言时,他就又中了一次缺少信心的毒素了,他会愈来愈丧失自信。从积极的角度来看,如果尽量发言,就会增加信心,下次也更容易发言。所以,要多发言,这是信心的"维他命"。不论是参加什么性质的会议,每次都要主动发言,也许是评论,也许是建议或提问题,无一例外。而且,不要最后才发言,要做破冰船,第一个打破沉默。也不要担心你会显得很愚蠢,不会的,因为总会有人同意你的见解。所以不要再怀疑自己说:"我是否敢说出来。"用心获得会议主席的注意,好让你有机会发言。

5. 咧嘴大笑

大部分人都知道笑能给自己很实际的推动力,它是医治信心不足的良药。但是仍有许多人不相信这一套,因为在他们恐惧时,从不试着笑一下。真正的笑不但能治愈自己的不良情绪,还能马上化解别人的敌对情绪。如果你真诚地向一个人展颜微笑,他实在无法再对你生气。拿破仑·希尔讲了一段自己的亲身经历:"有一天,我的车停在十字路口的红灯前,突然'砰'的一声,原来是后面那辆车的驾驶员的脚滑开刹车器,他的车撞了我车后的保险杠。我从后视镜看到他下来,也跟着下车,准备痛骂他一顿。但是很幸运,我还来不及发作,他就走过来对我笑,并以最诚挚的语调对我说:'朋友,我实在不是有意的。'他的笑容和真诚的说明把我融化了。我只有低声说:'没关系,这种事经常发生。'转眼间,我的敌意变成了友善。"咧嘴大笑,你会觉得美好的日子又来了。笑就要笑得"大",半笑不笑是没有什么用的,要露齿大笑才能有功效。我们常听到:"是的,但是当我害怕或愤怒时,就是不想笑。"当然,这时,任何人都笑不出来。窍门就在于你强迫自己说:"我要开始笑了。"然后再笑。要控制运用笑的能力。

6. 怯场时,不妨道出真情,即能平静下来

内观法是研究心理学的主要方法之一,这是实验心理学之祖威廉·华特所提出的观点。此法就是很冷静地观察自己内心的情况,而后毫无隐瞒地抖出观察结果。如能模仿这种方法,把时时刻刻都在变化的心理秘密,毫不隐瞒地用言语表达出来,那么就没有产生烦恼的余力了。例如,初次到某一个陌生的地方,内心难免会疑惧万分,这时候,不妨将此不安的情绪清楚地用语言表达出来:"我几乎愣住了,我的心忐忑地跳个不停,甚至两眼也发黑,舌尖凝固,喉咙干渴得不能说话。"这样一来,不但可将内心的紧张驱除殆尽,而且也能使心情得到意外的平静。不妨再举一个很实在的例子。有一个位居美国第5名的推销员,当他还不

熟悉这项工作时，有一次，他竟独自会见了美国的汽车大王。结果，他真是胆怯得很，无奈之下，他只好老实地说出来了："很惭愧，我刚看见你时，我害怕得连话也说不出来。"结果，这样反而消除了恐惧感，这要归功于坦白的效果。

7. 如用肯定的语气，则可以消除自卑感

有些女人面对着镜子，当她看到自己的形影或肤色时，忍不住产生某种幸福的感受。相反地，有些女人却被自卑感所困扰。虽然彼此的肤色都很黝黑，但自信的女人会以为："我的皮肤呈小麦色，几乎可跟黑发相媲美。"而她内心一定暗喜不已。可是，一个缺乏自信的女人却因此痛苦不堪地呻吟起来："怎么搞的，我的肤色这么黑。"两种人的心情完全不同。有的女人看见镜子就丧失信心，甚至在一气之下，把镜子摔破。由此可见，价值判断的标准是非常主观而含糊的。只要认为漂亮，看起来就觉得很漂亮，如果认为讨厌，看来看去都觉得不顺眼。尤其关于自卑感的情况，也常常会受到语言的影响，所以说，否定意味的语言，对于一个人的心理健康有百害而无一利。

《物性论》一书的作者是古罗马大诗人卢克莱修，他奉劝天下人要多多称赞肤色黝黑的女人："你的肤色如同胡桃那样迷人。"只要不断地如此赞赏对方，那么，这位女人即使再三对镜梳妆，或明知自己的皮肤黝黑，也会毫不在乎。这样一来，她就能专心于化妆，而且总觉得自己不失为迷人的女性。

总之，运用肯定或否定的措辞，可将同一件事实，产生天壤之别的结果。可见措辞这件事，诚然是任何天才都无法比拟的魔术师。在任何情况之下，只要常用有价值的措辞或叙述法，就可以将同一个事实完全改观，消除自卑感，而令人享受愉快的生活。

8. 自信培养自信

缺乏自信时，如果一直做没有自信的举动，就会越来越没有自信。

缺乏自信时，更应该做些充满自信的举动。缺乏自信时，与其对自己说没有自信，不如告诉自己是很有自信的。为了克服消极、否定的态度，我们应该试着采取积极、肯定的态度，如果自认为不行，身边的事也抛下不管，情况就会渐渐变得如自己所想的一样。

某学生团体，提倡大学生每年选出一位最合乎现代且美丽的大学生，并且举办比赛。以下是那里的工作人员说的。他（她）们到各大学、大街上，看到美丽的人，就把小册子拿给他（她）们看，请他（她）们参加这个比赛。从地方到中央，举办一次又一次各种比赛。然而，大家变得越来越美，简直让人看不出来。那里的工作人员说："大概越来越有自信了吧！"这话完全正确。因为"我要参加这个比赛"的这种积极态度，使这些人显得好美。"我要参加这个比赛"，这种肯定生活的态度产生自信，使这些人显得更美。丹麦有句格言说："即使好运临门，傻瓜也懂得把它请进门。"如果抱着消极、否定的态度，即使好运来敲自己的门，也不会把它请入内。机会来临时，更应该抛开自己消极、否定的态度。运气不仅发自于外，也发自内心，"今天一整天都不说刻薄话"，这些事看起来容易，其实不简单。但是，只要下定决心去做，就做得到。

如果能在声音中表现得有笑容，那么人生就会一天天变得亮丽起来。因为，如果声音带着亲切的笑意，人们就会想和你交谈，然后因为和人接触而有精神起来。电话交谈时，如果用有笑容的声音说话，对方听了舒服，自己也觉得快意。苦着一张脸或者冷言冷语，不仅会让对方不舒服,自己也会不痛快。用言语冲撞对方时,就是在用言语冲撞自己,自己对对方的态度同时也是对自己的态度。我们应该像砌砖块一样一块一块砌起来,堆砌我们对人生积极肯定的态度。即使不能喜欢所有的人,也应该努力多喜欢一个人,喜欢一个人,相对地,也会喜欢自己,然后,也会克服对他人不必要的恐惧。因为,自信会培养自信。一次小成就会为我们带来自信。如果一下就想做伟大、不平凡的事,就会越来越没有自信。

9. 做自己能做的事

做自己做得到的事时,个性会显现出来。重要的是,与其急于恢复自我的形象,不如找出现在可以做的事。知道应该做的事,然后加以实行,就可以从自我的形象中获得解放。总之,要试着记下马上可以做的事,然后加以实践,没有必要非是伟大、不平凡的行动,只要是自己能力所及的事就足够了。因为我们就是想一步登天,所以才找不到事做。"今日事,今日毕",今天可以轻松做完的工作,如果留到第二天,工作就会变得很沉重。如果心想"真烦"而留待第二天,工作就会相对地变重。今天能动手做的事如果拖到第二天,那么那些延迟的工作就会使自己的负担加重。从没遇到有人说:"从明天起我要戒烟。"而把烟戒了的。也从没遇到有人说:"今晚酒喝到此为止!"而把酒戒掉的。以下是一位摄影师的小故事。一次,这位摄影师出席某个聚会。前往酒会的途中,这位摄影师说道:"我戒酒了。"问他:"什么时候开始的?"他回答:"刚才我决定戒掉的。"他把烟、酒都戒掉了。大部分的人都会回答:"待这次酒会过后"或者"这次酒会是最后一次"。"永远"也是一小时一小时累积起来的,因为抽掉一小时,也就没有永远了。试着制作两张卡片:一张写上"Go ahead!"(做吧),另一张写上"待会儿再做"。把这两张卡片随身带着,当自己不太有自信时,抽出其中一张。这时应该抽出写着"Go ahead"那张。我们可以在背面先写上"要有自信",当自己不知道要不要做时,务必抽出这张卡片。因为今天关系着明天,今天可以动手做的事,如果没有动手做,明天再要动手做,就会变得更加困难。

10. 自信才能自立

关于学生自信与自立的品质问题,目前无论是在学校还是在家庭,从小到大都缺少这方面的教育和培养。因此,无论是在学校或在家庭,无论是教师还是家长,对孩子都应该有自信自立的品质教育和培养意识。在社会,需要政府和各部门以及大家的共同努力来实现文明卫生、安定健康的环境;在家庭,则需要父母的良好形象和教育做出积极向上的影响来构建家庭和睦幸福的环境;而在学校,需要的是学校领导、班主任和各科任教老师以教育者的素质来营造求知育人的环境。在这个基础上,对培养学生自信自立的品质,促进孩子认真学习努力做人有着现实的意义。

自信是对自己充分肯定时的心理态度,是战胜困难、取得成功的积极力量。而自立是对自信做出力所能及的不依靠他人劳动或帮助的能力。无论自信与自立有何种关系,发挥何种作用,它都是人们赖以生存的个性品质和自身价值得以实现的至关因素。人总是在自立的基础上建立自信,从竞争的环境中寻找获胜的机会。可见,没有自立作充实基础的自信是盲目的自信,现实中的生活、工作,乃至事业的成就和成功也是茫然的。对于学生,无论是在校学习,还是将来走向社会或参加工作,自信与自立都将伴随其一生,对他们的前程和幸福都起着极其重要的作用。

第九章　解决问题素养

本章将重点介绍认识问题、分析问题、解决问题的内涵、方法及意义,并阐述解决问题的条件及步骤,详尽解析解决问题中的注意事项,同时介绍提高解决问题能力的途径及培养解决问题能力对于人生发展的重要意义。

第一节　认识问题

一、认识问题的内涵

(一)认识的内涵

认识是主体在主观意识的支配下,主动收集客体知识的行为,是认识意识的表现方式。

主体行为的主导和实行者,是有生命的物体。人作为生物主体,具有行为的主观需要和行为的能力,行为是认识主体的日常生活方式。

1. 人是认识的主体

认识分为认识主体和客体。人是具有知、情、意的高级动物,是认识的主体。人在个体主观意识的指挥下,有目的、有计划、有方法地去认识客观事物,经过一系列的思维加工,不仅能认识事物的表面现象,而且运用抽象逻辑思维能深入事物的内部,揭示事物的本质规律,找到事物发展变化的根本原因。认识客体包括认识主体自身。

人的主观意识指挥着认识行为的发生、发展和结束,认识行为是认识意识的具体实践与落实。认识的过程是将认识发生以前制定的认识蓝图从主观变为现实的过程。人借助自身的感觉器官去感知主体接收到的客体,如温度、湿度等,感觉器官将接收到的客体信息通过中枢神经系统传递给大脑,大脑将信息处理之后,形成人对客体的主观认识,并调动身体的相应部位做出反应。

2. 认识主体的主观意识指挥着认识的发展变化

随着时间的推移和认识活动的不断发展,当认识主体意识到阶段性的认识目标已经实现之后,就会发出进入下一个认识阶段的命令,使认识活动不断向前推进。当认识主体意识到这一阶段的认识任务中已经获得了新的经验,就会发出调整认识行为的指令,使认识行为更合理并更有效率,同时主体的认识水平也获得了提升。

3.认识主体的主观意识指挥着认识行为的结束

随着主体认识的不断深入和认识预期目标的全部实现,人的大脑思维组织通过对外在感性材料的分析、加工、处理,运用抽象逻辑思维,产生对相关事物的正确认识之后,便会向认识主体发出停止认识行为的命令。于是,有目的、有计划、有方法的认识行为便结束了。例如,一个人学会了26个英文字母之后,就不会再继续学习了,这项学习任务就结束了,这是在他的大脑思维组织指导之下的行为。

4.认识同思维和实践是既有联系又有区别的具体行为

思维、认识和实践在认识主体的整个心理活动过程中是交替进行的,实践是认识的来源,是认识产生的条件。思维是认识主体对认识客体的加工过程,是实践变成认识的中介和桥梁。实践是在认识指导下进行的,没有认识指导的实践是盲目的、无意义的。

知识往往是在实践、认识、再实践、再认识的过程中产生的,思维在这一过程中发挥了非常重要的作用,如果缺失了思维这一中间环节,实践与认识将无法连接起来,对客观事物本质规律的认识便不会产生。人如果在面对外界客观事物时采取冷漠、无视的态度,对事物不进行任何思考,那么将不会产生新的认识,也就无法获取新的知识。

(二)认识的特点

1.认识具有反复性

从认识的主体来看,人作为认识的主体,在认识客观事物的过程中总会受到自身主观条件的制约。从认识的客体来看,客观事物是不断发展变化的,其本质的暴露和展现也有一个过程。这就决定了人们对一个事物的正确认识往往要经过从实践到认识、再从认识到实践的多次反复才能完成。

2.认识具有无限性

认识的对象是不断变化着的物质世界,世界上的一切事物都处在无限的变化之中,一成不变的事物是不存在的,每天这个世界上都有旧的事物灭亡、新的事物产生。因此,人类的认识将永远处于无限的发展过程中、对客观世界的无限探索过程中、对真理的无限追求过程中。

3.认识具有前进性和曲折性

对事物的认识既受到外在客观条件的制约,又受到认识主体主观条件的限制。客观世界是不断发展变化的,人的主观认识受到认识主体自身知识、经验、生活环境等的影响,不可避免地具有局限性,因此认识主体对事物的认识过程往往并不是一帆风顺的,这期间会经历许多曲折、反复,甚至是停滞不前或陷入认识误区,所以对事物的认识过程具有曲折性。同时,世界上的一切事物都是处在持续的发展变化之中的,不存在一成不变的事物,所以事物的发展是波浪式前进和螺旋式上升的过程。

(三)问题的内涵

问题是指要求认识主体回答或解释的题目,包括需要研究讨论并加以解决的矛盾、疑难,事物的关键和重点,日常生活中的事故或意外,造成差距的因素。例如,某个成年人在工作时注意力很难集中,这就是他迫切需要解决的问题,不然会影响工作效率。

（四）认识问题的内涵

认识问题是指认识主体对需要回答或解释的题目,包括需要研究讨论并加以解决的矛盾、疑难,事物的关键和重点,日常生活中的事故或意外,造成差距的因素等产生的原因、背景因素、问题性质、影响等进行全面深入的分析,为问题的最终解决奠定良好的基础。例如,一个人哭了,当你看到这种状况的时候,首先想到的就是他为什么哭,然后根据哭的原因想办法进行劝解,让这个人停止哭泣。

二、认识问题的方法

（一）矛盾分析法

矛盾分析法是马克思主义方法论之一,包括一分为二地看待问题、普遍性与特殊性相结合、具体问题具体分析、坚持两点论和重要论的统一。矛盾分析法是唯物辩证法的根本方法,对人们正确地认识问题具有重要的指导意义。

（二）理论联系实际法

理论联系实际法,就是运用马克思主义的立场、观点和方法,同中国历史和现实的实际情况相结合,让理论更好地为实践服务。理论联系实际的原则,体现了认识与实践相统一的原则,就是要将学习到的知识与具体实际情况相结合,而不是在遇到了困难时不考虑实际情况将知识生搬硬套。

三、正确认识自我

在对所有问题的认识中,最重要的是对自我的认识,俗话说:"人贵有自知之明。"同时对自我的认识也是最难的。在希腊神庙的柱子上刻着非常著名的一句话"认识你自己"。老子曾经说过:"知人者智,自知者明。胜人者有力,自胜者强。"人的一生中如果能充分地认识自己,那将是一件十分不易和了不起的事,所以说认识自己是每个人一生中都无法回避的课题,认识自我包括认识自己的长处和短处。

（一）明确自身优势

1. 我与生俱来的优点

全面分析自身的优势,发现自己擅长的事物,如家庭条件方面的优势、性格方面的优势、智力方面的优势、父母教育方式方面的优势、天赋方面的优势等,认识到自身的优势之后,要善于运用自身的优势弥补自身的弱势,并进一步强化自身的优势,为将来的职业发展奠定良好的基础。

2. 我后天学会了什么

明确自己经过后天的系统学习掌握了哪些知识与技能;参加过哪些社会实践活动,在实践活动中哪些技能获得了提升;是否担任过班级干部,积累了哪些宝贵的经验;去过哪些地方,增长了哪些方面的阅历等,所有这些对自我素质的提升有哪些帮助,对今后的职业发展有哪些帮助。

(二)发现自身不足

1.与生俱来的性格方面的弱点

"金无足赤,人无完人。"每个人来到这个世界都不是完美的,都有着这样或那样的缺点,性格的某一方面都会存在缺陷。例如:有的人天生就是急性子,做事总是很急躁;有的人天生就是慢性子,做事总是不紧不慢的;有的人天生性格比较内向,不善于言辞;有的人天生就性格比较外向,活泼好动。这些性格弱点是人无法避免的,这个世界本来就是多元的,我们必须正视性格弱点,尽量减少它们对我们日常生活的不利影响。

2.后天经历所欠缺的方面

每个人的生长环境和成长经历是不同的,有些人生长环境相对优越,有些人生长环境相对较差;有些人成长体验丰富,阅历较广,有些人成长体验贫乏,阅历较窄;有些人成长中没有经历过风浪,有些人成长中经历过很多挫折。其中有些是家庭环境决定的,无法改变,有些是后天环境决定的,可以改变。正如一个人没办法选择出身,但可以选择自己的人生道路,所以,先天环境的不足可以通过后天的努力去弥补。

四、认识自我的意义

(一)激发自身的潜在能量

人有部分能量是不容易被自己察觉到的,需要全面地认识、分析自我之后才能被感知到,不去全面、客观地认识自己,充分发挥个人的主观能动性,就不会知道自己到底能成长到什么程度,这部分潜在能量一旦被激发出来,将有益于自我的成长与发展。

(二)明确人生的努力方向

人只有全面地认识自我之后,发现自身的长处和兴趣爱好,将自身的优势和兴趣、社会需要相结合,才能明确自身的努力方向,给自己进行正确定位,做适合自己的事情,发挥自身的最大潜能,更快、更好地成长起来。

第二节 分析问题

一、分析问题的内涵

(一)分析的内涵

分析就是将特定认识对象分为各个部分、方面和层次,并对各个因素分别进行细致深入解析的思维认知活动。分析问题产生的深层次原因，找到解决问题的正确方法。分析是一种科学的思维活动，要在掌握大量经验材料的基础上，从表面现象入手进行深度分析，经过"去粗取精、去伪存真、由此及彼、由表及里"，从对事物的感性认识上升为理性认识，揭示事物的本质规律。

1. 人是分析的主体

分析包括分析主体与客体。人是具有知、情、意的高级动物，是分析的主体。人在自身主观意识的指导下，按照既定的认识目标和方案，主动地去分析客观事物，运用一系列的分析方法，把事物按照一定的标准分解为各个因素，经过理性思维加工，深入事物的内部，揭示事物的本质规律，解析出事物发展变化的根本原因，找到解决问题的正确方法。分析客体包括客观世界中的一切事物，也包括分析主体自身。

人作为分析的主体，自身的主观意识指挥着分析行为的发生、发展和结束。分析行为是认识目标实现的途径，分析的过程是对选择的分析方法具体运用于实践的检验，是问题顺利解决的必经环节。离开了主体的人，分析活动就会失去思维载体，分析活动将无法正常进行。

2. 分析主体的主观意识指挥着分析的发展变化

随着实践的发展和分析活动的不断深入，当分析主体感知到阶段性的分析成果时，在充实自身分析经验的同时，还会发出调整分析行为指令，使分析行为更加理性并更具效率性，主体的分析能力将获得一定的提升。当分析主体意识到按照认识计划，阶段性的分析目标已经实现之后，就会发出进入更深层次分析的指令，使分析活动不断向前发展。

3. 分析主体的主观意识指挥着分析行为的结束

随着主体分析的不断深入和分析预期目标的全部实现，大脑思维组织通过对感知组织获得的全部知识的分析处理，发现已经找到了问题产生的根本原因，揭示出了事物的本质，分析主体主观上就会发出停止分析行为的意向和命令，这样，在分析主体主观意识指挥下的分析行为就结束了。例如，一个人通过全面深入的分析，知道了自己考试失败的原因，这项分析任务就结束了，这是在他的主观意识指导之下的行为。

4. 分析是主体揭示客体本质规律的思维活动

主体在分析客体的过程中，会收集、整理客体的相关材料，了解客体的各个方面，尽可能全面地掌握客体的相关情况，经过分析主体的思维加工，从感性认识上升为理性认识，这时分析客体的本质规律便被揭示出来了。分析主体通过对客体的分析和处理，会发现问题产生的根本原因，并寻求解决问题的方式、方法，这也是揭示客体本质规律的过程。规律的发现是分析主体主动行为的结果，同时客体对分析主体的刺激只有在主体对客体感兴趣的情况下才能发挥作用，再经过一系列的思维加工过程，才能揭示事物发展的本质规律。例如，一个小孩对学习奥数一点兴趣都没有，甚至一听奥数两个字就反感，无论家长再怎么逼迫孩子学奥数都没有意义，因为外在的刺激只有在分析主体对它关注、感兴趣的条件下才能发挥作用。

（二）分析能力

分析能力是指将问题整体分解为各个部分，并对问题的各个部分和不同的特征进行深入细致的分析与比较,对问题的各个部分进行选择性的取舍,通过理性思维对问题的前因后果进行分析的能力等。分析能力受到遗传因素的影响,但后天的思维训练对分析能力也有很大的影响。面对同一个难题,分析能力较强的人往往能轻而易举地解决,而分析能力较差的人一般经过反复思索也不得其解,不知如何应对。

(三)分析问题的意向

1.拥有分析问题的意向

在社会生活过程中,人们都会遇到一些问题,这些问题既有自然科学方面的,也有社会实践和心理方面的。如果我们想有效地解决这些问题,我们首先要拥有分析问题的意向,即对发生的问题进行科学的理论分析,做出正确合理的决策,采取有效的措施。拥有分析问题的意向和决策,我们才不会毫无章法地分析问题,才能对问题有更好、更有效的分析。

2.拥有足够的、能反映问题全貌的真实信息

在我们分析问题时,一方面,一定要掌握关于问题的丰富信息,了解问题的基本情况,这样才能进一步解决所发生的问题;另一方面,掌握的信息内容一定要真实、准确,由于我们获取信息的渠道各有不同,一定要对接收的信息进行核查、验证,以保证信息的可靠性、可利用性,便于对发生的问题更好地剖析。

3.拥有扎实的基本理论知识

在分析问题时,必须拥有扎实的基本理论,这样我们才有能力对问题进行全面、深入的分析。但是,随着社会的进步、科学技术的发展,我们面对的问题也是多种多样、复杂多变的,所以需要我们掌握多方面的理论知识,把我们自身拥有的理论知识进行整理、融合,才会更好地分析发生的问题。

4.拥有一定的实践经验

在分析问题时,具有一定的实践经验是必不可少的条件之一,在社会实践中我们可以见识许多,学到许多。事态是瞬息万变的,我们不应只知基本理论,实践经验也是不可缺的。书本上的知识和理论,是对前人知识的总结和升华,放在当前可能会有局限性,而实践经验是从书本上无法学到的。基本理论是我们分析问题的基础,拥有的实践经验是我们分析问题的辅助,两者相辅相成,才能全面、高效地把问题分析好。

(四)分析问题的步骤

1.发现问题

要善于发现问题,就要仔细观察身边发生的各种现象,因为现象是发现问题的先导。要做一个热爱生活、勤于观察、乐于观察的人,仔细留意发生在身边的各种现象,从现象入手发现问题。

2.收集发生问题的相关信息

要想正确地分析问题,就要尽可能收集和该问题相关的资料,全面了解问题的背景及来龙去脉。在收集大量资料的基础上进行思维加工,去伪存真,还原事物的本来面目。

3. 分析问题发生的过程

问题的发生是有一定过程的,过程中的每一个环节对问题都有着这样或那样的影响,对问题变化的每一个环节进行逐一分解、深入剖析,将有利于问题的顺利解决。

4. 估计判断问题发生的原因

掌握了问题发展的相关资料,了解了问题产生的过程,知道了问题产生的来龙去脉,结合自身的知识储备和以往的实践经验,经过理性思维,判断问题产生的真正原因。

5. 确定采取解决问题的措施

一把钥匙开一把锁,每个问题都有一个对应的最合适有效的解决方法,要在多个方法当中选择最优的方式,即根据问题产生的本质原因确定解决该问题的具体方法。

6. 验证问题分析的结果

实践是检验真理的唯一标准。问题分析完之后,要通过实践对问题分析正确与否、是否采用了最有效的问题分析方法进行检验,对问题分析的结果进行检验。

(五)分析问题的方法

1. 因素分析法

一个问题的产生往往是由多种内外因素引起的,应该从引起问题的内因和外因两个方面来分析问题。内因包括个体的主观努力程度、方式方法、知识和实践经验等,外因包括家庭因素、社会因素、教育因素、自然因素,分析找出引发该问题的真正因素。

2. 过程分析法

问题的出现有着它的产生和发展的过程,过程分析法就是对问题产生的整个过程进行梳理,对问题变化的每个阶段进行逐一分析,分析问题产生的质变环节。

3. 原理分析法

某些现象发生时都有一定的原理在背后,例如,苹果从书上掉落会朝着地面的方向,而不会飞向天空,原因是地球是有引力的,也就是牛顿发现的万有引力定律,所以事情发生之后要学会分析它产生的真正原理是什么。

4. 对比分析法

对比分析法也叫比较分析法,是通过将实际发生的事情与理想条件下事情的状态进行对比,来揭示实际情况与理想情况之间的差异,借以了解事情发展过程中存在哪些问题的一种分析方法。

5. 综合分析法

综合分析法是根据事情发生的具体情况,综合运用以上两种或两种以上的分析方法。

(六)分析问题的注意事项

1. 只停留在表面现象,不做深入分析

某个问题出现时,如果仅从问题的表面来看,没有深入地了解,就做出判断并妄下结论,采取措施,很快就会发现问题产生的原因并不是人看见的那么简单,从问题的表面现象出发,问题不一定能被解决。引发某种问题的原因往往有很多种,有些原因是显而易见的,通过简单观察就能做出判断；有些原因则需要运用多种方法将问题分解为多个方面进行系统分析，在厘清每个要素之间的相互关系之前，不能轻易做出判断。

2.只看局部，以偏概全

整体有部分，众多的部分构成整体，整体居于主导地位，统率着部分，整体和部分密不可分，为此我们要树立全局观念，立足全局。局部是全局的部分，不能代表全局。单一的局部分析，只见树木、不见森林是片面的，是以偏概全的。对待问题我们应该全面调查，综合分析，最终得到一个严谨的结论。而看问题只从某个角度出发，没有全方位考虑问题就得出结论，这种对待问题的方式很难发现问题的本质，有时甚至得出和问题的本质相反的结果，结果缺少真实性、准确性及说服力。同时，这种看问题的方式是完全不值得赞同的，会将我们的思维引向错误的方向，只有全面分析，才能透彻地认识。

二、正确分析自我

（一）充分认识自我

人生是一个不断变化发展的过程，随着时间的流逝，我们的思想也在不断地改变，这就需要我们不断地对自己进行分析和审视，需要我们在生活中不断地探索和反思。应该充分地认识自我，分析自己的性格，了解自己的脾气秉性，掌握自己的情绪，分析自己的特长和缺点，并准确评估自己的能力。通过分析自我，给自己一个明确的定位。

（二）明确自身的优缺点

要通过客观地分析，明确自己的优点和缺点，优点继续保持，缺点在实践中不断改正，并且要正视自身的不足，用全面发展的眼光看待自己。同时也可通过他人对自己的描述来分析了解自己，对待他人的建议态度要诚恳，尊重他人对自己的评价，并将他人对自己的建议进行客观的分析，不能盲从，也不能忽视，要根据自己的生活阅历和理性的分析去辨别。

（三）确立积极的人生目标

要想树立正确的人生目标，首先要正确地分析自己。分析自己的兴趣爱好，根据自己的兴趣和能力设置不同阶段的人生目标，并且不断努力充实自己，在实现人生目标的实践中不断地认清自己、完善自己，以倒推的方式来确立每个阶段要完成的任务，最终实现人生总目标。

三、分析自我的意义

（一）分析自我的意义

分析自我是对自己进行深入、细致、理性的分析，可以使我们深化对自己的认识，提升自我察觉能力。通过分析自己的性格、气质、兴趣特点，准确评估自己的能力水平，提升自我认知能力。

（二）提升自我调节与控制能力

我们必须用发展的眼光看待自己，正确分析自我，及时发现自己的问题，并且通过自己的努力，弥补自身的不足，改正自己的缺点。通过学习充实完善自己，同时不断从社会实践中汲取经验，改善我们的人际交往、社会关系，获得更多的社会资源，从而提升自我调节与控制能力。

（三）清晰定位人生方向

随着年龄的增长，丰富的实践经验会使我们不断更新、完善对自己的认识，人生目标也会越来越清晰。随着思想的进一步成熟，会更加理性地分析自己、理解自己，找准人生方向，并最大限度地开发和挖掘自己的潜力，做自己人生的主人。

第三节　解决问题

一、解决问题的内涵及特点

（一）解决问题的内涵

解决问题是由一定的情境引发的，是指在个体主观意识的指导下，按照一定的既定目标，综合分析相关背景资料，运用各种解决问题的方法，经过一系列的思维操作，使问题得以解决的过程。例如，爱迪生发明灯泡的故事，故事中关于灯泡的已知条件和最终想要达到的结果构成了解决问题的情境，而要达到最终的结果，必须应用已知条件进行一系列的认知操作，操作成功，问题便得到解决。爱迪生在实验室里面不断地进行各种材料的试验，经过了很多次的失败，最终发现钨丝是做灯泡的绝佳材料，发出的光十分明亮，又不易烧断，适合长期使用。

（二）解决问题的特点

1. 问题情境性

生活中经常会出现问题情境，这种问题情境让我们感到困惑又不能用经验直接解决。问题总是由相应的情境引起的，这种外在的情境性会引发我们对问题进行思索的兴趣，同时运用各种思维策略，采取各种措施去脱离这种情境，解决问题的过程就是问题情境消失的过程。当一个问题解决之后，再遇到同类情境时，我们就不会感到困惑。

2. 目标指引性

问题的解决是在一定的目标的指引下进行的，通过问题的解决达到相应的目标。简单的问题有时通过直觉与猜测即可解决，复杂的问题则需经过深入细致的分析与推理，还可以通过联想与想象等思维过程加以解决,但所有问题的解决都是在一定目标的指引下完成的。

3. 操作顺序性

解决问题是出于一系列心理操作相互配合完成的,这是一种有顺序系统性的操作。顺序一旦出现错误,问题就无法顺利解决。当然,采用不同的方法和途径解决同一问题时会呈现出不同的顺序。

4. 认知参与性

解决问题的过程中离不开认知活动的参与。解决问题时人的知、情、意一同参与过程。其中,认知成分在问题的解决中占有非常重要的位置,可以说是解决问题的前提条件,离开正确认知的参与,问题将无法解决。

二、解决问题的条件及步骤

(一)解决问题的条件

1. 主观解决问题的意向

在日常生活中,我们会遇到许多问题,在问题出现时我们要有主观上希望解决问题的意向,有积极的心态,带着足够的热情去解决。同时我们也要有刻苦钻研的精神,查阅关于问题的相关资料,收集相关素材,把收集到的信息进行整理加工,并进行认真严谨的分析,找到解决问题的突破点,这样我们才能更顺利地把问题解决好。

2. 质量兼具并能反映问题全貌的信息

在解决问题时,我们会收集到关于问题的一些信息,这些信息既要有质,也要有量。质是指对于获取的信息要保证其真实性、可靠性,量是指要收集到关于问题的大量信息,通过信息的资源整合,能更全面、更直接地反映问题的本质,这样我们才能更好地解决问题。

3. 扎实的基本理论知识

问题的顺利解决,拥有扎实的基本理论知识是必不可少的条件之一。因为在解决问题的过程中需要相关的知识来帮助我们进行问题的分析,需要一些科学有效的方法来帮助我们进行问题的解决。自身拥有的理论知识越丰富,对问题的分析就会越透彻,而正确地分析问题又是顺利地解决问题的前提,所以问题就越容易解决。但是,随着社会发展的多元化,科学技术发展水平的不断提高,新问题、复杂问题层出不穷,如果一味不假思考地用以往的理论知识去解决问题,难免会犯教条主义的错误,这就需要我们不断地与时俱进,掌握多方面的理论知识来应对,这样才能把问题解决好。

4. 一定的实践经验

在解决问题时,一定的实践经验是帮助我们解决问题不可或缺的重要因素,因为理论知识更多的是帮助我们有效地分析问题,但解决问题是一个实践操作的过程,离不开实践经验的指导。社会实践能开阔我们的眼界,增加解决问题的思路。世界上的事物是在不断地发展变化的,如果我们总是用以往的经验来生搬硬套,将会犯经验主义错误,不利于问题的顺利解决。所以,我们要多参加社会实践,增强实践能力,在遇到问题时要能更灵活地应对,做到具体问题具体分析,也能让我们更好、更高效地解决问题。

（二）解决问题的步骤

1. 发现问题

要善于发现问题，我们就要仔细观察身边发生的各种现象，因为现象是发现问题的先导。要做一个热爱生活、乐于观察、勤于思考的人，仔细留意发生在我们身边的各种现象，从现象入手去发现问题。

2. 分析问题

要想正确地解决问题，就要综合运用各种分析方法将问题分解为各个部分，全面分析问题的来龙去脉，明确问题的主要矛盾。在收集的大量感性资料的基础上进行理性思维加工，去伪存真，还原事物的本来面目。

3. 提出假设

在全面分析该问题的基础上，提出解决问题的假设，即可采用的解决方案。一个问题的解决方式有时并不是单一的，而是有多种方法，这时我们可以通过比较的方式选出最佳的解决方案。

4. 检验假设

实践是检验真理的唯一标准，假设只是对问题提出一种可能的解决方案，问题最终是否能被解决，还得放在实践中去接受检验。通过实践的检验，如果获得了预期的效果，则可以继续进行下一项检验；如果未获得预期结果，则还需要再提出假设并进行检验，直至达到预期效果，解决问题的任务才算完成。

三、解决问题中的注意事项

（一）一切从实践出发，理论联系实际

解决问题要从客观实际出发，考虑问题、办事情要尊重物质运动的客观规律，以事实为出发点，这就要求我们在解决问题的过程中，做到主观符合客观，根据客观事实来决定我们的行动，并在实践中将我们的理论知识与客观实际相结合，不断地分析问题、解决问题。同时，在解决问题之前还要开展全面深入的调查研究，具体问题具体分析，全面认识客观实际，并且把握事情发展的方向及变动，从而掌握实时的真实情况。然后，根据客观存在的真相去思考解决办法，充分发挥我们的主观能动性，提出我们的意见，坚持以联系的、全面的、发展的观点看问题，最终将问题顺利解决。

（二）立足整体，认真分析

整体在事物中居主导地位，统率着部分，具有部分不具备的功能，我们在看问题时要树立全局观念，立足整体，统筹全局。分析问题的方法多种多样，我们要立足整体加以分析，站在全局的高度分析问题的不同空间分布，了解它的各个组成部分，并且认真分析问题发展的各个阶段，把复杂的问题简单化，变整体为部分，化难为易，实现整体的最优目标。

（三）端正态度，平和心态

人生的道路曲折漫长，我们会遇到许许多多的困难，无论怎样，我们都要相信前途是光明的。树立正确的挫折观，不断学习充实自己，直面人生中的各种挑战。实践的一切都是相对的，顺境与逆境会随着自身的选择而不断改变。对待逆境，我们要端正态度，积极面对，寻求正确的解决方法，不断地挑战自我、战胜自我。挫折既是一种不良的境遇，也是一股能激发人潜力的力量，它可以增强人的斗志，催人进取，激发创造力，磨炼人的性格和意志。挫折也会在一定程度上使人冷静，让人进行反思。面对困难，良好的心理品质也必不可少。良好的心理品质会使人在面对挫折时迸发出不一样的力量，也会增强人们对挫折的耐受性，让人们冷静面对，理性思考，善于化压力为动力，保持积极、乐观的生活态度。我们要能容忍挫折，学会自我宽慰，心怀坦荡、情绪乐观、发奋图强、满怀信心去争取成功。

四、提高解决问题能力的途径

（一）充实自身的知识储备

解决问题能力的形成离不开后天的学习，强大的办事能力离不开日积月累的知识沉淀。在日常生活中，我们要加强对各种理论知识的学习，树立终身学习的目标，根据自己的目标和兴趣，学习自己想学且需要学习的内容，扩充自己的知识量，完善自己的知识结构，提升自己解决问题的能力。

（二）积极参与社会实践锻炼

知识来源于实践，实践出真知，解决问题能力的形成也离不开后天的实践锻炼。青年大学生是社会实践的中坚力量，通过参加社会实践活动，体验社会、了解社会、了解国情，可以丰富在校大学生的社会阅历，更好地把自身所学的理论知识和社会实践相结合，提高知识的实际运用能力。同时，通过实践经历，大学生可以开阔视野、增长见识、积累经验，从而在实践中锻炼自己，不断完善自己，调整自己的处事方法，树立正确的问题观，增强解决问题的能力，正确进行自我定位和合理的职业生涯规划。

五、解决问题能力对于人生发展的意义

（一）实现自我价值

实现自我价值是每一个人的人生追求，要实现自我价值，就必须学会面对各种问题、解决各种问题，融入社会。在实践中遇到形形色色的问题，运用我们的聪明才智去解决它，从而实现自己的价值。同时，我们要树立正确的人生价值观，保持健康向上的精神状态和奋斗精神，把握方向，积极创新，坚持不懈地在奋斗过程中实现人生的价值。

（二）为社会贡献力量

衡量人的社会价值的标准是个体对他人和社会所作的贡献，而个人在实现社会价值的过程中并不是一路坦途的，会遇到很多问题，这就需要我们不断提高解决问题的能力。面对困难我们要有坚定的信念和意志，碰到挫折时我们要调整好心态，面对困难不退缩，以坚韧不拔的毅力，不断超越自我，奉献自我，把问题解决好，为社会的发展贡献一份力量。

第十章　团队合作素养

　　大学阶段是大学生由学校进入社会的重要过渡阶段,大学生的团队合作精神如何,直接关系到学生个人的成长。不同于群体,团体从形成到结束往往要经历不同的发展变化阶段。准确的团队角色定位,是团队建设的重要砝码。大学生平时要注重培养团队合作意识、增强团队合作能力,努力使自己成为高效团队的成员,从而积极适应社会发展和国家建设的需要,充分实现个人价值,赢得完美人生。

第一节　了解团队

一、团队的内涵

　　团队是由基层和管理层人员组成的一个共同体,它合理利用每一个成员的知识和技能来协同工作,解决问题,达到共同的目标。

　　1994 年,斯蒂芬·罗宾斯首次提出了"团队"的概念:为了实现某一目标而由相互协作的个体所组成的正式群体。在随后的十年里,关于"团队合作"的理念风靡全球。当团队合作是出于自觉和自愿时,它必将产生一股强大而且持久的力量。

　　团队和群体有着一些根本性的区别,群体可以向团队过渡。

二、团队的分类与特点

(一)分类

一般根据团队存在的目的和拥有自主权的大小,将团队分为以下几种类型。

1.问题解决型团队

问题解决型团队是指团队成员就如何改进工作程序、方法等问题交换看法,对如何提高生产效率等问题提出建议。它的工作核心是为了提高生产质量,提高生产效率,改善企业工作环境等。如我国国有企业的生产车间、班组等,都是问题解决型团队,是团队建设的一种初级形式。

2.自我管理型团队

自我管理型团队也称自我指导团队,它保留了工作团队的基本性质,但运行模式具有自我管理、自我负责、自我领导的特征。这种团队通常由 10~15 人组成,其责任范围广,决定工作分配、步骤、作息等,这类团队的周期较长、自主权较大。比如,一条生产线上的员工,就组成了最基本的自我管理团队,由组长负责管理这个团队。

3. 多功能型团队

多功能型团队由来自不同领域、不同层面的员工组成,成员之间交换信息、激发新的观点、解决所面临的重大问题,诸如任务突击、技术攻坚、突发事件处理等。这类团队工作范围广、跨度大、团队周期不确定。这类团队在一些大型的企业组织中比较多,比如,麦当劳就有一个危机管理团队,由来自营运、训练、采购、政府关系部等部门的一些资深人员组成,重点负责应对突发的重大危机。

4. 职能型团队

职能型团队是指由一个管理者及来自特定职能领域的若干下属组成的团队,通常团队成员为同一个职能部门的同事。在传统意义上,一个职能团队就是组织中的一个部门,比如,公司的财务分析部门、人力资源部门和销售部门,每个团队都要通过员工的联合活动来达到特定目的。

(二)特点

(1)团队以目标为导向。

(2)团队以协作为基础。

(3)团队需要共同的规范和方法。

(4)团队成员在技术或技能上形成互补。

三、团队的构成要素

团队的构成要素总结为 5P,分别为目标(Purpose)、人(People)、定位(Place)、权限(Power)、计划(Plan)。

(一)目标

团队应该有一个既定的目标,为团队成员导航,知道要向何处去,没有目标,这个团队就没有存在的价值。

我们所在的组织可以说是一个大团队,因为我们有共同的使命、愿景和目标。同时,组织内部又可以划分为若干小团队,包括常设团队(职能部门)和临时团队(项目部、公关小组)。组织的大目标可以分解成小目标,小团队的目标必须跟组织的目标一致,小团队的目标还可以具体分解到各个团队成员身上,大家合力实现这个共同的目标。同时,目标还应该有效地向大众传播,让团队内外的成员都知道这些目标,有时甚至可以把目标贴在团队成员的办公桌上、会议室里,以此激励所有的人为这个目标去工作。

(二)人

人是构成团队最核心的力量。两个以上的人就可以构成团队。

目标是通过人员具体实现的,所以人员的选择是团队中非常重要的一个部分。在一个团队中需要有人订计划,有人出主意,有人实施,有人协调,还要有人去监督评价工作进展与业绩表现。不同的人通过分工来共同完成团队的目标,所以在人员选择方面要考虑团队的要求如何、人员的能力如何、技能是否互补、人员的经验如何、性格搭配是否和谐等因素。组建团队时,选择团队领导是重中之重。俗语说得好:"兵熊熊一个,将熊熊一家。"看《亮剑》中的李云龙,硬是把一支杂牌军打造成能征善战的精锐之师。也有纸上谈兵的赵括,长平之战葬送40万军队,使赵国一蹶不振,直到灭亡。

(三)定位

定位包含两层意思:一是团队的定位,团队在组织中处于什么位置,由谁选择和决定团队的成员,团队最终应对谁负责,团队采取什么方式激励下属等;二是个体的定位,作为成员在团队中扮演什么角色,是订计划还是具体实施或评估等。

(四)权限

团队当中领导人的权限大小跟团队的发展阶段相关,一般来说,团队越成熟,领导者所拥有的权限相应越小,在团队发展的初期阶段,领导者的权限相对比较集中。在确定团队权限时,要考虑组织规模、团队数量、业务类型,以决定授予何种权限及多大权限等。

团队权限关系的两个方面:

(1)整个团队在组织中拥有什么样的决定权? 比如财务决定权、人事决定权、信息决定权。

(2)组织的基本特征,比如组织的规模多大、团队的数量是否足够多、组织对于团队的授权有多大、它的业务是什么类型等。

(五)计划

计划有两个层面的含义:

(1)目标最终的实现,需要一系列具体的行动方案,可以把计划理解成实现目标的具体工作的程序。

(2)提前按计划进行,可以保证团队的顺利进度。只有在有计划的操作下团队才会一步一步地贴近目标,最终实现目标。

第二节　融入团队

一、融入团队的意义

(一)融入团队才能获得安全感和归属感

融入团队,我们会感到更强大、更自信,可以减轻"孤立无援"时的不安全感,也多了应对

外来威胁的抵抗力,进而得到安全感和归属感。

(二)融入团队才能获得指导和支持

每个人都有自己的优点,同时,也有着自身的不足,虽说勤能补拙,然而,要求每个人都做到这一点,却不是那么容易的事情。团队中人才多,且团队一般都会安排以老带新,优秀团队更是有新员工培训计划,对新员工在日常工作、经验传授等方面进行全方位的培训,新员工在各方面获得指导、支持,进步更快。

(三)融入团队才能实现个人价值的最大化

团队成就个体。在这个世界上,任何一个人的力量都是渺小的。想成为卓越的人,仅凭自己的孤军奋战、单打独斗,是不可能成气候的。你必须融入团队,必须借助团队的力量。只有融入团队,只有与团队一起奋斗,充分发挥个人的作用,你才能实现个人价值的最大化,才能成就自己的卓越!

(四)融入团队才能实现团队力量的强大

个体组成团队。俗话说:"三个臭皮匠,赛过诸葛亮。""人多力量大。""一根筷子容易弯,十根筷子折不断。"这就是团队力量的直观表现。在一个团队里,如果每个人都能够充分发挥自己的优势,那么,这个团队将是无比强大的。正如一首军歌里所唱:这力量是铁,这力量是钢……

二、掌握融入团队的途径

(一)主动了解团队文化

首先,就是文化认同。初入团队,最难适应的就是每个团队独特的团队文化。但要想在团队立足,你必须理解、认可、传播团队文化。只有你认可了团队的文化理念,快乐工作,自我价值的实现才会变成可能。

其次,决定加入哪个团队,除了考虑团队提供的薪水能否满足自己的要求外,最重要的还是看团队的整体氛围好不好,项目有没有可持续发展的前景,团队的核心领导有没有较强的人格魅力,团队提供的岗位和你自身的优势资源能不能有效对接。用四个"跟"来概括:跟自己的感觉走,跟品牌的理想走,跟团队的文化走,跟老板(核心领导)的魅力走。适应和从内心接受了团队的文化,你就为自己的工作打下了一个良好的心态基础,为自己的坚持和不放弃找到了理由,这样你才可能做到先升值,再升职;先有为,后有位。

(二)主动了解团队目标

每个团队都有一个既定的目标来为团队成员导航,不同的人通过分工来共同完成团队的目标。作为团队的一名成员,我们要了解团队的目标,了解自己应该完成的小目标,跟大家合力实现这个共同的团队目标。

（三）主动了解团队成员

人是构成团队最核心的力量,两个(包含两个)以上的人就可以构成团队。目标是通过人员具体实现的,所以了解团队成员非常重要。

团队中不同的人有不同的分工,有人出主意,有人订计划,有人实施,有人协调不同的人一起去工作,还有人去监督团队工作的进展,评价团队最终的贡献。了解团队成员的能力、技能、经验等,我们一定要和优秀者合作,一定要争取靠近优秀者,水涨船高,有助于帮助自己为团队做出努力,为实现团队目标贡献自己的聪明才智,同时实现自己的职业理想。

（四）主动学习,勤于工作

初入团队,太多的东西需要了解和学习。制度流程、岗位职责、团队文化、产品知识、销售政策、网络渠道、网络营销、工作方法、礼仪知识等,太多的东西需要我们在最短的时间内熟知和了解。学习的途径和方法除了团队正常的培训外,更多的应该是员工用心去自学领悟和掌握,当然向老员工和前辈请教也是一条捷径。互联网学习是最好的老师,掌握和熟练运用互联网是员工必须具备的一项技能,这不仅对现在的工作有用,对未来的人生也至关重要!

（五）主动沟通

初入团队,进入一个陌生的环境,失落和焦躁情绪是任何人都无法避免的。通过沟通、熟悉工作岗位,让自己投入工作状态中,尽快建立人际关系网。沟通无疑是我们进入团队必须习惯的事。如果我们一味地将自己封闭起来,沉默于自己的"一亩三分地",拒绝和同事沟通交流,结果可想而知,你会被拒之于这个团队之外,沦为"孤家寡人"。

（六）主动完成岗位工作

初入公司,一个主动积极的工作态度很重要,要主动参加团队活动、主动完成岗位工作。先不要问自己会做什么,而是要问问自己现在能做什么! 我们工作生活在一个开放性的环境中,创造性的工作是我们一贯倡导的工作方法,主动无疑是推进剂,凡事如果都要领导来安排,那么,我们已经失去了工作的意义。

（七）建立本人的人际网络

你知道普通人才与顶尖人才的真正区别在哪里吗? 你可能会毫不犹疑地回答:是才能,那你就错了。哈佛大学商学院曾经做过一个调查发现:在事业有成的人士中,26%的靠工作能力,5%的靠关系,而人际关系好的占了69%。建立本人的人际网络,才能更好地融入团队,为团队奉献。

要想成为出类拔萃的顶尖人才,不仅要提升你的才能,更重要的是拓展你的人际关系,提升你的人际竞争力,只有这样,你才会锋芒毕露,取得自己和团队事业的成功。丰富的人际资源可使工作愈加得心应手。一个人在人际关系上的优势,就是人际竞争力。哈佛大学为了解交际能力在一个人取得成就的过程中起着怎样的作用,曾针对贝尔实验室顶尖研究员做过调查。他们发现,被大家认同的专业人才,其专业能力往往不是重点,关键在于"顶尖人才会采取不同的交际策略,这些人会多花工夫与那些在关键时刻可能对本人有协助的人培养良好的关系,在面临问题危机时便容易化险为夷"。他们还发现,当一名表现平平的实验员遇到棘手问题时,会去请教专家,却往往因没有回音而白白浪费工夫;顶尖人才则很少碰到这种情况,由于他们在平时就建立了丰富的资源网,一旦前往请教,立刻便能得到答案。

第三节　团队合作

一、团队合作的内涵

团队合作是一种为达既定目标所显现出来的自愿合作和协同努力的精神。它可以调动团队成员的所有资源和才智,并且能够自动减少不和谐、不公正的现象,同时会给予那些诚心、大公无私的奉献者适当的回报。如果团队合作是出于自觉自愿,它必将会产生一股强大且持久的力量。

团队合作的重要性:
（1）可以打造一个具有较强凝聚力的工作队伍;
（2）可以为团队成员提供一个较好的学习平台;
（3）可以营造一个相对和谐的工作环境;
（4）可以有效地提高工作效率。

二、团队合作的基本要素

良好的团队合作包括四个基本要素:共同的目标、组织协调各类关系、明确制度规范管理与称职的团队领导。

（一）共同的目标

共同的目标是形成团队精神的核心动力,是建立良好团队合作的基础。因此,建立团队合作的首要要素,就是确立共同的愿景与目的。目标是一个有意识地选择并能被表达出来的方向,要能够运用团队成员的才能促进组织的发展,使团队成员有一种成就感。但是由于团队成员的需求、思想、价值观等因素的不同,要想团队的每个成员都完全认同目标,也是不易的。

（二）组织协调各类关系

关系包括正式关系与非正式关系。例如,上级与下级,这是正式关系;他们两人恰好是同乡,这就是非正式关系。组织协调各类关系,则是要通过协调、沟通、安抚、调整、启发、教育等方法,让团队成员从生疏到熟悉、从戒备到融洽、从排斥到接纳、从怀疑到信任,团队中各类关系越稳定、越值得信赖,团队的内耗就越少,整个团队的效能就越大。

(三)明确制度规范管理

团队中如果缺乏制度规范就会引起各种不同的问题。如果人事安排没有相应的制度,工作小事没有明确的流程,奖惩没有规范,不仅会造成困扰、混乱,也会引起团队成员间的猜测、不信任。所以,要制订合理、规范的制度流程,把各项工作纳入制度化、规范化管理的轨道,并且使团队成员认同制度,遵守规范。

(四)称职的团队领导

团队领导的作用,在于运用自己调动资源的权力,调动团队成员的积极性,在团队成员的共同努力下实现工作目标。因此,团队领导要运用各种方式,以促使团队目标趋于一致、建立良好的团队关系及树立团队规范。团队领导在团队管理过程中,对有些不好把握、认识不清的问题,最有效的方法就是进行换位思考,把自己置身于被管理者的角度去感受成员的所思、所感、所需,将他人的需求和特性作为出发点,制订相应的管理办法和制度规范。

三、促进团队合作的基础

(一)信任

信任是团队合作的基础,没有信任就没有合作。团队是一个相互协作的群体,它需要团队成员之间建立相互信任的关系。而团队间的信任感比较特殊,它是以人性脆弱为基础的信任,这就意味着团队成员需要平和、冷静、自然地接受自己的不足和弱点,转而认可、借助他人的长处。尽管这对团队成员是个不小的挑战,但为了实现整个团队的目标,成员们必须要做到这种信任。

(二)良性冲突

冲突是团队合作中不可避免的阻碍,它是由于团队成员间对同一事物持有不同态度与处理方法而产生的矛盾、某种程度的争执。

团队管理者有时会为冲突担忧:一是怕丧失对团队的控制,让某些成员受到伤害;二是怕冲突会浪费时间。其实,良性的团队冲突是提升团队绩效不可或缺的因素之一,在冲突过程中,坦率、激烈的沟通和不同观点的碰撞,可以让团队拓展思路并避免群体思维,进而通过对不同意见的权衡斟酌,提高决策的质量,增强团队的创造力和生命力。同时,团队成员也能在良性冲突的沟通过程中充分交换信息,还能有更为清晰的目标认知及实现路径。

(三)坚定的领导决策

团队是个有机的整体,离不开成员间的相互协作与信任。但"鸟无头不飞",在团队合作时,更重要的是有坚定的领导决策,有团队领导为团队指明方向、进行决策。决策的过程实际上是对诸多处理方案或方法的提出与选择,在这个过程中,面对各种影响决策的因素,团队领导则需要依靠自身的经验、思维等对它们进行筛选和运用,另外团队领导还需要广泛听取团队成员的各种建议,兼收并蓄、博采众长,从而进行决策,为团队引领方向。

(四)彼此负责

有效的团队合作是自然而主动的合作,团队成员不需要太多的外界提醒,就能全力地进行工作。团队成员了解既定的团队目标,清楚自身的角色定位,在合作过程中,彼此提醒注意那些无益于团队既定目标实现的行为和活动。因此,促进团队合作很重要的一个基础就是团队成员间能够彼此负责、协作出力、共同完成目标。

四、团队成员应具备的基本素质

一个优秀的团队离不开每个成员的努力,如果每个成员都能从大局出发,严格要求自己,多从其他成员的角度考虑问题,在团队合作中能尊重同伴、互相欣赏、宽容待人,那么一个优秀的团队就形成了。

(一)尊重同伴

尊重没有高低之分、地位之差和资历之别,尊重只是团队成员在交往时的一种平等的态度。平等待人、有礼有节,既尊重他人,又尽量保持自我个性,这是团队合作能力之一。团队是由不同的人组成的,每一个团队成员首先是一个追求自我发展和自我实现的个人,然后才是一个从事工作、有着职业分工的职业人。虽然团队中的每一个人都有着在一定的生长环境、教育环境、工作环境中逐渐形成的与他人不同的自身价值观,但他们每个人不论其资历深浅、能力强弱,也都同样渴望被尊重,都有一种被尊重的需要。

尊重,意味着尊重他人的个性和人格、尊重他人的兴趣和爱好、尊重他人的感觉和需求、尊重他人的态度和意见、尊重他人的权利和义务及尊重他人的成就和发展。尊重,还意味着不要求别人做自己不愿意做或没有做过的事情。当自己不能加班时,也没有权力要求其他团队成员继续"作战"。

尊重,还意味着尊重团队成员有跟你不一样的优先考虑,或许你喜欢工作到半夜,但其他团队成员也许有更好的安排。只有团队中的每一个成员都尊重彼此的意见和观点、尊重彼此的技术和能力、尊重彼此对团队的全部贡献,这个团队才会得到最大的发展,而这个团队中的成员也才会赢得最大的成功。尊重能为一个团队营造出和谐融洽的气氛,使团队资源形成最大程度的共享。

(二)互相欣赏

学会欣赏、懂得欣赏。很多时候,同处于一个团队中的工作伙伴常常会乱设"敌人",尤其是大家因某事而分出了高低时,落在后面的人的心里很容易就会酸溜溜的。所以,每个人都要先把心态摆正,用客观的目光去看看"假想敌"到底有没有长处,哪怕是一点点比自己好的地方都是值得学习的。欣赏同一个团队的每一个成员,就是在为团队增加助力,改掉自身的缺点,就是在消灭团队的弱点。欣赏就是主动去寻找团队成员,尤其是你的"敌人"的积极品质,然后,向他学习这些品质,并努力克服和改正自身的缺点和消极品质。这是培养团队合作能力的第一步。"三人行,必有我师焉。"每一个人身上都会有闪光点,都值得我们去挖掘并学习。要想成功地融入团队之中,就要善于发现每个工作伙伴的优点,这是走近他们身边、走进他们之中的第一步。适度的谦虚并不会让你失去自信,只会让你正视自己的短处、看到他人的长处,从而赢得众人的喜爱。每个人都可能会觉得自己在某个方面比其他人强,但你更应该将自己的注意力放在他人的强项上,因为团队中的任何一位成员,都可能是某个领域的专家。因此,你必须保持足够的谦虚,这样会促使你在团队中不断进步,并真正看清自己的肤浅、缺点和无知。

总之,团队的效率在于成员之间配合的默契,而这种默契来自团队成员的互相欣赏和熟悉——欣赏长处、熟悉短处,最主要的是扬长避短。

(三)宽容待人

美国人崇尚团队精神,而宽容正是他们最推崇的一种合作基础,因为他们清楚这是一种真正的以退为进的团队策略。雨果曾经说过:"世界上最宽阔的是海洋,比海洋更宽阔的是天空,而比天空更宽阔的则是人的心灵。"这句话无论何时何地都是适用的,即使是在角逐竞技的职场上,宽容仍是能让你尽快融入团队之中的捷径。宽容是团队合作中最好的润滑剂,它能消除分歧和战争,使团队成员能够互敬互重、彼此包容、和谐相处,从而安心工作、体会到合作的快乐。试想一下,如果你冲别人大发雷霆,即使过错在对方,谁也不能保证他不以同样的态度来回敬你。这样一来,矛盾自然也就不可避免了。

相反,你如果能够以宽容的胸襟包容同事的错误,驱散弥漫在你们之间的火药味,相信你们的合作关系将更上一层楼。团队成员间的相互宽容,是指容纳各自的差异性和独特性,以及适当程度的包容,但并不是指无限制地纵容,一个成功的团队,只会允许宽容存在,不会让纵容有机可乘。

宽容,并不代表软弱。在团队合作中它体现出的是一种坚强的精神,是一种以退为进的团队战术,为的是整个团队的大发展,同时也为个人奠定了有利的提升基础。首先,团队成员要有较强的相容度,即要求其能够宽厚容忍、心胸宽广、忍耐力强。其次,要注意将心比心,即应尽量站在别人的立场上,衡量别人的意见、建议和感受,反思自己的态度和方法。

五、团队合作的原则

(一)平等友善

与同事相处的第一原则便是平等。不管你是资深的老员工,还是新进的员工,都需要平等对待他人,无论是心存自大或心存自卑都是同事相处的大忌。同事之间相处具有相近性、长期性、固定性的特点,彼此都有较全面、深刻的了解。要特别注意的是,真诚相待才可以赢得同事的信任。信任是联结同事间友谊的纽带,真诚是同事间相处共事的基础。即使你各方面都很优秀,你认为自己以一个人的力量就能解决眼前的工作,也不要显得太张狂。以后

你并不一定能完成一切工作，还是要平等友善地对待同事。

（二）善于交流

同在一个办公室里工作，你与同事之间会存在某些差异，知识、能力、经历的差异造成你们在对待和处理工作时，产生不同的想法。交流是协调的开始，把自己的想法说出来，同时听对方的想法。你要经常说这样一句话："你看这事该怎么办，我想听听你的看法。"

（三）谦虚谨慎

法国哲学家罗西法古曾说过："如果你要得到仇人，就表现得比你的朋友优越；如果你要得到朋友，就要让你的朋友表现得比你优越。"当我们让朋友表现得比我们还优越时，他们就会有一种被肯定的感觉；但是当我们表现得比他们还优越时，他们就会产生一种自卑感，甚至对我们产生敌视情绪，因为谁都会不自觉地强烈维护着自己的形象和尊严。所以，要学会谦虚谨慎，只有这样，我们才会受到别人的欢迎。为此，卡耐基曾有过一番妙论："你有什么可以值得炫耀的吗？你知道是什么原因使你成为白痴？其实不是什么了不起的东西，只不过是你甲状腺中的碘而已，价值并不高，才五分钱。如果别人割开你颈部的甲状腺，取出一点点的碘，你就变成一个白痴了。在药房中五分钱就可以买到这些碘，这就是使你没有住在疯人院的东西——价值五分钱的东西，有什么好谈的呢？"

（四）化解矛盾

一般而言，与同事有点小摩擦、小隔阂，是很正常的事。但千万不要把这种"小不快"演变成"大对立"，甚至形成敌对关系。对别人的行动和成就表示真正的关心，是一种表达尊重与欣赏的方式，也是化敌为友的纽带。

（五）接受批评

如果同事对你的错误大加抨击，即使带有强烈的感情色彩，也不要与之争论不休，而是从积极方面来理解他的抨击。这样，不但对你改正错误有帮助，也避免了语言敌对场面的出现。

（六）具有创造能力

培养自己的创造能力，不要安于现状，试着发掘自己的潜力。一个有不凡表现的人除了能保持与人合作，还需要有人乐意与你合作。

总之，作为一名员工应该注重个人的思想感情、学识修养、道德品质、处世态度、举止风度，做到坦诚而不轻率、谨慎而不拘泥、活泼而不轻浮、豪爽而不粗俗，这样就一定可以和其他同事融洽相处，提高自己团队作战的能力。承担责任看似简单，但实施起来却很困难。领导要纠正自己的伙伴做出的损害团队的行为不是一件容易的事情。但是，如果有清晰的团队目标，有损这些目标的行为就能够轻易地被纠正。

六、使自己成为团队中最受欢迎的人

要想成为优秀团队的优秀人物,就要成为团队中最受欢迎的人。怎样使自己成为团队中最受欢迎的人呢?

(一)出于真心,主动关心帮助别人

一个人可以去拒绝别人的销售、拒绝别人的领导,却无法拒绝别人对他出于真心的关心。大多数人都在期望别人对自己的关心,所以你要能做到别人做不到的事情,如果别人不肯去关心其他人,那你就要付出更多去关心他们。每一个职场人士都希望与同事融洽相处,团结互助。因为人们深知,同事是和自己朝夕相处的人,彼此和睦融洽,工作气氛好,工作效率自然也就会更好。反之,同事关系紧张、相互拆台、发生摩擦,正常工作和生活不但会受到影响,就连事业发展也会受到阻碍。

(二)要谈论别人感兴趣的话题

每个人一生中都在寻找一种感觉,这种感觉是什么呢? 就是重要感。在和别人沟通的时候,你是一直不断地在讲还是认真地在听别人讲呢? 如果你认真地在听别人讲,同时你又问一些别人感兴趣的话题,别人就会对你非常有好感,因为人们都喜欢谈论自己。如果你愿意拿出时间来关心他人,谈论他人感兴趣的话题,愿意了解他人所讲的他非常感兴趣的话题,那你一定会成为一个非常受欢迎的人。

如何让自己成为一个受团队欢迎的人呢? 这就要你去了解别人的兴趣所在,并且同别人去沟通他最感兴趣的话题。两个人之间总会有共同之处,比如,谈及什么样的城市去旅游时,他会说到自己喜欢的城市,你可以跟他讨论那个城市,因为那是他最感兴趣的话题。当你跟他沟通这样的话题的时候,他感受到了你对他的关切,就会变得非常喜欢你。

(三)赞美你周围的同事

赞美被称为语言的钻石,每个人一生都在寻找重要感,所以人们都希望得到别人的赞美。人们希望获得很大的成长和成就感,如果团队能为成员提供空间,使他们很好地获得成就感,大多数情况下团员都会留在团队,而且全力以赴,认真地为之付出。

不断地赞美、支持、鼓励周围的朋友和同事是使自己成为团队中受欢迎的人的有效办法。每一个人都有优点和独特性,所以要找到每个人独特的优点去赞美他。比如,一个成员取得了一些绩效,当你希望这种绩效再一次被延伸的时候,就要去赞美他,然后这种结果就会再一次地发生,受赞美的行为也会持续不断地出现。如果有一个销售人员刚刚签了一个很大的合同,团队当中的每一个成员都应去赞美他、都应该认为他是团队当中的英雄,因为只有当他受到了这种赞美和鼓励,下一次才会愿意采取同样的行为,为这个团队付出。

1. 不要批评,要提醒

团队成员可以去提醒别人而不是批评别人。比如说你觉得他哪里不够好,可以说我想提醒你一下,你哪里还可以更好,因为你是非常有潜质的,所以我才拿出时间来跟你沟通,你

介意吗？他当然会说我不会介意。这个时候你就可以开始去关心他。

如果真的一定要批评他呢，就不妨采取三明治批评法。你可以用积极正面来引导消极负面的东西，然后采取积极正面的行动，就能达到积极正面的结果。

2.不要总提意见，要多提建议

意见是一种对现实的不满，可能会带有一点点抱怨。建议也是一种不满，但它是将不满转化为可以达到满意结果的过程。当你养成一个提建议而不是提意见的习惯的时候，你会发现，团队当中的人都愿意提出更多的建议，这种建议对团队帮助是非常大的。

3.不要抱怨，要采取行动

抱怨不会解决任何问题，只有采取行动，才会产生结果。不要抱怨任何一个结果，因为抱怨会让这个结果在团队被放大，使每一个人都注意到这种事实，然后影响到每一个人的心情。同时，受抱怨影响最大的是自己，越抱怨，情绪越不好，情绪越不好，产生的绩效也越不好。

（四）对别人的成就感到高兴，并真心地予以祝贺

如果真心地祝福获得财富的人，你也会慢慢地获得财富。如果你忌妒别人或者说你为别人取得成就而感到不舒服，那是因为你的心胸不够宽广。如果你的心胸宽广，你会为别人取得的成就而感到高兴，并且替他祝贺，因为你是个对自己非常有自信的人。做一个能够为别人取得成就而祝福的人，你就会取得跟他一样的成就。

（五）激发别人的梦想

人最重要的一种能力就是使别人拥有能力，所以人际关系当中最重要的就是敢于去激发别人的梦想。当你激发了别人的梦想，别人通过你的激发和鼓励取得成就时，他就会衷心地感谢你。每一个人都期望别人给他十足的动力，帮他做出人生的决定，所以你要去激发别人，使他产生梦想，让他拥有应该拥有的"企图心"和上进心，激发他去取得最想要的结果。

第四节　团队精神

一、团队精神的内涵

所谓团队精神，就是大局意识、协作精神和服务精神的集中体现，简单地说，就是一种集体意识，是团队所有成员都认可的一种集体意识。团队精神的基础是尊重个人的兴趣和成就，核心是协同合作，最高境界是全体成员的向心力、凝聚力，反映的是个体利益和整体利益的统一，并进而保证组织的高效运转。

团队精神的核心是无私的奉献精神，是自动担当的意识，是与人和谐相处、充分沟通、交流意见的智慧。它不是简单地与人说话、与人共同做事，而是不计个人利益，注重团队全体

利益的奉献精神。

团队精神的形成并不要求团队成员牺牲自我,相反,挥洒个性、表现特长保证了成员能够共同完成任务目标,而明确的协作意愿和协作方式则产生了真正的内心动力。

团队精神是团队文化的一部分,良好的管理可以通过合适的团队形态将每个人安排至合适的岗位,充分发挥集体的潜能。如果没有正确的管理文化,没有良好的从业心态和奉献精神,就不会有团队精神。

二、团队精神的作用

(一)目标导向

团队精神能够使团队成员齐心协力,拧成一股绳,朝着一个目标努力。对团队的个人来说,团队要达到的目标就是自己必须努力的方向,从而使团队的整体目标分解成各个小目标,在每个队员身上都得到落实。

(二)凝聚力

任何组织群体都需要一种凝聚力,传统的管理方法是通过组织系统自上而下的行政指令,淡化了个人感情和社会心理等方面的需求,团队精神则通过对群体意识的培养,通过队员在长期的实践中形成的习惯、信仰、动机、兴趣、爱好等文化心理,来沟通人的思想,引导人们产生共同的使命感、归属感和认同感,逐渐强化团队精神,产生一种强大的凝聚力。

(三)促进激励

团队精神要靠每一个成员自觉地向团队中最优秀的员工看齐,通过成员之间正常的竞争达到督促和提醒的目的。这种激励不是单纯停留在物质的基础上,而是要能得到团队的认可,获得团队中其他成员的认可。

(四)约束规范

在团队里,不仅成员的个体行为需要控制,群体行为也需要协调。团队精神所产生的控制功能,是通过团队内部所形成的一种观念的力量、氛围的影响,约束、规范、监管团队的个体行为。这种控制不是自上而下的硬性强制力量,而是由硬性控制转向软性内化控制;由控制个人行为,转向控制个人的意识;由控制个人的短期行为,转向对其价值观和长期目标的控制。因此,这种控制更为持久且更有意义,而且容易深入人心。

三、培养团队精神的重要性

(一)团队精神是进入团队的重要考核标准

几乎所有公司在招聘新人时,都非常留意人才的团队合作精神,他们认为一个人能否和别人相处与协作,要比他个人的能力重要得多。

（二）团队精神直接关系到个人的工作业绩和团队的业绩

一个没有团队精神的人，即便个人工作干得再好，也无济于事。由于在这个讲究合作的年代，真正优秀的员工不只要有超人的能力、骄人的业绩，更要具备团队精神，为团队全体业绩的提升做出贡献。一个人的成功是建立在团队成功的基础上的，只有团队的绩效获得了提升，个人才会得到嘉奖。

（三）团队精神决定个人能否自我超越、达到完美

认清团队精神，完成自我超越。个人不可能完美，但团队可以。在知识经济时代，竞争已不再是单独的个体之间的斗争，而是团队与团队的竞争、组织与组织的竞争，任何困难的克服和波折的平复，都不能仅凭一个人的英勇和力量，而必须依托整个团队。对每个人来讲，你做得再好，团队垮了，你也是失败者。21世纪最成功的生存法则，就是抱团打天下，必须有团队精神。所以作为团队的一员，只有把个人融入整个团队之中，凭借整个团队的力量，才能把个人所不能完成的棘手的问题处理好。明智且能获得成功的捷径就是充分利用团队的力量。

有位专家指出："如今年轻人在职场中普遍表现出的自大与自傲，使他们在融入工作环境方面表现得缓慢和困难。这是由于他们缺乏团队合作精神，项目都是本人做，不愿和同事同想办法，每个人都会做出不同的结果，最后对公司一点用也没有，而那些人也不可能做出好的成绩来。"

（四）团队精神能推动团队运作和发展

在团队精神的指引下，团队成员产生了互相关心、互相帮助的交互行为，显示出关心团队的主人翁责任感，并努力自觉地维护团队的集体荣誉，自觉地以团队的整体荣誉感来约束自己的行为，从而使团队精神成为公司自由而全面发展的动力。

（五）团队精神能培养成员之间的亲和力

一个具有团队精神的团队，有利于激发成员工作的主动性，由此而形成集体意识、共同的价值观、高涨的士气、团结友爱的氛围，团队成员才会自愿地将自己的聪明才智贡献给团队，与其他成员积极主动沟通，同时也使自己得到更全面的发展。

（六）团队精神有利于提高组织整体效能

通过发扬团队精神，加强建设团队精神，能进一步节省内耗。如果总是把时间花在怎样界定责任、应该找谁处理这些问题上，让客户、员工团团转，这样就会减少企业成员的亲和力，损伤企业的凝聚力。

四、培养提升团队精神的途径

（一）培养勇于奉献的精神

具备团队精神，首先就要检视本人的灵魂，只有高尚的、无私的、乐于奉献的、勇于担当

的灵魂,才可能具备这种优点。

最能表现团队精神真正内涵的莫过于登山运动。在登山的过程中,登山运动员之间都以绳索相连,假如其中一个人失足了,其他队员就会全力援救。否则,整个团队便无法继续前进。但当队员绞尽脑汁,试了一切的办法仍不能使失足的队员脱险的时候,就只有割断绳索,因为只有这样,才能保住其他队员的性命。而此时,被割断绳索的常常是那名失足的队员。这就是团队精神。

(二)培养大局意识

培养以实现团队目标为己任的主动性和大局意识。团队精神尊重每个成员的兴趣和成就,要求团队的每一个成员,都以提高自身素质和实现团队目标为己任。团队精神的核心是合作协同,目的是最大限度地发挥团队的潜在能量。新一代的优秀员工必须树立以大局为重的全局观念,不斤斤计较个人利益和局部利益,将个人的追求融入团队的总体目标中去,从自发地服从到自觉地执行,最终完成团队的整体效益。

(三)培养团队角色意识

与人合作的前提是找准本人的地位,扮演好本人的角色,这样才能保证团队工作的顺利进行。若站错位置,乱干工作,不但不会推进团队的工作进程,还会使整个团队坠入混乱。要想创造并维持高绩效,员工能否扮演好本人的角色是关键,也是根本,有时它甚至比专业知识更为重要。

(四)培养宽容与合作的品质

团队成员应该时常反思自己的缺点。比如,自己是否对人冷漠,或者言辞锋利。团队工作需要成员之间不断地进行互动和交流,如果你固执己见,总与别人有分歧,你的努力就得不到其他成员的理解和支持,这时,即便你的能力出类拔萃,也无法促使团队创造出更高的业绩。如果你认识到了这些缺点,不妨经过交流,坦诚地讲出来,承认缺点,让大家共同协助你改进。培养宽容与合作的品质,不必担心别人的嘲笑,你得到的只会是理解和协助。

(五)培养虚心请教的素质

向专业人士请教本人不懂的问题是一种非常宝贵的素质,它可以提升我们的能力,拓展我们的知识面,使我们的工作能力变得更强,更重要的是,请教别人还有利于我们获得良好的人际关系。由于每个人都有做重要人物的冲动,请求同事帮忙,对你很重要,而且也能为你博得友谊和合作。

有时,我们并未自动请教,别人也会对我们的工作发表一些建议。千万不要对这种建议产生反感,不管建议是对是错,我们都要真诚地向对方道谢,并客观地评价这些建议。这些建议通常都极其有价值,可以为我们提供一个崭新的工作思绪或为我们开辟出一段崭新的职业生涯。

团队精神是一种精神力量,是一种信念,是一个团队不可或缺的精神灵魂。它反映团队成员的士气,是团队所有成员价值观与理想信念的基石,是凝聚团队力量、促进团队进步的内在力量。

(六)忌个人英雄主义

个人英雄主义是团队合作的大敌。如果你从不承认团队对自己有协助,即便接受过协助也认为这是团队的义务,你就必须抛弃这一愚笨的态度,否则只会使自己的事业受阻。

第十一章　实践执行素养

第一节　信守承诺

一、信守承诺是做人的根本

信守承诺是做人的根本,是成为卓越员工的关键,如果一个人不能信守承诺,一切都等于零。任何承诺都是严肃的,它不仅是一种对对方的约定,也是人格的标签。有承诺必兑现的人必定有优秀的品质、伟大的人格,当然,这样的人也就会具有领导力和影响力,因而也能成就一番伟大的事业。

一个人许下诺言容易,它往往不用费力气,但要履行自己的诺言,却要比许诺时难上一千倍,只有那些遵守诺言的人,才会受到人们的尊重。

二、在承诺面前没有任何借口

在美国西点军校,有一个广为传诵的悠久传统,学员遇到军官问话时,只能有四种回答:"报告长官,是。""报告长官,不是。""报告长官,不知道。""报告长官,没有任何借口。"除此之外,不能多说一个字。"没有任何借口"是美国西点军校两百年来奉行的最重要的行为准则,它强调的是每一位学员想尽办法去完成任何一项任务,而不是为没有完成任务寻找借口,哪怕是看似合理的借口。秉承这一理念,无数西点毕业生在人生的各个领域取得了非凡成就。

对于就职于同一公司的员工来说,为什么做着同样的工作,有的人扶摇直上,有的人却每况愈下、生活越发窘迫呢? 其实,任何一件事情的发生都有其原因和结果,得到升迁的员工,一定做了与别人不一样的事情。优秀的员工永远是找方法,只有普通的员工才找借口。美国巴顿将军说:"要想打胜仗,我必须挑选不找任何借口去完成任务的人。"同样,要想成就一番事业,我们必须挑选不找任何借口去完成任务的人。作为职场中人,要想在职场中实现自己的梦想,我们必须成为一个不找任何借口的人。

工作中常常可以看到这样一种情形:有的人并不是全身心地投入工作中,一旦工作任务不能按时完成,就精心编造一些似是而非的理由,寻找种种借口应付上司。有时候,那些既符合情理又符合逻辑的理由的确也能得到上司的谅解,可是工作毕竟没有完成啊!

员工有三种：一种是只完成岗位职责范围内的工作的人；一种是没有完成职责范围内的工作的人；一种是超额完成职责范围内的工作的人。显然，这三种员工中最后一种员工最受老板青睐，职场结果也最好。

老板真正需要的是那种能准确掌握自己的指令，并且主动发挥自身的智慧和才干，把工作做得比预期还要好的人。不停地问一些愚蠢的问题，不断找出各种各样的借口来推脱，敷衍了事、马马虎虎、讲价钱、讲条件、拖拉、抱怨、漫不经心、投机取巧……这些现象暴露了一小部分人内心世界中阴暗和不健康的一面，说穿了，所有的借口及托词都是幌子，这些人根本就没打算把事情做好。

优秀的员工在任何时候都不需要强制或命令，不需要监督和提醒。无论老板在与不在，他们都能勤奋努力地工作，自觉履行职责；接到任务时，他们从来不找借口，只是说"好，我马上去做"或"放心，我一定尽全力去做"，在工作过程中遇到困难时，他们绝不灰心丧气、半途而废，而是坚持把事情做完、做好；他们主动做事，自觉思考，并常常延伸工作的性质，有所发现和创新——这就是自动、自发。

对于爱找借口的人来说，完不成工作任务的原因通常是：

（1）客观条件有限，通过想办法创造条件是可能完成任务的，但他没有去创造条件，因此没有完成任务。

（2）他实际上没有到岗到位，因此没有完成任务。

（3）他虽然到岗到位了，但是懒懒散散，身在曹营心在汉，因而工作效率低下，导致任务没有完成。

不论是哪一种情形，归根结底就是没有完成工作任务，向上司交不了差，因此只有找借口来应付上司。他们以为有了借口，就可以得到上司的原谅，自己就可以心安理得了。其实，不管找到的借口多么冠冕堂皇，工作任务没有完成，总是一件令人不愉快的事，借口永远是借口，再美丽的借口也还是借口。

一次两次找借口，上司和同事可能还会相信，但是如果每次都找借口，那就是自毁前程。你的上司和同事总有一天会发现真相，这样，你就会失去上司和同事对你的信任，而一个不能获得上司和同事信任的人，是很难有所发展的。与找借口相比，更重要的是找到解决问题的办法。习惯于找方法的人，只看重结果，从不畏惧困难，最后总能得到超乎想象的回报。

实践证明，找办法的人比找借口的人聪明，虽然找办法的人比找借口的人辛苦，但由于找办法的人总能出色地解决问题，总能出色地完成上司交给他的工作任务，久而久之，他给上司和同事留下的印象就是："这个人靠得住！"一个领导和同事都认为靠得住的人，他的前程自然光辉灿烂。

三、敢于承担是承诺的开始

在遇到困难的时候，一个主动承担责任的员工会让同事万分感激，也让老板钦佩不已。换句话表述，就是一个人承担的责任有多大，他的价值就有多大。

在企业里，只有勇于承担责任的员工才会得到老板的信任和重用。勇于承担责任是证明自己最好的方式，它不仅向社会证明了自己存在的价值，还向老板和同事证明了自己很出色。

四、承诺了就要立即行动

有位哲人说:"不要做思想的巨人,行动的矮子!""要少说话多做事。"要做说话的矮子,行动的巨人。古今中外,空谈误国误事的例子举不胜举,可见行动无论对于哪一个人来说都是非常重要的。

拿破仑也曾说:"先投入战斗,然后再见分晓。"两军对峙,分不出胜负,也解决不了问题,更无法让战争平息,只有投入战斗,在战场上拼杀,才能分出胜负,然后成者王,败者寇。

此时此刻,如果你有什么想法需要变成现实,请立即行动!如果你觉得自己有很多地方需要改变,请立即改变!要相信自己有能力把自己的梦想变成现实,相信自己有能力变得更优秀,相信自己是最棒的!

自强不息的人处境会越来越好,自愿放弃的人处境会越来越差。自信心强的人,做什么事情都敢于往前冲;自信心弱的人则正好相反。自信心强的人不断获得新的成功,自信心差的人则经常失败。

行动促使潜能的发展,行动越多,潜能就发挥得越多,当你不断地行动时,蕴藏在你内心深处的潜能就会像石油一样汩汩而出。潜能的发挥锻炼了你的能力,增强了你的自信,因此必然又带来更大的行动。这就是行动中的"马太效应"。

拿破仑·希尔认为,每一个行动前面都有另一个行动,这是亘古不变的自然原理。如果你每天都想着做什么,而不付诸实际行动,那只能是空想,永远也不会成功。可见,光说光想不行动,是永远达不到目的的。

所以,我们在工作中一定要说到做到,如果你想完成一项计划时,就要立即行动起来。现在做,马上就做,是一切成功人士必备的品格。

五、企业要积极倡导承诺文化

对于企业来讲,积极倡导承诺文化至关重要。承诺是杜绝借口的最重要的武器,打造承诺文化对企业至关重要。一个企业拥有承诺文化,每个人说到做到,每个人都言行一致,这个企业才能真正拿到结果。如果这个企业没有承诺文化,每个人言行不一致,每个人不为自己的行为负责,这个企业是没有执行力的,也就不会有好的结果,企业所有伟大的梦想都等于零。

企业如何打造承诺文化?要打造良好的承诺文化,有三个关键的方面:

(一)凡事都要做书面或公众的承诺

承诺必须考虑到两个方面:做到了有什么好处?做不到有什么坏处?好处就是奖励,坏处就是惩罚。奖励一定是下属想要的,否则就没有动力。惩罚一定要是他所害怕的,这样他才能往好的方面努力,以便摆脱不良后果。只有这样奖罚清楚,才可以使员工工作得更好。每个人都是趋利避害的,如果能想办法让员工和企业达成共识,把公司业绩目标转成他个人目标,他才有更大的动力工作。

（二）只要承诺，就一定要兑现

要想打造执行文化，首先要说到做到，这也必须考虑到两个方面：奖励要在第一时间兑现，惩罚在预期中兑现。如果你没有兑现自己的承诺，你的员工就会受到伤害。在一些企业里，员工经常完不成任务，但他们每天都很努力，也很用心，企业管理者觉得那么辛苦，就不忍心批评或处罚他们。假如你的员工很努力、很用心，但是没有得到结果，如果你原谅他的话，就没有人会为结果负责任。所以，当下属工作不够好的时候，一定要记住，该处罚的时候一定要处罚，处罚不是为你自己，而是为他自己着想，对他的未来是非常有帮助的。当你为员工着想的时候，你即使处罚他，他也是开心的。

（三）承诺从领导做起，要用生命捍卫承诺

什么是领导呢？领导就是以身作则，领导就是身先士卒。要在一个企业里建立承诺文化，领导人是第一个要坚守承诺的人。一个企业家如果想有所收获，首先要自己敢于承诺，打造承诺型文化。假如管理者不兑现承诺，也别奢望你的团队能够做到有效的承诺。无数的例子证明，拥有承诺意识和守信的价值观，是一个企业走向成功的基点。

第二节　永不言败

一、在失败中抱怨，等于放弃成功

人在一生中，随时都会遇到困难和险境，如果我们仅仅盯着这些困难，看到的只会是绝望。在人生路途上，谁都会遭遇逆境，逆境是生活的一部分。逆境充满荆棘，却也蕴藏着成功的机遇。只要勇敢面对，就一定能从布满荆棘的路途中走出一条阳光大道。正如培根所说："奇迹多是在厄运中出现的。"其实，我们不应该在失败中抱怨，因为抱怨失败无疑是在放弃成功。想成为一名生活中的强者，就要勇敢地向失败宣战，像一名真正的水手那样投入生命的浪潮。

任何人都会或多或少遇到坎坷颠簸，这是正常的，无须悲伤，无须抱怨，更无须绝望。世上没有绝望的处境，只有对处境绝望的人。只要勇敢面对，世界上没有过不去的坎。

在我们陷入逆境时，一味地埋怨是无济于事的，那只会让我们变得更加沮丧而觉得无望。与其苦苦等待，不如点燃自己手中仅有的"火种"和希望，战胜黑暗，摆脱困境，为自己创造一个光明的前程。在灰色的逆境中，不要让冷酷的命运窃喜，我们应该处之泰然。命运从来不相信抱怨，只相信抗争命运的人。强者的生活就是面对和克服那些像潮流一样涌来的逆境，他们不会放过"往上爬"的机会。

美国科学家弗罗斯特教授花了 25 年时间，用数学方法推算出太空星群以及银河系的活动变化规律。令人难以相信的是，他是个盲人，一点也看不见他终生热爱着的天空。英国诗

人弥尔顿最完美的杰作诞生于他双目失明之后。达尔文被病魔缠身40年,可是他从未间断过对于进化论的研究。爱默生一生多病,但是他留下了美国文学史上一流的诗文集。查理斯·狄更斯,他的一生都在与病魔作斗争,但他在小说中创作了许多健康的人物……逆境是人生中一所最好的学校。每一次失败、每一次挫折,都孕育着成功的机会。逆境往往是通向真理的重要路径,它教会你在下一次的表现中更为出色。在每一次的痛苦过去之后,想方设法将失败变成好事,人生的机遇就在这一刻闪现,这苦涩的根脉必将迎来满园的花绿桃红。

傅雷说:"不经劫难磨炼的超脱是轻佻的。"树木受过伤的部位,往往会变得更坚硬。在工作中的成长也是如此,经历过逆境的人,才能磨砺出优秀的品质,成为一名优秀的员工。

面对失败,怨天尤人只是徒增烦恼,只有自强不息,才能最终实现自己的梦想。"自知者明,自强者胜。"其实,要想在失败中获得生机,首先要有一种积极的心态,不要畏惧磨难,要学会将逆境和磨难视为人生的财富。处在逆境中不要害怕,调整心态,勇于迎接挑战,运用智慧积极地解决问题,将失败转化为成功的一个机遇。

二、在失败中为自己鼓掌

在人生的旅途上,狂风暴雨难以避免,但绝不应成为我们退缩的理由。人生没有什么不可能,只要我们与希望同行,只要我们有坚定的信念并愿意为之不懈地努力追求。在逆境中需要我们为自己多多鼓掌,多一点自我激励,就一定能实现自己的梦想。

日本有句格言:"如果给猪戴高帽,猪也会爬树。"这句话听起来似乎不雅,但说明了这样一个道理:当一个人的才能得到他人的认可、赞扬和鼓励的时候,他就会产生一种发挥更大才能的欲望和力量。其实,只靠别人的赞扬和激励还不够——因为生活中不光有赞扬,你碰到更多的可能是责难、讥讽、嘲笑。在这个时候,你一定要学会从自我激励中激发信心,学会自己给自己鼓掌。

美国一位心理学家说过:"不会赞美自己的成功,人就激发不起向上的愿望。"别小看这种"自我赞美",它往往能给你带来欢乐和信心,信心增强了,又会鼓励你获得更大的成功。一个成功人士说:"别在乎别人对你的评价,我从不害怕自己得不到别人的喝彩,因为我会记得随时为自己鼓掌。"

给自己鼓掌,赞美自己的一次次微小的成功,不断增强信心,从而获得成功。如果说为他人喝彩是一种鼓励、一次奖赏的话,那么为自己喝彩则是一种自信、一次运筹。能为自己喝彩的人,敢于接受任何挑战,自强不息,正是这种喝彩给他们带来源源不断的动力,无悔地追求自己的理想,最终实现自己的目标。"天生我材必有用,千金散尽还复来。"

坚信自己的价值,学会为自己喝彩,会拥有一个精彩的、有意义的人生。不断地告诉自己,我可以做得更好,我可以让这份工作更具意义,自我激励是你成功的强大助推器。

每当困难来临时,给自己打气,用信念滋养勇气;当失败来临时,给自己鼓劲,总结经验,寻找新的挑战;当机会来临时,为自己壮胆,用知识和智慧创造出好业绩。

在工作和生活中,谁都会遇到艰难坎坷、曲折磨难、痛苦彷徨、失意迷茫,甚至失败。但这些都不可怕,可怕的是自己否定自己,自己打倒自己,自己摧毁自己。

必须坚信,命运的钥匙永远掌握在自己手中,而如何灵活地使用这把钥匙开启那扇成功的大门呢？除了执着的追求，信念至关重要。当我们摔了跟头时，应该立即爬起来，掸掸身上的尘土，为自己鼓劲，为自己喊一声："加油！"当我们获得一次微小的成功之后，对自己说："我真棒！"

人生之路不可能一帆风顺，总会有困难、挫折、烦恼、痛苦，这些都是客观存在的，想躲也躲不过去，你叹息、焦急也好，忧虑、恐惧也好，都无助于问题的解决。在这种情况下，与其唉声叹气、惶惶不安，不如为自己多多鼓掌，激励自己开辟美好的未来。

三、善于在失败中学习

我们常讲"失败是成功之母"，其实，教训也可以说是经验之"母"。成功固有经验可以总结，失败也有教训可以吸取，可以学习。一个真正善于学习的员工，不仅仅懂得从正面的成功事例中学习，而且更懂得从失败中学习。如果能从失败中吸取教训，就能转败为胜，由失败走向成功。

现实中，有不少员工只喜欢谈成功经验，而不乐意从失败中学习，吸取教训。从失败中学习，你才能更有针对性地去改进自己的缺点与不足，才能更快地进步，才能在今后的工作中成功避开那些曾经让你栽跟头的"暗礁"，进而让你的职业生涯变得更顺畅。

世界上没有人终生一帆风顺，任何一个人都会遇到失败。得不到信任、无端遭受打击和排斥、经济拮据、事业不畅等种种的困难和不如意，使许多人心存抱怨。其实这些人忽视了一条真理：失败是磨炼人的最高学府，纵观古今，失败几乎是所有伟人成功的基石。"宝剑锋从磨砺出，梅花香自苦寒来。"任何一种本领的获得都要经由艰苦的磨炼。平静、安逸、舒适的生活，往往使人安于现状，耽于享受；而挫折和磨难，能使人受到磨炼和考验，变得坚强起来。"自古雄才多磨难，从来纨绔少伟男。"痛苦和磨难，不仅会把我们磨炼得更坚强，而且能扩大我们对生活的认识范围和认识的深度，使我们更成熟。法国文学家巴尔扎克也说："世界上的事情永远不是绝对的，结果完全因人而异。苦难对于天才是一块垫脚石……对于能干的人是一笔财富，对弱者是一个万丈深渊。"

孟子云："天将降大任于斯人也，必先苦其心志，劳其筋骨，饿其体肤，空乏其身，行拂乱其所为，所以动心忍性，增益其所不能。"我们要勇于面对工作和生活中的挫折，不怕失败，在磨难中永不屈服。

遇到困难不退缩、勇往直前的人才能成功。在不屈的人面前，挫折会化为一种人格上的成熟与伟岸，一种意志上的顽强和坚忍，一种对人生和生活的深刻认识，奥斯特洛夫斯基说："人的生命似洪水在奔腾，不遇到岛屿和暗礁，难以激起美丽的浪花。"

对于真正坚强的人来说，任何困难和逆境都会让他们充满前进的力量。只有经历了风雨的彩虹才会绽放出美丽的光彩，只有从困境中走出的人才是真正的强者。对我们在工作中遇到的种种挫折和问题，既不能回避，也不要沮丧，而是多想办法，迎难而上，这样才能使自己与智慧结下缘分，让挫折铸就你的辉煌人生。

弱者在磨难面前只看到困难和威胁，只看到所遭受的损失，只会后悔自己的行为或怨天尤人，因而整天处于焦虑不安、悲观失望、精神沮丧等情绪之中；而强者却能战胜挫折，在失败中汲取营养。

四、感恩失败，做一个永不言败的人

在职场中打拼，难免会遭受挫折与不幸，甚至失败。例如，你的想法得不到上司的肯定，公司里其他人阻挠你的工作，当你主动提出建议时总是遭到白眼等。即使这样，也不要忘记感恩。在挫折和失败面前，我们必须有一种永不言败的心态。我们要感激失败的考验，从失败中走出一条新路，这样才有希望摘取成功的桂冠，检验一个人，最好是在他失败的时候：看失败能否唤起他更多的勇气；看失败能否使他更加努力；看失败能否使他发现新力量，挖掘潜力；看他失败了以后是更加坚强，还是就此心灰意冷。

感谢失败，每一次失败，都是一次超越的机会，逃离失败、躲避失败，就会把一个人的活力与成长潜力剥夺殆尽。所以，失败是超越自我的重要推动力。每一次失败，都能磨炼你的技巧，增强你的勇气，考验你的耐心，培养你的能力。英国人索冉指出："失败不该成为颓丧、失志的原因，应该成为新鲜的刺激。"失败并不可怕，关键是要有从跌倒的地方站起来的勇气和心态。

人生的成功秘诀之一在于如何面对失败。有些人将失败看成打击，他的前一次失败就种下了下一次失败的种子，那是真正的失败者。另一些人将失败作为一种收获，每一次的失败都增加了下一次成功的机遇。屡败屡战，斗志便一次比一次强，愈战愈勇，最终胜利也就自然来临。

在人生的旅途上，我们必须以乐观的态度去面对失败，因为一帆风顺者少，曲折坎坷者多，成功是由无数次失败构成的。日本企业家松下幸之助对他的员工说："成功是一位贫乏的教师，它能教给你的东西很少；我们在失败的时候，学到的东西最多。""跌倒了就要站起来，而且更要往前走。跌倒了站起来只是半个人，站起来后再往前走才是完整的人。"

在工作中，我们难免出现一些差错，难免遭遇失败。这时，我们要立即从跌倒的地方站起来，战胜失败。如果不敢面对失败，在心理上产生畏缩情绪，就会给同事或者上司传达一种懦弱、无能的感觉，这样，领导也不会将重担交给你。一个不能担当重任、害怕失败的人，怎么能在职场上取得成功呢？面对工作中的困难和挫败，只有始终保持昂扬的斗志，屡败屡战的人才能笑到最后，赢得机遇之神的垂青。

第三节　高效执行

一、高效执行需要"结果导向"

在工作和生活中，我们每个人都渴望获得成功，但是成功的人士毕竟是少数，那些没有成功的人士中也不乏工作非常卖力的，但是为什么许多人最终没有成功呢？

一项活动要有成效，就一定要朝向一个明确的目标和结果，换句话说，成功的尺度不是做了多少工作，而是做出多少结果。建立以结果为导向的工作方法，就会促使我们在工作过程中更加关注我们从事的工作是否会达到我们的工作目标,或者对于达成工作目标有什么益处,这样我们在工作过程中就不会迷失方向,我们就会明白哪些是要努力去做的,哪些是不用去做的。只有这样,我们的工作才会更加有效,我们才更有可能成功。

如何以结果为导向作为标尺来开展工作呢?

(一)建立清晰的工作目标

根据自己的工作内容,首先确立一个年度、季度或者月份的工作目标。有了明确清晰的目标,就有了前进的方向,就不会在工作中迷失方向。在目标的设定过程中应该符合SMART(目标管理)原则。有了目标之后,就要根据目标制订自己的计划,就是说应该怎样做才能达到自己制订的目标。制订的计划应该是详尽且清晰的,并且要符合实际情况,在实际操作过程中能够达到,还要根据重要性列出优先的顺序,应该还要有计划的执行日期和衡量计划是否达成的标准。

(二)制订详细的工作计划

制订了一个详尽、明确、符合 5 W 3H 的计划,工作就成功了一半。接下来就是最重要的一步——执行。一个目标制订得很好,计划再详尽,如果不能在实际中去执行,那都是没有用的,做的都是无用功。执行力就是竞争力,执行力就是战斗力。只有在工作中努力提高自己的执行力,积极主动地寻找各种方法和途径去完成自己的工作目标,达到预期的工作结果,才能体验到工作带来的快乐,并且与组织分享属于自己的成功。

(三)加强对工作过程的核查

最重要的一点就是对工作进程不断地进行核查,这是 PDCA 循环的要求,如果工作中缺乏核查,有时候就很难判断自己的工作开展得是否有效,是否按照计划来执行;或者是否达到了预期的目标。通过自己或外部定期的核查,就能及时发现我们在工作中方向的偏离、存在的问题和不足。只有发现了问题,才有可能随时根据现实的情况来调整计划,也才有可能圆满地完成我们的工作,达到既定的工作目标和工作价值。

总之,以结果为导向的管理模式,是一种有效的管理方式。恰当地运用它来指导自己的工作,会给个人和企业带来具体的、可衡量的、现实的利益。

二、高效执行需要行动

(一)工作重在落实

很多"有理想有抱负"的员工,他们渴望获得成功,但是最终因为没有付诸行动,只让自己的追求停留在理想的层面,最后的结果是,理想成了幻想。所以,想干事,还要能干事,敢干事,这样才能最终干成事。

执行在本质上讲其实很简单,行动了就能得到想要的结果。

科学家们曾经做过一个实验。在只打开窗户的半封闭的房间里,将六只蜜蜂和同样数量的苍蝇装进一个玻璃瓶中,把瓶子平放在桌上,瓶底朝着窗户。然后,观察蜜蜂和苍蝇有什么样的举动。

科学家们发现,蜜蜂们会不紧不慢地在瓶底徘徊,总也找不到出口,直到它们力竭倒毙或饿死;而苍蝇们会不停地在瓶中"横冲直撞",在瓶中的飞行速度明显高于蜜蜂,不到两分钟,它们穿过另一端的瓶颈逃逸一空。蜜蜂们以为,瓶子的出口必然在最明亮的地方,它们不紧不慢地行动着,等待它们的结果是死亡。而苍蝇们却成功地逃离了,这并不在于它们有什么特长,也不在于它们的智商水平,关键在于它们懂得快速行动、求得生存。

首先要有行动,然后才会有结果。执行要想取得结果,就要付出行动,而且要在最短的时间内付诸行动。

(二)第一时间去执行

不拖延,第一时间去执行。拖延是把本来应该现在完成的任务,推到以后,把本来应该今天做的事情推到明天,在推来推去的过程中,执行就打了折扣,甚至没有了结果。要想执行到位,就不能允许"拖延"的念头出现,只要想到了,就立即去做,别给自己找任何借口。

每个人都会有惰性,但是一味放任自己,逃避工作,最终会造成工作的拖延。惰性是可怕的精神腐蚀剂,它会让人整天无精打采,对生活和工作都消极颓废。富兰克林曾经说过"懒惰就像生锈一样,能腐蚀我们的身体。"萧伯纳也说过:"懒惰就像一把锁,锁住了知识的仓库,使你的智力变得匮乏。"

思科公司的总裁约翰·钱伯斯先生说过:"拖延时间往往是少数员工逃避现实、自欺欺人的表现。然而,无论我们是否拖延时间,我们的工作都必须由我们自己去完成。通过暂时逃避现实,从暂时的遗忘中获得片刻的轻松,这并不是解决问题的根本之道。要知道,因为拖延或者其他因素而导致工作业绩下滑的员工,就是公司裁员的首选对象。"

相反,只有那些能够克服惰性,拒绝拖延,第一时间去执行的员工才有可能获得提升。对于工作任务的拖延,一方面,会影响整个团队的工作进度,影响整个团队的最终成绩;另一方面,因为我们每天都可能面临新的任务、新的问题、新的挑战。一项任务的拖延,势必会影响到其他工作的顺利开展,就好像滚雪球一样,拖欠的工作越堆积越多,越到后来越被动,越难完成,以致最终一事无成。

懒惰和拖延是导致一个人步入平庸的根源。要想克服懒惰和拖延的坏习惯,唯一的方法就是当接到一项任务时,第一时间去执行,立马着手去做。

(三)执行三字诀:快、准、狠

执行的三字诀,即快、准、狠。所谓快,是因为我们处在一个竞争激烈的社会,所以我们在执行的过程中,不能拖延,不能有完美主义倾向,执行需要快马加鞭;所谓准,是说执行中要方向明确、目标具体、步调一致,做到既精(针对性强)又准(弹无虚发)的境界;所谓狠,是强调执行中需要坚强的意志与拼劲,力量集中,成果第一,结果导向,不达目的不罢休。中国乒乓球屹立世界几十年,始终处于世界领先水平,可以说与快、准、狠三大要素密切结合,而这与执行力的关键要素有着异曲同工之妙。

首先是快，也就是执行的速度。

在乒乓球竞技中，速度是至关重要的。如果你慢慢腾腾，即使你再准、再狠，对手只要能够及时站好位就能轻松化解；如果速度足够快，位置大致准确，那么对竞争对手来说，无疑是致命的。只要我们认准了一件事就应迅速行动，这样才有可能抓住稍纵即逝的机遇。

就像很多人打球慢慢腾腾一样，现实中，很多人在执行过程中也缺乏紧迫感，经常延误拖沓，总是慢于进度和计划；即使最终完成了，也已经远远晚于预定时间。而在很多情况下，推迟完成就是没有完成。比如两家公司争先发布新产品，谁先发布，谁就抢得了市场先机，就有可能一举赢得竞争优势；而另一家公司将失去一次重要机会，可能带来重要的损失甚至破产。商场如战场，商机稍纵即逝。执行力强的人，会将时间进度当作核心标杆来看待，因此经常会感到有压力，有紧张感，于是开始主动地加班加点，投入更多的时间和精力，总之，无论如何也要追赶进度，及时完成任务。相反，执行力弱的人，缺乏时间意识，执行前拖拖拉拉，执行中松松垮垮，执行后嘻嘻哈哈。

其次是准，也就是执行的尺度。

那些打乒乓球的高手通常都知道，一定要打在对手的空当处，打出"追身球"。同样，执行也需要密切贴合组织的战略目标、部门的重点方向、组织的流程制度等。与组织战略目标不相符的事没有必要去做，做了属于严重的浪费。因此，我们需要时时评估每个部门、每个员工的工作是否与组织战略目标相符。有调查表明，大部分的人只有8%左右的工作与组织战略目标密切相关。

最后是狠，也就是执行的力度。

打乒乓球一定要有力度，击球的瞬间要感受到球撞击球台清脆、有力的声音，并迅速越过对手球拍的场景。执行也是一样，要追求卓越，追求更好，追求最好。执行力弱的人做一天和尚撞一天钟，许多工作做得虎头蛇尾，没有成效，缺乏后劲与持续力。

在工作中，只要我们真正地掌握了执行的快、准、狠，那么执行力的核心规律也就找到了。

三、做高效的执行者

（一）效率是执行的保证

假如给你一分钟，你能在一分钟内完成什么？很多人会说，一分钟根本什么都完不成，就算想清楚这个问题恐怕都不止一分钟。但是，生活中就存在靠短暂的一分钟的情况。作为一个执行者，应当学会有效地利用时间，在有限的时间内高效地完成工作。

美国麻省理工学院对3 000名职业经理人做过调查研究，发现凡成绩优异的职业经理人都能够合理地利用时间，让时间发挥最大价值。

美国有个保险业务员自创了"一分钟守则"，他要求客户给自己一分钟的时间，用来介绍自己的服务项目，一分钟一到，他自动停止自己的话题，感谢对方给予一分钟的时间。他严格遵守自己的"一分钟守则"，并且充分珍惜这一分钟，努力在一分钟内让客户对他的业务产生兴趣。结果，他大获成功。生活中有很多人像那位保险业务员一样有效地利用每一分钟，为自己赢得机会。

有效利用时间,不仅要充分利用正常工作时间,而且要利用好琐碎的时间。成功的人都是善于利用琐碎时间的人,也许这些平时让你忽略的"喝咖啡"的时间,积累起来会让你大吃一惊。只要每天能够利用10分钟的琐碎时间,一个月就是5小时,一年就是60小时。利用8小时之外的琐碎时间,你可能创造出意想不到的价值。

每一个职场中的成功者,都善于发现隐藏的琐碎时间,就算开车停在十字路口等红绿灯的不到几十秒的时间,也有人把它利用起来。

作为中国最年轻的城市和最富活力的特区——深圳,曾经提出过一个口号,后来传遍全中国:"时间就是金钱,效率就是生命。"美国著名思想家本杰明·富兰克林也说过:"别忘了,时间就是金钱。假设,一个人一天的工资是十美元,可是他玩了半天或躺在床上睡了半天觉,他自己觉得他在玩上只花五美元而已。错误!他已经丢掉了他本应该得到的五美元——千万别忘了,就金钱的本质来说,一定是可以增值的。钱能变更多的钱,并且它的下一代也会有很多的子孙。假如谁消灭了五美元的金钱,那样就等于消灭了它所有能产生的价值。换句话说,可能毁掉了一座金山。"

在日常工作中,其实很多时间没有被很好地安排和利用。你或许根本就没有觉察到它的存在,但它一直在影响你的工作效率。要想提高工作效率,你要做的是把时间找出来,并很好地利用它。

(二)今日事今日毕

在日常生活中,我们可能都有类似的体验:我们做一件事情如果没有时间限定,往往最终很难把这件事做完整。只有懂得用时间给自己施加压力,到时才能完成。所以在工作中,你最好制订每日的工作时间进度表,记下事情,定下期限。每天都有目标,每天都要有结果,日清日新。

海尔在实践中建立起一个每人、每天对自己所从事的工作进行清理、检查的"日事日清"控制系统。案头文件,急办的、缓办的、一般性材料的摆放,都要有条有理、井然有序;临下班的时候,椅子都放得整整齐齐的。

"日事日清"系统包括两个方面:一是"日事日毕",即对当天发生的各种问题(异常现象),在当天弄清原因,分清责任,及时采取措施进行处理,防止问题积累,保证目标得以实现。如工人使用的"3E"卡,就是用来记录每个人每天对每件事的日清过程和结果。二是"日清日高",即对工作中的薄弱环节不断改善,要求职工"坚持每天提高1%",70天工作能力就可以提高一倍。

对海尔的客服人员来说,客户提出的任何要求,无论是大事,还是小事,工作责任人必须在客户提出的当天给予答复,与客户就工作细节协商一致,然后毫不走样地按照协商的具体要求办理,办好后必须及时反馈给客户。如果遇到客户抱怨、投诉时,需要在第一时间加以解决,自己不能解决的,要及时汇报。人们做事拖延的原因可能五花八门:一些人是因为不喜欢手头的工作,另一些人则不知道该如何下手。要养成更富效率的工作习惯,必须找出办事拖延的具体原因。

此处列举的问题囊括了大部分原因，我们将帮你找到相应的对策。如果是因为工作枯燥乏味，不喜欢工作内容，那么就把事情转交给别人；或雇佣公司外的专职服务。一有可能，就让别人来做。

如果是因为工作量过大，任务艰巨，面临看似没完没了或无法完成的任务时，那么就将任务进行分解，化整为零，从而各个击破。

如果是工作不能立竿见影取得结果或者效益，那么就设立"微型"业绩。要激励自己去做一项几周或者几个月都不会有结果的项目很难，但可以确立一些临时性的成就点，以获得你所需要的满足感。

如果是工作受限，不知从何下手，那么可以凭主观判断开始工作。比如，你不知是否要将一篇报告写成两部分，但你可以先假定报告为一单份文件，然后马上开始工作。如果这种方法不得当，你会很快意识到，然后再进行必要的修改，为了避免拖延误事，你需要养成"日事日清"的工作习惯。每天上班前，你应该预计今天要完成哪些事情，等到下班的时候，你要仔细检查一下，你预定的工作完成了没有，如果没有的话，就赶快抓紧时间完成。

凡事留待明天处理的态度就是拖延，这不但会阻碍职业上的进步，还会加重工作的压力。作为一名有执行力的员工，任何时候都不要拖延，不要自作聪明。优秀的员工都会谨记工作期限，并清楚地明白，在所有老板的心目中，最理想的任务完成方式是：不要让今天的事过夜，今天的事今天完成。

歌德曾经说过："把握住现在的瞬间，把你想要完成的事情或理想，从现在开始做起，只有勇敢的人身上才会富有天才、能力和魅力。因此，只要做下去就好，在做的过程当中，你的心态就会越来越成熟。如果能够有开始的话，那么，不久之后你的工作就可以顺利完成了。"

第四节 结果导向

一、结果导向概述

结果是什么？《现代汉语词典》给出的解释是："在某一阶段内，事物达到最后的状态。"

结果导向是什么？结果导向是管理中的基本概念之一，即强调经营、管理和工作的结果（经济效益与社会效益和客户满意度），经营管理和日常工作中表现出来的能力、态度均要符合结果的要求，否则没有价值和意义。当上级交代给我们一项任务时，大多数人往往只关注任务本身，即我只要去做这件事情就可以了。比如老总要开会，让秘书通知所有人员来开会。于是秘书立即拿起电话给各部门打电话，逐一通知。但是到开会时间时，还有几位部门负责人没有到会。于是老总就问秘书："怎么还有几位没有到呢？"秘书回答说："我已经通知他们了，他们没来我也没办法。"这就不是结果导向，打电话通知是过程，相关的人到会才是结果。

结果是一种可以量化的、有价值的、客户所需要的东西。比如老板想要的结果就是每一个部门的负责人都来参加会议，打电话通知不是结果，只是过程，相关人员在开会前能到达会议室，这才是老板想要的结果。

（一）结果三定律

1. 结果必须可量化

结果是可以量化的。比如买车票这件事，你的任务就是去买车票，这就是一件事，一个任务。而从结果的角度来看，买票的过程不能量化，买到了票，买了多少张票才是可以量化的，这才是结果。任何不可量化、不可描述的都不是结果。

2. 结果必须有价值

结果的第二定律是必须有价值。什么叫有价值呢？就是要有用，能给客户带来好处，而且是客户想要的。比如买车票，可能你买到了票，但是这张票是不是客户所需要的、票的时间是否是客户所接受的等，这就是价值的体现，即结果必须有价值，而且必须是客户需要的。

3. 结果必须可以交换

结果最大的特点是可交换。什么叫可交换？就是客户愿意用钱来交换，愿意付钱给你的才是结果。客户不愿意付钱的，或者不能进行交换的都不是结果。比如你买衣服，只有当你掏钱出来买下这件衣服，这件衣服对你来说才是你要的结果，因为你愿意跟它进行交换，愿意付钱来买它。

牢记三大定律，认真区分什么是过程、什么是结果，为客户创造价值，为企业提供结果，这是实现结果导向的前提。

（二）结果与任务的区别

什么是结果？可以从四个条件来衡量，即有时间、有价值、可考核、是客户想要的。满足了这四个条件就叫作有结果。当然结果也是多种多样的，比如有结果、没有结果、合格结果、超值结果、好结果、坏结果等。

什么是任务？给大家三个条件来参考。即完成差事——领导交代的事情都办好了；例行公事——就某件事情，或是某个任务，把所有的程序都走完；应付了事——差不多就行了。

对程序负责，对形式负责，却不对结果负责，这就叫完成任务。

你问销售员今天做了什么，他说拜访客户去了，你问："结果呢？"答："结果就是拜访客户了。"这就是不懂得什么是结果与任务。

拜访客户后有订单或回款，那是合格结果：有时间——今天；有价值——公司有收益；可考核——合同或支票可以看得见；客户很满意，表示再次购买，那就是超值结果了。但是每次拜访不一定都有合格结果，更不可能每次拜访都有超值结果，也可能是差一点的结果，比如签订意向书，或得到客户购买承诺，或约定下次见面的时间，或得到客户对我们服务的三条改进意见，等等。最差的结果是被客户拒绝。如果客户拒绝了，也要写一个拜访总结发给大家，总结一些经验教训，与大家共同分享，对同事是一个好结果，以后你也会得到别人的帮助。这些都是结果，只是价值的高低不同而已，但毕竟是结果。

如果我们不懂得结果与任务的区别，就会有许多发传真、拜访客户这样的只执行任务不顾结果的情况发生。

一个有执行能力的人经常给老板出选择题而不是问答题。比如前面案例中，小刘说票卖完了，你看怎么办，而小张说他想了几个方法，如找关系买高价票、转机、坐飞机、坐汽车。如果下属都是以小张这样的方式提供结果的话，老板是不是会变得非常轻松？如果下属都和小刘一样，说火车票的确卖完了，把这个问题推给了你，企业管理者是不是会焦头烂额，而下属就会无事可做？因此，完成任务不等于收获结果。

现实工作中，我们常常被"完成任务"这类完美的执行假象所迷惑。完成任务其实只是实现结果的一个过程，有时候甚至只是刚刚开始获取结果，但在因果逻辑上，他的确已经完成任务，可又没有达到要求。这种矛盾会导致下属甚至整个公司都在找理由推卸责任，下属找理由对付上级，上级找理由对付老板。因为只要完成了任务，员工就有一万个理由来说明没有获取结果，不是自己的责任。我们要懂得一个基本道理：对结果负责，是对我们工作的价值负责，而对任务负责，是对工作的程序负责。如果你要成为一个优秀的执行型人才，那么请记住，执行永远只有一个主题：执行时要获取结果，而不是完成任务。我们永远都要锁定结果这个目标，而不是完成任务这个程序。因为完成任务≠结果。结果必须具备以下三个要素：第一个要素是客户化。客户要的，才是结果；客户不要的，那是结局。客户是我们的衣食父母，如果我们不能为客户提供客户想要的，客户就不会为我们带来我们想要的。第二个要素是可量化。可量化的，才可交换，结果必须可以量化。量化代表两个层面：一是数量化，多少数量、什么时候完成、交货时间等都是数量；二是质量化，什么标准、什么品质等都是质量化的要求。第三个要素是实物化。只交换结果，不交换过程。

客户化——一要努力使产品和服务更为优质，二要确认这些是不是客户需要的。我们不能自以为是，以自己的经验和价值尺度去工作，更不要以自己喜欢的方式和客户沟通。我们要与客户多沟通，多听听他们的意见，毕竟他们才是产品或服务的使用者。

可量化——如何让客户看到实实在在的结果，而不是看不见、摸不着的结果。客户要的不是你空洞的承诺，而是实实在在、看得见的结果。

实物化——没有任何借口，只讲功劳，不讲苦劳。我们很多人常说的一句话是，没有功劳，也有苦劳。言下之意，苦劳也是有价值的，也是需要得到尊重的。但事实上，苦劳在情感上有价值，在实际工作中却是没有价值的。如果我们承认苦劳也是有价值的，那么就会在公司形成一种风气，或者是氛围，认为有功劳很好，有苦劳也不错。如果公司的每个人都有这种想法或是认识，那么公司就会出现很多的"苦劳"而较少"功劳"，这样的结果对公司是很不利的。所以，公司要尊重功劳，拒绝苦劳。

二、结果导向执行模式的特征

结果思维为导向的企业或个人，都有以下特征：

（1）以结果为导向的企业或个人对任何事都表现得比较积极主动，他们愿意做一些事情，以确保事情有正确的结果。

（2）以结果为导向的人通常会凡事追求结果，抱有负责的态度，由此就在企业里产生了一种正面效应。

当一个人凡事追求结果的时候,他就会有负责的态度,这对企业是非常有利的。所以,在我们的企业中,一定要追求以结果思维为导向,而不是以任务思维为导向的氛围。假如你的企业追求的是任务导向,那么就会出现这样的情况:我做了,至于结果如何,与我没有关系。一个人做了不等于做到,只有做到才有价值,做了是没有价值的。我们必须让员工明白完成任务不等于得到结果。

假如一位员工付出很多,工作很努力,但是没有得到结果,如果你原谅他,甚至是安慰他,那么这个员工就有可能永远不会为结果负责任,他只会追求过程的完美。当一个人不能为结果负责的时候,不负责就会成为惯性。如果企业里的每个人都是这样,那么这家企业的执行一定都是空谈。

完成任务并不等于得到结果,执行的目的是要取得结果,而不仅仅是完成任务。完成任务是对程序和过程负责,而提供结果是对目的和价值负责。

三、打造结果导向的执行模式

无论作为企业还是个人,要想在职场上取得成功,就要积极打造以结果思维为导向的执行模式。工作上讲功劳,不讲苦劳。

一个具有结果导向思维模式的人,一定是对自己负责的人,他的身上一定会有三个重要的特点:信守承诺、结果导向、永不言败!这三个特点也是他的三个良好态度。前国家队足球教练米卢说:"态度决定一切。"是的,态度决定人生结果,在生活和工作中,我们不难发现,那些心态好的人,往往人生结果也比较好;那些心态不好的人,人生结果也不会太好。

很多企业认为,执行不得力的原因是员工的问题,因为员工喜欢被动地做事情,员工喜欢找借口,员工喜欢拖延,等等。表面看起来,好像很有道理。一流的战略规划、一流的装备、一流的操作细则,但就是在员工手里给搞砸了,员工不负责,谁负责呢?

但事实上,很多企业执行不得力的原因不是员工,而是老板,因为老板一开始的要求是以任务为导向的。当老板要求的是以任务为导向的时候,员工自然就会追求任务;当老板要求的是以结果为导向的时候,员工自然会为结果负责。因为老板的这种以任务为导向的态度,使很多企业的员工通常喜欢追求苦劳:今天我做了,虽然没有得到结果,但是没有功劳,也有苦劳。在一些公司里也曾经出现过这样一种现象。某公司有一名员工,入职三个月,业绩一直不太好。由于业绩不太好,领取的工资也很少。这时候老板觉得这个员工很用心,很努力,每天很晚还在加班,但就是结果不太好,老板出于爱心和同情心,就破例奖励那位业绩不好的员工500元。而实际上,奖励完这500元之后,不仅没有真正帮助这个员工,还破坏了企业的标准制度。因为让一个没有功劳的人得到奖励,那些有功劳的人自然会心里不舒服。有些人可能会说,我的业绩做得很好都没有得到奖励,他的业绩不好,反而得到奖励,无形之中就培养了员工的任务惯性。

只有有功劳的人才能得到好的结果,没有功劳的人一定不会得到好的结果。假如你让一个没有功劳的人也得到了好的结果,无形之中你就会伤害那些有功劳的人。所以一个真正的企业家永远要心慈不手软。

　　心慈就是要有爱心，要帮助员工，但这种帮助绝不是建立在施舍的基础上，也不是建立在无原则的奖励上，而是要帮助员工具备某种能力，让他获得某种技能，这种技能能够为他创造一定的财富。这就是授人以鱼不如授人以渔，给他钱不如教给他赚钱的能力。钱有用尽的时候，能力则会越用越多。这就是我们所说的企业家的心慈。

　　不要手软，意思是表达爱心的原则不能乱，表达爱心的方式不能错。不讲原则的爱心，有时候适得其反，错误的表达爱心的方式，有时会害人害己。这就是我们所说的企业家不能手软。

　　当一个员工没有能力的时候，你要大胆地要求他、警告他，如果实在不行的话，请你大胆地开除他。或许开除他有点太残酷，但是我想告诉你的是，其实你不是在开除他，你是在真正地帮助他，让他意识到：倘若今天他不认真做事，或者没有达到好的结果，则一定会被社会淘汰。当他有一天醒悟到自己的错误的时候，当他有一天在别的领域取得成就的时候，他不但不恨你，反而会感谢你。努力（态度）和结果不是一回事，我们需要的是"合格"的结果，态度不等于结果。如果因为员工态度好而放松了对其不合格的结果的处罚，那么我们就会陷入"好态度=好结果"的陷阱，这样的话，实际上又是在鼓励努力了就好，结果如何就不管了，同时，这也是在向整个公司发出一个信号：公司看重的是好心，好心比好的结果更重要。这样的情况反复出现对公司来说是很可怕的。公司有很多好心的人，但就是没有带来好结果的人，这不是公司所渴望拥有的，公司渴望拥有的是既有好心又能创造好结果的人。

第十二章　职业发展素养

第一节　自我学习

一、自我学习的内涵

自我学习又叫独立学习、自主学习,自我学习是与传统的接受学习相对应的一种现代化学习方式。学生的自我学习是以学生作为学习的主体,让学生自己做主,充分发挥个人的主观能动性,通过自主学习知识和不断地自我反思等手段使个体可以得到不断变化的行为方式。通过自我学习,自身的知识与技能可以获得持续的提升,内心世界变得更加充实,情感得到不断的丰富与升华。

二、自我学习的特征

(一)自主性

自我学习是个人带着浓厚的学习兴趣和强烈的学习动机,进行自觉自愿的学习,充分发挥个人的主观能动性,它不依靠外在的压力,完全出于个人的自觉和自愿,具有自主性。自我学习是学习主体将学习纳入自己的生活结构之中,成为其生命过程中不可分离的有机组成部分。

自我学习的主体具有学习的主观愿望、一定的学习潜能和独立自主安排学习进程的能力。自我学习的主体能够对外界的刺激信息进行独立的思考、分析,能够依靠自己的力量克服学习进程中遇到的各种障碍,确保学习计划按时完成。

(二)探究性

自我学习是在学习主体的学习兴趣的驱动下发生的,对知识进行探索、探究的过程。探究性是自我学习的特征之一,是指自我学习的主体基于学习兴趣所引发的对知识的强烈探究愿望。在自我学习的过程中,带着浓厚的学习兴趣对知识进行探究,研究记忆的规律,学习探究知识之间的内在联系,探究事物发展变化的规律,从而更能加深学习主体对知识的理解、记忆。在对知识进行探究学习的过程中,有利于培养个人的钻研精神,会不断有新的火

花产生,有助于提高个人的创新能力,使我们在学习和工作中受益匪浅。

(三)自律性

保质保量地完成自我学习的任务,良好的学习自律性是必不可少的。"自"是自己本身,"律"是做事的规律、规范,即学习要有规律。自我学习主体在开始学习之前要制订学习计划,并按照自己的计划、规范去学习。在自我学习的过程中,我们随时可能受到外界事物的干扰或被其他事物所吸引,导致自我学习的效率变低,这时我们就要严格地约束自己,时刻提醒自己要按照既定的目标完成学习任务,这样我们才能更好地去学习。同时自律也是自我磨炼的过程,磨炼自己沉着的心态,磨炼自己持之以恒的精神,在这个过程中也可以提高个人的注意力和意志力,使我们更好地学习。

(四)知识性

在自我学习的过程中,自身拥有的知识可谓一笔宝贵财富,我们原有的知识储备越丰富,在自我学习的过程中对新知识的理解就会越透彻,学习效率也会越高。我们要在识记知识的同时,学会运用知识、拓展知识,做到举一反三,这样会使我们的自我学习效率大大提升。知识是没有穷尽的,"活到老学到老",自我学习将贯穿于我们生命的全过程,我们只有具备丰富的知识,才能在遇到问题时有解决问题的基本理论功底,使我们更加沉着、冷静地应对。

(五)过程性

自我学习是自我内部知识体系构建的过程,在这个过程中吸收新的知识,再结合自身已有的知识,将以往掌握的知识与新知识相结合,从而建立更加完备丰富的知识体系,并超越原有的知识水平。在自我学习中,学习过程的心态和我们的学习结果密切相关,自我学习的过程是孤独的,甚至是枯燥的,我们应该学会以快乐学习的心态面对学习,理解知识的奥妙。同时,在这个过程中我们应具备坚持不懈的精神、持之以恒的意志力、矢志不渝的决心,这样我们才能在自我学习的过程中一直坚持、努力向前,实现自己的学习目标。

三、培养自我学习能力的步骤

(一)激发学习动机

学习动机是在学习需求的基础上产生的,所以要想激发学习动机,首先应该认识到自我学习的重要性,产生学习需求,进而激发自我学习的动机。要通过学校的课堂教学让自己发现学习知识的重要性,激发自己强烈的求知欲望,并通过各种社会实践活动帮助自己认识到不断的自我学习对生活与未来职业发展的重要意义。让我们在正确认知的指导下,产生持续的学习动机,激发学习的热情,产生积极的行动。

(二)树立学习信心

自信心是个体顺利进行自我学习的前提条件,是开启人生成功之门的钥匙。自信心来源于人们对自己的正确评价,是一种对自己的主观内心体验。树立学习中的自信心,首先要正确认识自己的优点与缺点,对自己形成一个客观的评价,并且保持乐观积极的心态,对学习始终保持高度的热情,找到适合自己的学习环境,找到适合自己的学习方法,养成良好的学习习惯,不断提高自身学习效率,在良好的学习效果中提高学习自信心。在学习过程中难免会遇到一些困难,面对困难,我们要有解决问题的主观动机,要以积极的心态深入分析产生问题的原因并尝试找到最优的解决办法,尽自己最大的努力攻克难关。同时,经常与他人交流学习中的心得体会,不断地学习周围人的成功经验,并吸取解决问题之后的经验教训,这对学习自信心的培养具有重大的意义。

(三)增强学习兴趣

学习是一个漫长的过程,人们经常说"兴趣是最好的老师",学习主体要在强烈的学习兴趣的指引下才能把自我学习这项事业坚持下去。学习更是一项终生的事业,只有不断地学习,才能不断地进步,才能不断提高自己的素质和生活的品质,保持自己的竞争力。要使学习主体保持学习的兴趣,首先就要对生活充满热情,保持积极乐观的生活态度,对生活中的事物保持好奇心。世界这么大,我们要经常出去走一走,开阔自己的视野和胸襟,丰富自己的实践经验。同时,我们要加深自己对社会的认识,在实践中培养自己多方面的兴趣,增强自己的学习能力,努力在学习中获得真正的快乐和满足,使自我学习成为生活的一部分。有了学习的兴趣,就会增进学习的动力,有了一种向上的动力之后,学习效率往往事半功倍。

(四)加强学习意志

学习的过程犹如"逆水行舟,不进则退",在学习过程中往往会遇到许多问题,这个时候一定要保持良好的心态,不畏惧学习中的困难,增强心理承受能力和抗挫折能力。我们要学会正确对待学习过程中的逆境,给予自己积极的心理暗示,提高自己对逆境的耐力、容忍力、适应力。适当的心理承受能力是个体良好的心理素质的体现,面对学习中的困难,要保持一颗平常心,保持积极乐观的心态,同时,要认识到学习的重要性,对学习中的逆反心理既要积极预防,又要在它出现之后能主动寻求老师、朋友的帮助,接受他们的疏导,积极听取他人意见,不断完善自身。

四、培养自我学习能力对于人生发展的重要意义

(一)提升自身的综合素养

当今时代经济科技快速发展,对人才的要求越来越高。随着高等教育从精英化向大众化的转变,高等院校的招生规模变大,每年高校毕业生的数量不断增加,就业压力逐渐增大,社会竞争越发激烈。想要在激烈的人才竞争中脱颖而出,个人职业素养的高低成为在竞争中取胜的关键。要想提高自身的职业素养就必须不断地加强自我学习,学习各种知识,不断完善自己,提升自己的综合素质,提高自己的竞争力,只有高素质,才能转化为高能力。同时,要多参加社会实践锻炼,学以致用,理论联系实际,提高实践能力。

在大学期间,大学生要加强对专业知识的学习,要尽可能利用时间去理解自己的专业所学,同时,丰富自己的知识储备,加强对经济知识、人文历史知识、科技知识、现代办公软件、网络知识等的学习,面对市场竞争的要求,要善于思考,从多个角度出发考虑事情,找到做事情最有效的思路。我们要根据不断变化的形势,增加创新意识,不断完善自己的专业素养,使自己成为"复合型"的人才。

(二)实现自我的可持续发展

信息的传播速度越来越快,知识的更新速度也越来越快,想要抓住时代发展的脉搏,顺应时代发展的潮流,个人必须树立终身学习的理念,使自己处于实时更新状态,养成用发展的眼光看问题的习惯,抓住社会快速发展的节奏,立足长远,不断地学习,完善自身不足,总结在学习工作中的经验教训,不断地丰富自己的知识储备,实现自身的可持续发展。

(三)促进社会的不断进步

社会是由每一个个体所组成的,社会的发展与进步离不开个人的努力与奋斗。社会发展需要优秀的人才,优秀的人才能为社会发展提供源源不断的动力。青年人是站在祖国繁荣发展时代中的主力军,青年人的力量在很大程度上决定了国家的兴衰。现阶段中国人民正处于为实现"两个一百年"奋斗目标而努力、为实现中华民族伟大复兴的中国梦而奋斗的时期,青年人肩负着祖国未来发展的重任,更应该加倍地努力学习。青年人应该对自己有一个清晰的认识,了解自身不足,注重通过自我学习不断提高自己的文化修养,积极参加社会活动,勇于担当社会责任,传播正能量,脚踏实地,做好自己应该做的事情。青年人应该提高自身认知水平,端正自己的价值观,把握时代发展的脉搏,树立科学的人生理想并为之不断奋斗,在实现人生价值的同时实现自身社会价值,促进社会的不断进步。

五、培养自我学习能力的途径

(一)掌握扎实的基础知识

个体的自我学习是一个循序渐进的过程,是个体运用自身所掌握的基础知识对新知识进行探索的过程,是一个知识储备不断增加的过程。个体自我学习素养的获得并不是一蹴而就的,而是一个慢慢积累的过程。掌握扎实的基础知识是获得自我学习能力的前提,如果没有基本的理论知识,个体将不知道怎样进行自主学习,应该学习哪些内容,运用哪些有效的学习策略和思维方法。掌握扎实的基础知识,使个体在以后的学习中可以更加有效地学习其他相关的知识,激发自己的学习欲望和求知欲,也使自己能够灵活地运用基础知识来解决学习中遇到的问题,基础知识掌握的熟练程度对以后的学习进程有着深远持久的影响。每一天都是崭新的一天,有新的知识需要掌握,我们应该用心面对,日积月累,才能有丰富的底蕴,一步一个踏实的脚印,方能取得最终的收获。

(二)在总结反思中获得提升

海涅曾经说过:"反省是一面镜子,它能将我们的错误清清楚楚地照出来,使我们有改正的机会。"曾子曾说过:"吾日三省吾身。"这些都告诉我们每天要反思自己,这样才能不断进步,其实在自我学习的过程中也是这样的。对学习过的知识要不断地进行回忆、总结和反思,巩固学习成果的同时,也可以检验学习成果,及时发现学习中的问题。通过对问题的深入分析,会发现学习方法是否恰当、学习时间分配是否合理、学习内容安排是否恰当等问题,并对症下药,找到最优的解决方法,由此找到最适合自己的学习方式,提升自我学习的能力和职业素养。面对学习我们要保持高度的自信心,善于总结学习中的经验和方法,坚持不懈,进一步激发拼搏意识,进一步掀起学习的高潮。我们应在总结中提高,在反思中进步!

(三)在实际应用中得到增强

把学到的理论知识不断地运用到实践中,自我学习才能实现它的价值,才能接受实践的检验,自我学习能力也会在实践中得到不断增强。通过实践对自我学习的成果进行检验,可以发现学习的方法是否恰当、学习的内容是否符合时代发展的要求等问题,因为实践是检验真理的唯一标准。我们要不断地在实践中锻炼自己,努力在学习上找到适合自己的方法,把理论与实践更好地结合起来,使书本上的理论能真正运用到日常生活中,使学习主体对学习的知识有进一步的理解与应用,从而不断提高我们的创新意识与思维,实现知识储量与能力水平的同步提高,促进自我学习能力的提升。

第二节 组织发展

一、组织发展的内涵

组织发展是指将个人所具有的知识与经验充分投入那些促进个人所在组织发展的战略、结构和过程中,即通过自我学习提高个人的职业素养,进而促进个人所在企业组织的进步与发展。

二、组织发展的特征

(一)职业性

职业性,又称职业特质,职业性是指个人参与社会活动时所体现出的一种正式的状态。在职场中,每一位工作者都必须拿出职业性状态对待工作。当一个人能真正认识自己所从事的职业、工作职责,找到正确的职业感觉时,工作者对职业的热情也会显著增加,对工作内容会更加投入,对工作的耐心也会更加持久,从而大大提高工作效率,为所在岗位做出更大的贡献。

每个人从事的职业不同,对于职业的理解也就不同,不同的职业具有不同的特点,对从业者有着不同的要求。例如,公务员、教师、科学工作者、医护人员、文艺工作者、财会人员等,他们的工作职责、性质和内容等的不同使他们应该具备的主要素质也不同。无论从事什么职业,良好的职业发展素养都是必不可少的,具备良好的组织发展能力,可以使员工对待工作更加认真,促进所在企业更好地发展。

(二)稳定性

组织发展能力是个体在长期的自我学习、体验、接受职业教育和社会实践锻炼中所形成的心理品质和机能。它使从业者具备了有效开展某项职业活动的能力和保障,它的形成是日积月累的结果。良好的组织发展能力会对个人的职业生涯产生持续性的影响,而且一经形成便不会轻易改变,所以个人的组织发展能力具有一定的稳定性。个人的组织发展能力的稳定性是个人所在组织获得发展的必要条件,也是组织能够长久运行的重要保障。一个组织的内部稳定是极其重要的,内部的稳定主要是企业员工的稳定。在企业发展过程中,员工通过不断地实践工作,熟悉组织的内部运行和运转流程,踏实工作,保证企业的平稳运行。

(三)发展性

社会是处在不断的发展变化之中的,个人的组织发展能力也应该随着社会的发展而不断地发展。组织是不断发展变化的,组织的进步离不开个体的积极努力。个体的职业素养是通过不断的实践和学习而得到提升的,在这个过程中,个体通过不断地自我学习、不断激发自身潜能,从而实现自我的提高。对于组织的发展来说,个体的发展速度和能力将直接影响着组织的未来发展。在组织的发展过程中,我们要用发展的眼光看问题,不断地提高自身综合素质和能力,履行好自己的岗位职责,在做好本职工作的同时承担更多的组织责任,脚踏实地,攻坚克难,并在实践中不断总结经验,努力适应并做好新的任务。

三、培养组织发展能力的步骤

(一)树立正确的职业目标

目标是我们工作中前进的动力与方向,对我们以后的职业发展至关重要。树立正确的职业目标,可以更好地激励我们前进,在有限的生命中,让我们的生命过得更加有意义。树立正确的职业目标,可以明确我们在职场中的前进方向,找到适合自己的位置,激发出自身的工作潜能,使所在组织的发展更具活力。

在树立职业目标的过程中,必须遵循事物发展的客观规律,坚持一切从实际出发,实事求是,脚踏实地地做好身边的事情。确立职业目标之后,要不断坚定自己的选择,结合自身特点找到适合自己的工作方法,不断激发自己的工作热忱,把职业目标与企业的发展目标相结合,在实际工作中增强自己的创造力,使所在组织更具竞争力,促进所在组织持续发展并迸发出新的生机与活力。

(二)提高我们的学习能力

21世纪是知识经济时代,随着社会政治、经济、文化的蓬勃发展,科学技术的方兴未艾,人们对知识的需求大大增加。在激烈的社会竞争中,缺乏学习意识和能力将会失去竞争的优势,逐渐被时代所抛弃。在学习过程中我们要掌握更多高效的学习方法,勤于思考,在有效的时间内读更多有意义的书籍,并及时地进行学习总结与反思。

"时间就像海绵里的水,只要愿意挤,就总是会有的。"我们要善于挤时间学习,抓住生活中的一切可能时间,勤奋学习,真正把学习变成自己生命的一部分。我们要紧跟时代发展的脚步,不断充实自己的头脑,不仅需要从书本上学习知识、从实践中学习,还要注重在日常与他人交往的过程中进行学习,古人云:"三人行,必有我师焉。"在生活中要善于向自己身边的人学习,学习他们的长处,使自己永远处在不断进步的过程中。

(三)增强自我创新能力

世界每天处于瞬息万变之中,时刻都有新事物产生,现代科学技术的发展使很多不可能变成了现实,科技切实改变了我们的生活。创新在改变命运的同时,也会改变我们的生活。我们要通过不断的学习与实践,增加知识储备,扩展自身知识面,开阔视野,丰富自己的想象力,掌握科学的思维方法,培养自己独立思考的能力、理性判断的能力,激发自己的创新思维,增强自我创新能力。

(四)内化企业价值观

企业价值观是一个企业的内在灵魂,价值观代表着企业的价值取向,是指企业在追求经营成功的过程中所推崇的基本信念和奉行的价值追求。一个企业只有拥有正确的价值观,才能拥有核心竞争力,才能使企业的发展更具长远性。企业处在不断发展变化中,经营理念不断更新、技术不断创新、产品不断改良升级,但是它的精神价值追求不会改变,它是企业得以生存发展的最重要原因。身为员工,一定要深刻理解企业的核心价值观,内化企业的价值观,践行企业的价值观。

核心价值观是企业全体员工的共同信念,是企业制定发展战略的根本指针。在企业发展过程中,有了共同价值观的指引,员工将会在组织发展中迸发出更强的力量。当员工从内心深处将企业价值观作为精神引领时,无论身处顺境还是逆境,员工都会对所在组织有着荣辱与共的情感,不断挖掘自身潜能,促进组织更平稳地成长。

四、培养个人的组织发展能力的重要意义

(一)促进自身的职业发展

培养个人的组织发展能力是推进自身职业生涯发展的重要条件。从个人的发展角度来讲,具备了较强的组织发展能力,个人才会更快、更好地适应岗位要求,尽快进入职业角色。培养个人的组织发展能力可以使我们明确工作目标,带着自信心、职业使命感、职业责任感和工作热情投入工作中,促进所在组织的发展。在促进组织发展的过程中,既可以增加我们自身的工作经验,提高我们的决策判断能力,更有效地处理好日常工作,同时也促进了我们个人职业素养的提升,让我们的职业生涯走得更好、更远。

（二）实现企业的可持续发展

培养个人的组织发展能力可以实现企业的可持续发展,因为一个企业要想自我生存、永续发展,不仅要有企业的经营策略、准确的目标设定、合理的组织架构、充足的资金保障、一定的市场份额,还要有人力资源储备。任何组织的生存和发展都离不开人才的储备与竞争。所谓人力资源,就是企业员工的个人组织发展能力的总和,即指具备较高职业素养,能把个人的发展目标与组织的发展目标紧密联系在一起,对组织忠诚,对组织发展具有不可替代性作用的人。如果每个员工的个人组织发展能力都很强,那么这个企业就会发展潜力巨大,在所涉领域发展迅速并会遥遥领先。所以,个人的组织发展能力是一个企业可持续发展的重要源泉。

（三）推动社会的不断进步

培养个人的组织发展能力会推动社会不断进步。因为组织发展能力离不开组织协调能力、沟通能力、处理问题的能力、创新能力、团队合作的能力等,具备了这些能力,一方面,会使个人的职业素养获得很大提升,自身的内涵、品位有所提高,并且还会在不知不觉中感染身边的人,带动他人的成长;另一方面,个人的组织发展能力的提高会推动所在企业的发展,提升企业的整体实力和市场竞争力,企业的发展状况将直接影响社会的发展状况,当企业效益越来越好时,必会带动社会经济的发展与繁荣。所以,拥有较强的个人组织发展能力会促进自身职业的发展,实现企业的可持续发展,进而推动社会的不断进步。

五、培养组织发展能力的途径

（一）接受组织发展能力的培养

1. 在课堂上认真学习

课堂上的专业学习是大学生接受职业发展素养教育,提高组织发展能力的根本途径。大学生要在课堂教学中,努力学习专业知识,了解专业前景,掌握行业发展动态。大学生要在课堂教学中,接受职业道德教育、法制教育和纪律教育,加强自我管理与约束,遵守职业纪律,奉守职业道德,知法、懂法、守法、护法,培养自己的爱岗敬业精神、服务群众和奉献社会意识。通过课堂上听老师的耐心讲解激发自己的学习热情,促使自己思考个人的职业未来,进行职业生涯规划,提升竞争意识、责任意识和敬业意识。

作为学习主体的大学生,要认真上好学校开设的职业素养教育课程,充分了解自己所学专业对从业人员的特殊职业素养要求,如对于医务人员,要具备救死扶伤的职业精神、精湛的治病技术、实事求是的工作态度等。同时大学生还要学习所有职业人应具备的通用职业素养,如沟通素养、团队合作素养、创新素养等。大学生要抓住课堂学习机会,学好职业素养相关课程,积蓄自身的力量,提升自身的组织发展能力,为将来的顺利就业做好准备。

2. 在实习实训中用心体会

在接受高等教育的过程中,实践教学是大学生了解自己所学专业、自己是否适合这个专业最有效的途径。在实习中,大学生要用心体会自己将要从事的职业,树立正确的职业观。我们要通过走进企业内部进行顶岗实习提前感受职业氛围,熟悉职业环境,逐步掌握岗位所需的各项技能,提高自己认识、分析、解决问题的能力,体会岗位纪律、操作规范,增进对所要从事的职业的认同与热爱。

积极参与校内实训活动,在模拟的职业环境中,按照岗位要求不断进行自我调整,完善自身,形成正确的职业态度。大学生应充分利用好学校为学生搭建的进行职业模拟训练的平台深入职业角色,在实训中虚心接受指导教师的指导,增强自身的语言表达能力、团队合作能力、人际交往能力等,做好各项能力准备,切实提升自身的职业技能,增进职业情感,养成良好的职业习惯。

3. 积极参与课后活动

大学生要利用好业余时间积极参与学校的各项社团活动,锻炼自己各方面的能力。大学生社团历来是学生提升实践能力的重要载体,不仅能为广大学生提供展示才艺的舞台,而且能够为学生各种能力的提升提供平台。很多学生通过组建社团、加入社团、开展活动、参与社团的建设与管理,学会了怎样协调学习与参加活动之间的关系、怎样合理地分配时间、怎样正确地与他人进行沟通交往、怎样凭借自身的努力促进社团的发展,对自身职业素养的提升作用突出。学生可以根据自己的兴趣与发展需要灵活自主地进行选择、参与活动,在社团活动中强化团队意识,内化团队精神;强化合作意识,内化分工合作精神;强化创新意识,内化开拓进取精神,而这些恰巧是用人单位在招聘人才时十分看重的素养。

为了进一步提升自己的职业素养,大学生要充分利用暑期社会实践锻炼的机会,积极参与暑期社会调研、基层服务、行业调研、社区志愿服务、就业创业基地顶岗实习锻炼、勤工俭学等活动,在充实自己假期生活的同时,发挥专业特长,做到学以致用。大学生应通过实践体验深化对所学知识的理解,增强社会责任感、使命感,学会包容,培养自己吃苦耐劳的精神和奉献的社会意识。

(二)加强组织发展能力的自我修炼

1. 加强自我学习

大学生要多利用业余时间进行自我学习,学习专业知识,深化对专业的理解,了解自己所学专业的特点,通过各种途径了解所学专业的发展动态,分析本专业的发展前景。大学生要根据职业要求有针对性地进行学习,学习职业素养的内容,加强自我修养,进行自我提高。

2. 规范自身行为

良好的职业素养是在我们的日常行为中逐渐形成的,它体现在我们生活的一言一行中,无论在课堂还是课间、在校内还是校外,我们都要注意行为举止。平时注重养成自己良好的生活习惯,规范自身行为,如作息规律、按时起床、宿舍内务整洁、语言文明、举止得体、不迟到早退、诚实守信、勤俭节约、团结互助等,多读书、爱运动、勤思考,争取做到内外兼修。

第三节　企业经营管理素质拓展

一、企业经营管理素质拓展的内涵

个人通过不断的自我学习取得进步,同时使自身所在的组织得到持续的发展,在这一过程中个人的企业经营管理素质得到了全面的发展,最后成为一名合格的企业经营管理者。

二、企业经营管理素质拓展的基本内容

(一)企业经营管理素质

"企业经营管理素质是指在一定的时间空间条件下,存在于管理者身上,并在企业管理活动中对管理工作经常起作用的那些内在要素和能力,是企业管理者在先天禀赋的基础上通过后天的学习,在实践中逐步形成的智能、品德方面的总和。"企业经营管理者应具备的主导素质不是一成不变的,它要与企业的内部发展要求和外在的环境相适应,如当企业处于起步阶段,需要管理者具有敏锐的市场觉察力和敢于开拓向前的魄力;当企业处于成长期,需要管理者培育企业文化和凝聚力;当企业的外在环境发生改变时,需要管理者及时调整企业的战略方向。

(二)企业经营管理素质拓展的基本内容

1. 敏锐的觉察力

在市场经济条件下,人们的消费需求决定企业的生产方向,需求改变,市场就会发生变化,企业必须不断适应市场的变化才能生存下去。这种适应不应是被动的,而应是积极主动的,那么怎样做到主动? 这就需要企业经营管理者对市场动态具有敏锐的觉察力,对市场的发展走向能够进行正确的预测,做到未雨绸缪,当机遇来临时能够顺利抓住,并做出有针对性的改造升级,才能使企业永葆生机与活力。

2. 战略决策能力

战略决策能力是指企业经营管理者面对企业内部或外部的变化时能顺利地作出科学的判断并作出决策,是管理者应必备的基本能力。伴随着经济全球化的迅猛发展,企业所面临的外部环境不同于往日,环境变化的速度越来越快,情况越来越复杂,对企业经营管理者提出了更高的要求,要求企业经营管理者能够对市场的变化给企业带来的冲击迅速作出判断,采取措施积极应对,并适时、适度地制定企业发展蓝图和发展战略,推动企业的可持续发展。

3. 组织变革能力

企业的组织结构必须随着企业的战略调整而不断地与时俱进,无论是企业的规模发生改变,或是企业本身的组织结构不合理,抑或是企业的业务流程不合理,企业的组织结构都

必然要改变。如何改变、怎样变革才会更有实效性,这都是企业经营管理者需要思考的问题,变革过程中各种问题的解决离不开经营者所拥有的组织变革能力。

4. 开拓创新能力

开拓创新能力是指运用已有的知识和经验,创造性地提出新观念、新思想和新理论,创造性地解决问题的能力。开拓创新的本质是推陈出新,体现新颖性。创新是企业发展进步的不竭源泉,创新是使企业立于不败之地的根本保证,创新是推动经济发展的主要动力,没有创新,就没有发展。

目前,人类社会开始进入知识经济时代,科学技术日新月异,知识成为推动各国经济发展的主要动力,没有知识的发展与更新,这个国家将会落后于他国的发展。对于一个企业来说也是如此,作为一个企业,如果自身没有新技术、新产品、新理念的产生,它将逐渐落后于时代的发展直至被淘汰。企业的创新能力很大程度上取决于企业经营管理者的素质,要求企业经营管理者具备一定的开拓创新能力,这既有利于自身的职业生涯发展,又会使企业具有无限的发展潜力。

5. 执行协调能力

企业经营管理者的能力体现在能够使他所在的组织高效地运转,保证各项工作能够按照既定的工作目标与工作计划执行与落实,了解工作进展,对企业内部偏离发展轨道的行为进行及时纠正。作为企业经营管理者,还要善于协调企业内部各方面的关系,及时解决企业运行中的不协调问题,保障企业的正常有效运转。

6. 心理调节能力

现代社会工作节奏快,竞争激烈,企业经营管理者除了工作上的压力、来自家庭的压力,往往还要承担来自各方更大的压力,如果心理承受能力弱,自身又不会调节,很可能会被压力击垮。所以,企业经营管理者应具备一定的心理调节能力,学会放松,用阳光心态面对压力。

7. 自我学习能力

企业经营管理者要具备自我学习能力,不断加强自我学习,熟悉现代管理科学,不断更新管理理念,掌握现代企业管理技术并能灵活运用管理技术,保证企业管理的科学性、有效性、持续性。

8. 影响力和号召力

企业经营管理者,必须以身作则,要求下属做的事,自己首先必须做到,而且要做得更好,为员工树立好榜样。企业经营管理者应关心下属的思想与生活,关心下属的成长与发展,用真诚与才能赢得下属的尊重、信任与爱戴,在工作中发挥影响力与号召力,促进企业的良性发展。

三、进行企业经营管理素质拓展的必要性

(一)有利于企业经营管理者的职业生涯发展

要想成为一名合格的企业经营管理者,需具备良好的语言表达能力、人际沟通能力、逻

辑思维能力、组织变革能力、开拓创新能力、灵活应变能力等,而这些能力恰是企业经营管理素质拓展的基本内容。具备了以上这些优质能力将会使企业经营管理者的职业生涯走得更稳、更好和更远。

(二)有利于企业的可持续发展

当今社会,经济不断发展,技术不断革新,新知识不断产生,企业要想生存下来,获得利润,持续发展壮大,就要紧跟社会发展的脚步,不断改革、不断突破、不断创新。企业经营管理者居于企业中的领导地位,他们的自身素质将直接决定企业未来的发展。通过企业经营管理素质拓展,会使企业管理者拓宽视野、更新管理理念、增长才干,职业能力获得进一步提升。企业经营管理者运用自身能力投身企业管理活动中,并在实践中完善企业的经营管理策略,保证企业的有效运营,实现企业的可持续发展。

四、实现企业经营管理素质拓展的途径

(一)接受组织的培养

高素质的企业经营管理者是所有类型的企业持续健康发展所必需的。所谓高素质的企业经营管理者,指的就是具有丰富的管理知识和技能的专业性人才,能够通过自我的不断学习和实践,运用智慧不断创新,为企业创造更大的经济和社会价值。个人要努力使自己成为高素质的经营管理人才,应该积极接受所在组织的培养,认同所在企业的价值观与文化,内化企业的管理制度和行为规范,服从企业的管理,树立职业目标。重视自身良好思想品质的形成,养成良好的工作习惯,在工作中培养自己的独立性和自主性,遇到困难能做到不回避,迎难而上,敢于挑战自我,磨砺自己的意志,成为一个合格的职业人。

(二)重视职业培训

在快速变化的环境中,个人只有不断地加强学习,促进所在组织的发展,使自身的企业经营管理素质得到拓展,才能适应处于变化中的环境。职业培训作为在职员工接受教育的一种重要方式,在提升员工企业经营管理素质方面发挥着重要的作用。所以个人应充分利用好这一学习平台,在学习的过程中加强与他人管理技能和经验的分享与交流,扩大对企业管理领域的了解,深化对企业管理规律的认识,掌握最新的管理知识与方法,吸取企业经营管理教学案例中的经验教训,切实提升自身的企业经营管理素质。

(三)企业经营管理者自身的努力

事物的变化和发展是在内外条件的相互作用中实现的,接受组织的培养、构建科学有效的管理制度和接受在职培训等,这些都是外因,外因要通过内因才能起作用,所以企业经营管理者素质拓展主要还是凭借自身的主观努力,才能取得良好的效果。

1.加强对知识的学习

企业经营管理者平时要加强对各方面知识的学习,多读书,不断拓宽自己的知识面,养

成终身学习的习惯。同时,要善于向他人学习,学习他人的长处,弥补自身的不足。企业经营管理者平时要经常性地与他人进行沟通与交流,学习他人身上的闪光点,进而提升自己。

2. 勇于参加社会实践

能力的提升是一个循序渐进的过程,要通过在实践中的多次锤炼,才能使自身的各方面能力得到补充、完善和提高。

3. 对工作充满热情

企业经营管理者如果对自己的工作缺乏热情,则难以做到对工作的全身心投入,一旦遇到瓶颈,将很难坚持下去,相反,如果对自己的工作充满热情,将会在工作中迸发出无限的活力与创造力。

4. 提升抗挫折的能力

工作中难免会遭遇挫折甚至是失败,如果遇到阻碍就一蹶不振,企业经营管理者将很难取得成功。在遇到困难时,企业经营管理者首先应该正视问题,客观看待工作中的逆境,然后深入分析问题产生的原因,最后找到解决问题的最佳方法并在事后及时进行总结反思。

第十三章　创新能力素养

这些年来,随着市场经济和世界经济一体化的逐步发展,大学生就业出现了深刻变化。相当一部分的大学生在"以市场为导向"进行自主择业时表现出创业能力不足。从工作经验来讲,大学生普遍是从学校进入社会,根本谈不上什么工作经验。不过,从实际的应聘过程来看,大学生在校期间的社会实践、创业活动,特别是科技创新的活动对于应聘成功具有积极作用。一方面是用人单位非常重视大学生的创新能力;另一方面则是相当部分的大学毕业生创新能力不足,从而造成求职困难。

加强对大学生创新意识和创新能力的培养,已成为当前推进素质教育的重要课题。我们的目标是培养高素质、创新型的大学生,因此,必须对我们的学生进行创新教育,引导他们训练创新思维、提高创新能力。

第一节　创新能力概述

一、创新

(一)创新的由来

一般认为,创新概念于 1912 年由美国经济学家熊彼特在其著作《经济发展概论》中首次提出,其创新概念是指把一种新的生产要素和生产条件的"新结合"引入生产体系,它包括五种情况:引入一种新产品;采用一种新的生产方法;开辟一个新的市场;获得一种新的原材料或半成品的供应来源;实现一种新的工业组织形式。熊彼特的创新概念包含的范围很广,如涉及技术性变化的创新及非技术性变化的组织创新。到 20 世纪 60 年代,美国经济学家华尔特·罗斯托提出了"起飞"六阶段理论,将"创新"的概念发展为"技术创新",并且把"技术创新"提高到"创新"的主导地位。

中国自 20 世纪 80 年代以来开展了技术创新方面的研究,具有代表性的是清华大学傅家骥教授对技术创新的定义:企业家抓住市场的潜在盈利机会,以获取商业利益为目标,重新组织生产条件和要素,建立起效能更强、效率更高和费用更低的生产经营方法,从而推出新的产品,新的生产(工艺)方法、开辟新的市场,获得新的材料或半成品供给来源或建立企业新的组织,它包括科技、组织、商业和金融等一系列活动的综合过程,这个定义是从企业的角度给出的。

进入21世纪,在信息技术的推动下,知识社会的形成及其对技术创新的影响进一步被认识,科学界进一步反思对创新的认识:技术创新是一个科技、经济一体化的过程,是技术进步与应用创新"双螺旋结构"的共同作用催生的产物。

事实上,人类所做的一切都存在创新,如观念、知识、技术的创新,政治、经济、商业、艺术的创新,工作、生活、学习、娱乐等方面的创新。创新不仅仅是技术领域的事情,尽管技术创新对人类的生产、生活有决定性意义。

(二)创新的定义

创新,顾名思义,创造新的事物。创新一词出现得很早,如《魏书》中有"革弊创新",《周书》中有"创新改旧"。同创新含义相近或相似的词有维新、鼎新等,如"咸与维新""革故鼎新""除旧布新""苟日新,日日新,又日新"。而在英语中,Innovation(创新)这个词起源于拉丁语,包括三层含义:一是更新,即替换原有的东西;二是创造新的东西,即创造出原来没有的东西;三是改变,即发展和改造原有的东西。

创新是指以现有的思维模式提出有别于常规或常人思路的见解为导向,利用现有的知识和物质,在特定的环境中,本着理想化需要或为满足社会需求而改进或创造新的事物方法、元素、路径、环境,并能获得一定有益效果的行为。它是人类为了满足自身需要,不断拓展对客观世界及自身的认知与行为的过程和结果的活动。

二、创新能力

(一)创新能力的定义与形成

创新能力是在技术和各种实践活动领域中人们根据一定的目的任务,重新改造、组合原有的知识、经验、对象,不断提供具有经济价值、社会价值、生态价值的新思想、新理论、新方法和新发明的能力,属于智能范畴,同时也是个人综合素质的体现。

创新能力是经济竞争力的核心,因此,当今社会的竞争,与其说是人才的竞争,不如说是人的创造力的竞争。

创新能力的形成主要来自以下四大要素:

(1)遗传因素是形成人的创新能力的生理基础和必要的物质前提。它潜在决定着个体创新能力未来发展的类型、速度和水平。

(2)环境是人的创新能力形成和提高的重要条件。家庭、学校和社会环境的优劣影响着个体创新能力发展的速度和水平。

(3)实践是人的创新能力形成的最基本途径。实践也是检验创新能力水平和创新活动成果的尺度标准。

(4)创新思维是人的创新能力形成的核心与关键。创新思维的一般规律是先发散而后集中,最后解决问题。

改革开放以来,我国创新能力有了很大提高,一些科学研究和技术创新在世界上占有了一席之地。但不可否认的是,我国创新能力和国际先进水平相比差距较大。

(二)创新能力的内涵

创新能力是指创新主体在创造性的变革活动中表现出来的能力整合,即从产生新思想到产生新事物,再到将新事物推向社会使社会受益的系列变革活动中,创新主体所具备的本领或技能。

1.创新能力的基础

(1)智力基础。

①观察力:智力的门户、源泉;

②想象力:智力的翅膀;

③记忆力:智力的仓库、基础;

④注意力:智力的警卫组织、维持者;

⑤思维力:智力的核心。

(2)知识基础。

知识基础有四种类型:

①知道是什么的知识(关于事实发现的知识)(know what);

②知道为什么的知识(关于原理规律的知识)(know why);

③知道怎么做的知识(关于操作、控制的知识)(know how);

④知道是谁的知识(关于谁知道的知识)(know who)。

(3)非智力基础。

非智力基础包括动机、兴趣、情感、意志、性格等。

①成就动机、求知欲望、学习热情;

②责任感、义务感、荣誉感;

③自尊心、自信心、好胜心;

④自制性、坚持性、独立性。

2.创新能力的深度

核心能力的构成(八大核心能力)如下:

(1)交流表达;

(2)数字运算;

(3)自我提高;

(4)与人合作;

(5)解决问题;

(6)信息技术;

(7)创新能力;

(8)外语能力。

(三)创新能力特征

与普通人力资源相比,创新人才主要具有五大特质:

1. 善于发现问题

"提出问题,往往比解决问题更重要。"这是爱因斯坦从事科学研究的宝贵经验,发现问题需要有丰富的专业知识和敏锐的观察力,通过观察分析发现问题的存在,并进一步探究解决这一问题的方法,当问题得以解决之时,便是新事物、新技术诞生之际。阿基米德定律的产生正是因为阿基米德注意到一个每个人都会遇到却又习以为常的现象,即进入澡盆洗澡时,水往外溢而人的身体会感觉到被轻轻托起。这使他想到如果王冠为纯金,排出的水量应等同于同等重量的纯排出的水量,浮力定律由此被发现。机遇总是留给那些有思想准备,又勤于钻研的人。我们需要在实践中不断地进行培养和锻炼以形成和提高发现问题的能力。

2. 善于系统分析

物质世界是普遍联系的,事物不但与它周围的事物互相联系、互相作用,而且事物内部的各个部分之间总是处于互相联系和互相作用之中,构成一个开放的系统。我们把由相互联系的若干要素按一定方式所组成的具有特定功能并同其周围环境互相作用的统一整体称之为系统。系统具有整体性、结构有序性和开放性。因此,要实现创新首先必须要对问题进行系统把握和全方位分析,只有对问题有全面的认识,才能有创新的元素和火花的出现。比如,手机原本就是用来通话、收发短信的,当网络技术、存储技术、播放技术、视频技术日趋成熟以后,科研人员就开始将通信技术和计算机技术,以及游戏技术融合起来,于是就产生了我们现在的智能手机。

3. 善于规划预测

所谓规划预测,就是通过发现问题,对问题的发展方向做出预测,并在此基础上规划出解决方案。这也就是我们常说的审时度势、精于算计、合理布局、运筹帷幄。例如,《田忌赛马》中提到,田忌经常与齐国众公子赛马,设重金赌注,孙膑发现他们的马脚力都差不多,马分为上、中、下三等,于是建议:"今以君之下驷与彼上驷,取君上驷与彼中驷,取君中驷与彼下驷。"即用自己的劣等马对决对手的优等马、优等马对中等马,中等马对劣等马。三场比赛,田忌一场败而两场胜,最终赢得齐威王的千金赌注。于是田忌把孙膑推荐给齐威王。齐威王向孙膑请教了兵法,视他为老师。可见,谋略在先,事半功倍。

4. 善于提出新创意

解决实践中面临的新问题,不仅需要周密的计划和安排,更重要的是能够根据新的客观条件加入创新的元素,提出更为有效地解决问题的方案。

5. 善于全面整合资源

要解决实践中遇到的难题,除了发现问题、系统分析、规划预测,然后提出创新的理论,更要尽可能地动员全部资源投入创新活动中。也就是说,光有发现和创意是远远不够的,要把创意变为现实、转化为生产力,需要物力、财力及人力资源的投入,只有整合好这些投入,才能将创新的理论付诸实践,最终解决好问题。

当然,并不是每一个创新人才都能完美地具有这五个特质,在现实生活中,创新能力表现为以下两大特征:

(1)综合独特性:我们在观察创新人物能力的构成时,会发现没有一个人的能力是单一的,都是几种能力的综合,这种综合是独特的,具有鲜明的个性色彩。

（2）结构优化性：创新人物能力在构成上，呈现出明显的结构优化特征，而这种结构是一种深层或深度的有机结合，能发挥出意想不到的创新功能。

（四）创新能力的作用

（1）教人学会创新思维。

（2）教人如何进行创新实践。

（3）教人解决遇到的各种现实问题。

（五）创新能力的构成

能力是指人们成功地完成某种活动所必须具备的个性心理特征。一般认为，能力有两种含义：一是指已经发展出或是表现出的实际能力，如能打篮球、会开汽车、可以用英语进行口头与书面交流等；二是指潜在能力，即各种实际能力展现的可能性。在现实生活中，潜在能力和实际能力是紧密相连、不可分割的。潜在能力是实际能力形成的条件和基础，而实际能力是潜在能力的展现，潜在能力只有在遗传和成熟的基础上，通过学习才能变成实际能力。

任何活动都是复杂和多方面的，它对人的智力和体力提出了不同的要求，如果一个人的能力的某种结合符合活动的要求，那么这个人就能顺利地高水平地从事某种活动，表现为有能力。反之就很难从事这种活动，表现为没有能力。

1. 洞察能力

所谓洞察能力，就是人们透过事物的表面现象观察事物本质的能力。客观事物对处于同一环境的人的刺激程度都是一样的，但每个人的感受和洞察能力却是不同的，有时差别非常之大。某些事物的现象和变化，一般人常常感觉不到，而却被具有洞察力的人觉察到了，他们往往利用这种特殊觉察到的东西一举成名，率先走向成功。

如20世纪初，德国气象工作者魏格纳在观看地图时发现，几个大陆的弯弯曲曲的边缘拼接在一起形成完整的一体，大西洋西岸的巴西，它的东部突出部分正好能装进非洲西海岸那凹进去的几内亚海湾。随后他多方面收集资料，经过数年艰苦的研究，提出了震惊世界的关于地壳水平方向运动的"大陆漂移假说"，而当时成千上万的地质学家尽管对地层的垂直方向运动研究成果累累，却未能获得地壳水平方向运动这一伟大发现。

2. 记忆能力

记忆能力就是人们记住经历过的事物的能力。经历过的事物包括观察到的事物、读过的书、得到过的信息和知识、从事过的活动、思考过的问题、个人曾有过的心理和情绪等。记忆能力对创新活动具有相当重要的意义。任何创新活动如果排除记忆都是不可思议的，因为任何一种创新活动必须以所记得的经过的事物为基础。一个人的记忆能力主要表现在记忆的快速性、稳定性、准确性和储存性上。

记忆能力因人而异，有很大差别，有的人终日无所用心，什么也记不住；而有的人就像活字典，事事都知道，有少数人记忆力达到十分惊人的地步。如我国现代文学巨匠茅盾能够背诵120回的古典名著《红楼梦》，桥梁专家茅以升能够背诵圆周率到小数点后100位。

3. 想象能力

想象能力的发展是智力发展的一个极其重要的方面。创新想象则是创新活动的必要条件,特别是我们要追求那种没有感知过的新事物,要有新的发现、发明和创新,更是离不开创新想象。想象能力每个人都有,但由于想象的方式方法不同,想象的价值结果大不相同。一般来讲,有价值的想象必须有可靠的依据,能够深刻反映事物的本质,而且非常独特、新颖,别人很难想象到。但是,我们绝不可束缚想象,要让想象如骏马般自由奔驰,甚至要敢于大胆幻想。幻想是创新思维的一种特殊形式,对创新活动具有更为重要的意义。很多创新活动常常是从幻想开始的。世界科技史上的一个伟大创举——飞机的发明,就是始于美国莱特兄弟童年的幻想,经过他们矢志不渝的反复实验,终于在 1903 年冬日的一天让世界上第一架载人动力飞机飞向蓝天。

4. 分析能力

分析能力就是人们通过思维认识事物各个方面特性,特别是认识事物本质的能力。只有通过对事物的认真分析研究,人们才可以认识那些没有直接作用于人的感觉器官的种种事物、事物的属性以及事物之间本质的联系,从而才有可能改造它或利用它。例如,人不能直接感知光的运动速度,但通过实验分析,可以间接推算出光速为每秒 30 万公里,而对这一含义是通过能直接感知的运动的媒介来掌握的。一个人的分析能力与其观察、认识、经验和知识水平密切相关,但分析能力的本质是由思维决定的。人在分析问题时的思维活动是相当复杂的,很难用语言描绘出来,它犹如一部复杂的机器在转动,凡经历过重大事物分析的人都会有深刻的体会,在分析问题的过程中,往往要调用大脑中储存的大量知识,几乎要使用所有的思维方法,才会取得满意的分析结果。

5. 实施能力

实施能力就是人们完成有价值的创新设想的能力。苏联著名数学家克雷洛夫曾深刻指出:"在任何实际事业中,思想只占 2.5%,其余 95% 到 98% 是实行。"事实上,凡是心理正常的人都会产生一些创新的想法,甚至考虑了创新设想的方案,但绝大多数由于缺乏实施能力而难以变为现实。由此可见,实施能力对创新活动是何等重要。有价值的创新从设想到完成,绝不是轻而易举的事情,靠一时的热情或运气是无法实现的,有时需要几年、几十年甚至一生坚持不懈的努力才能完成。在创新设想实施过程中,除了会遇到许多问题需要学习、探索、研究外,有时还会遇到非常严酷的环境,诸如社会世俗的偏见、经济的困难、身体健康状况等,随时都有可能使这一过程终止,使一个颇有前途的创新设想夭折,甚至献出宝贵的生命。

6. 直觉能力

直觉是一种非逻辑思维现象,直觉能力一般是指不经过逻辑推理就直接认识真理的能力。人们在平时分析问题、认识问题和处理问题时多是采用逻辑思维(运用概念、判断、推理等进行思维)和形象思维,而在创新思维时则常常采用非逻辑思维,如想象、直觉和灵感等。尽管直觉是非常重要的思维形式,但创新活动并不是完全依靠直觉,甚至可以说创新活动中直觉思维的方法并不是主要的方法,它只是在某种情况下起重要的作用,甚至能使人做出非常惊人的创新。在创新活动中,各种思维方式往往同时并用,其中大量进行的还是逻辑思维和形象思维。

7. 联想能力

联想是由一种事物想到另一种事物的心理过程。联想能力就是使人脑中所留下的各种客观事物的联系"痕迹"复活的能力。联想能力是非常重要的创新能力。联想能力越强，就越能把自己有限的知识和经验充分调动起来加以利用；联想能力越强，就越能把与某种事物相联系的成千上万的事物都联想到，为创新者所用，拓展创新思路；联想能力越强，就越能联想到别人不易想到的东西；联想能力越强，就越能应用"边缘"科学知识及其他领域的知识。没有联想能力，创新活动几乎无法进行。

8. 学习能力

学习能力是指人在学习活动中表现出来的一种稳定的心理特征和智力因素，包括组织学习活动的能力、阅读能力、记忆能力、搜集资料和使用资料的能力等。创新型学习强调创新者建立在创新理念之上的创新精神和自学能力。创新者要主动树立"生存源于创新"的崇高理念，使自己有着终身学习、奋勇创新的力量源泉。创新者要有强烈的学习渴望，随时代发展变化和技术进步不断总结出新的学习方法，学习研究和消化利用最新的人类进步成果，并在自己的创新工作中有效运用这些创新成果。

9. 问题能力

问题能力是指能够发现问题、提出问题、回答问题和解决问题的能力。创新活动源于问题意识。有人问爱因斯坦那些最重要的科学概念是怎么产生的，爱因斯坦回答说，首先是因为"我不理解最明显的东西"而产生的。我们对身边大量的事物或现象，不管是初次接触还是司空见惯，都不妨问一下"为什么""怎么办"，逐步提高发现问题和解决问题的能力。

10. 沟通能力

沟通能力是指人们进行思想或信息交流，取得相互之间的了解、信任，形成良好人际关系的能力。一个人的成长从沟通开始，创新人才的发展离不开良好的沟通能力。知识经济时代是人们沟通的时代，学会沟通才能更好地生存，才能更好地开展创新活动。

11. 预见能力

预见能力是指超前把握事态发展趋势的能力。预见能力是洞察力的延伸，如果说洞察力是对现存关系的直觉力，那么预见能力就是对未来关系的想象力。如果不能对事物发展的内在规律和潜在趋势做出准确的判断，任何创新都无从谈起。

12. 决断能力

决断能力是指在正确认识的基础上，迅速做出选择，下定决心，形成方案的能力。在决策过程中，每做出一种选择，都要与机会、风险、压力、责任等问题相连，只有具备当机立断的魄力和良好的道德品质，才敢于拍板。任何患得患失、优柔寡断都将一事无成。当然，这要以正确的认识为基础，否则就会变成鲁莽与武断。

13. 推动能力

推动能力是指善于激励他人，以实现创新意图的能力，具体表现为感染力、吸引力、凝聚力、号召力以及个人的魅力。

14. 应变能力

应变能力是指在事物发展的偶然性面前头脑清醒、随机处置的能力。客观事物纷繁复杂,特别是在社会活动中,突发事件难以避免,创新者要善于在偶然性中揭示和把握事物的必然性,从而减少盲目性,获得主动性,最大限度地将突发的偶然因素转变为实现创新意图的有利因素。

15.组织协调能力

组织协调能力是指将各种积极因素综合在一起的能力。专业技术人员在具体组织中必须指挥有方,层次分明,善于团结,做到清除障碍,化解矛盾,保证系统内的各个要素处于良好的配合状态,以获得高一层次的整体合力。

三、培养创新能力的意义

(一)创新能激发人的潜能,培养创造精神,形成创新品质

现代心理学和创造学研究成果证明,每一个人都蕴藏着巨大的创新能力。人的创新能力是可以通过教育、训练、实践激发并不断提升的。创新和创造活动有其内在的特征和规律,对这种内在特征和规律的认识,便形成了创新理论和方法体系;而创新理论和方法体系可以通过教育和训练进行传播,以促进创新环境和创新能力的形成。创新方法能使人们更加科学、高效地开展创新活动,而创新理论能激发人们的创造精神。

(二)创新能激活管理体制,强化竞争意识,增强企业活力

科学技术的发展推动着人类的进步与文明。企业必须通过技术革新,让科技成果转化为生产力,才能使自己的产品走向市场、满足需求。这就要求企业走改革、创新之路。企业的生命就是发现、创造和满足需求的循环过程。只有创新性的企业,才能充满生机和活力,才能在改革的经济大潮中搏击风浪、勇往直前。新的经济学理论强调,开发市场和创新能力已成为国际经济增长中的主要动力,创新已成为企业的生命之源。

(三)创新能促进社会发展,提高综合国力,树立强国形象

任何组织的创新,实际上都是其成员的创新。社会的创新就是靠社会的每一位成员做出不懈的努力。在世界经济全球化、一体化时代,不走创新之路的民族,就会被世界抛在后面,甚至走向毁灭。我们要在动荡的国际局势和激烈的国际经济竞争中,用创新的思维和创新的方法,抓住有利于我国国民经济发展的契机,加快提高综合国力的步伐,提高国际竞争力,以增强民族自信心,增进国际交流,在国际事务中树立起强国形象。

四、职业创新能力的意义

创新对一个国家、一个民族来说,是发展进步的不竭动力,对于一个企业来讲就是寻找生机和出路的必要条件。一个成功的企业必然是一个创新力强的企业,因为只有这样,这个企业才能够革除不合时宜的体制,在现有的条件下,创造出适应市场需要的新体制、新举措,走在时代潮流的前面,在激烈的市场竞争中获胜。职业创新能力对于个体来讲就是谋求事业发展、实现自我价值和精神追求的最好支撑,创新能力的综合独特性与结构优化性说明创

新能力是一个人综合能力的体现。综合能力良好的人才必然是受企业欢迎的人才,也必然能够在工作中创造属于自己的天地。创造性人才在企业中越来越重要,这类人才能够创造性地完成工作,不会被困难吓倒,不会因为条件不具备而放弃努力。我们在寻找创新、开发、管理方面的人才时,必须考虑人才的创新能力。

第二节　创新思维训练

一、发散性思维

　　发散性思维又称辐射思维、放射思维、扩散思维或求异思维,是指大脑在思维时呈现的一种扩散状态的思维模式,它表现为思维视野广阔、思维呈现多维发散状。可以通过"一题多解""一事多写""一物多用"等方式,培养发散思维能力。不少心理学家认为,发散思维是创造性思维最主要的特点,是测定创造力水平的主要标志之一。

　　发散性思维对于一个人的智力、创造力十分重要。那么,我们应该怎样培养自己的发散性思维呢? 那就是要勤于实践,注意有意识地训练自己的思维,使自己的思维处于异常活跃的状态。每当遇到问题时,应当尽可能赋予所涉及的人、物及事情整体以新的性质,摆脱旧有方法的束缚,运用新观点、新方法、新结论,反映出独创性。按照这个思路进行思维方法训练,往往能收到推陈出新的效果,使自己逐渐具有多方位、多角度、多方法思维的良好品质。

二、收敛思维

　　收敛思维又称聚合思维、求同思维、辐集思维、集中思维。其特点是使思维始终集中于同一方向,使思维条理化、简明化、逻辑化、规律化。收敛思维与发散性思维,如同一个钱币的两面,是对立的统一,具有互补性,不可偏废。在教学中,只有既重视培养学生的发散性思维,又重视收敛思维的培养,才能较好地促进学生的思维发展,提高学生的学习能力,培养高素质人才。

　　俗话说:内行看门道,外行看热闹。很多时候,人们在信息量的占有上并无多大差别,但有些人能从中看出问题、抓住机会,而有些人却茫然无知、视若无睹。为什么会有这种差异呢? 从思维的角度来分析,这是由头脑的内在思维观察结构的不同造成的。收敛思维能力较强的人,其思维观察结构严谨细密,在占有相同的信息量的情况下,对信息的提取率比较高。所以,我们平时一定要有意识地把所有感知到的对象依据一定的标准"聚合"起来,显示出它们的共性和本质。首先,要对感知材料形成总体轮廓认识,从感觉上发现其十分突出的特点;其次,要对感觉到的共性问题进行分析,形成若干分析群,进而抽象出其本质特征;再次,要对抽象出来的事物本质进行概括性描述;最后,形成具有指导意义的理性成果。

三、联想思维

　　联想思维是指人脑记忆表象系统中,由于某种诱因导致不同表象之间发生联系的一种没有固定思维方向的自由思维活动。联想思维的主要思维形式包括幻想、空想、玄想。其中,幻想,尤其是科学幻想,在人们的创造活动中具有重要的作用。

联想无任何框框,也没有止境,而且涉及的事物之间并不一定有逻辑关系。联想思维可以在创造活动中帮助人们摆脱习惯性思维的束缚并从众多的信息中获得有益的启发,产生新想法。联想无须合乎情理或逻辑,即使是"牵强附会"对自己也是有用的。联想是增加提取线索的主要手段,生动、奇特、夸张的形象则使联想更为牢固。人人都会发生联想,但高联想力并不是人人都具备的,只有经常地进行专门的联想训练,提高联想的速度与数量,才会提高联想力,为创造性思维打下基础。

四、逻辑思维

逻辑思维是指人们在认识事物的过程中借助概念、判断、推理等思维形式,能动地反映客观现实的理性认识过程,又称抽象思维。只有经过逻辑思维,人们对事物的认识才能达到对具体对象的本质规定的把握,进而认识客观世界。它是人的认识的高级阶段,即理性认识阶段。

逻辑思维是一种确定的而不是模棱两可的、前后一贯的而不是自相矛盾的、有条理的、有根据的思维。在逻辑思维中,要用到概念、判断、推理等思维形式和比较、分析、综合抽象、概括等思维方法,而掌握和运用这些思维形式和方法的程度,就是逻辑思维的能力。

逻辑思维能力不仅是学好数学必须具备的能力,也是学好其他学科、处理日常生活问题所必需的能力。数学是用数量关系(包括空间形式)反映客观世界的一门学科,逻辑性强、严密。逻辑思维强的人思维敏捷、严谨,数学计算能力、判断能力强,对事物的认识更客观,同时表现出较强的创新力。通过训练培养,提高个人逻辑思维能力,使自己的思维变得严谨和完整是十分必要的。平时,我们应该对陌生的事物多一分好奇,多在心里问问这是为什么,是什么原因导致的,必要时可以记在自己的随身小本子里面,这样才能让自己视野开阔、见识倍增。在遇到相似事物时,不应该着急下定论,而是要通过观察事物,认真区分它们的相同之处与差异之处。通过它们的共性,合理地将它们组合在一起;通过它们的差异性,有效地将它们隔离出来,进一步猜想或者归纳成为一个完整的知识块。这样可以有效地处理、加工和存储系统知识,积极锻炼逻辑思维里面的聚合思维。

五、辩证思维

辩证思维是指以变化发展视角认识事物的思维方式,通常被认为是与逻辑思维相对立的思维方式。在逻辑思维中,事物一般是"非此即彼""非真即假",而在辩证思维中,事物可以在同一时间里"亦此亦彼""亦真亦假",而无碍思维活动的正常进行。辩证思维指的是一种世界观。世间万物之间是互相联系、互相影响的,而辩证思维正是以世间万物之间的客观联系为基础而进行的对世界进一步的认识和感知,并在思考的过程中感受人与自然的关系,进而得出某种结论的一种思维。

辩证思维模式要求我们在观察问题和分析问题时,以动态发展的眼光来看问题,这是唯物辩证法在思维中的运用。辩证思维是客观辩证法在思维中的反映,联系、发展的观点,也是辩证思维的基本观点。对立统一规律、质量互变规律和否定之否定规律是唯物辩证的基本规律，也是辩证思维的基本规律，即对立统一思维法、质量互变思维法和否定之否定思维法。因此，我们应该在把握逻辑的前提下，充分从正反两面动态分析、看待所面临的事物。

第三节　创新能力培养

一、创新能力培养原则

培养大学生创新能力涉及价值取向、教育改革、物质保障、社会机制及人文环境等方面，在具体的培养过程中，应遵循四条基本原则。

（一）个性化原则

每个人都是一个特殊的不同于他人的现实存在，没有个性，就没有创造。因此，培养大学生创新能力必须遵循个性化原则，因材施教，激发学生的主动性和独创性，培养其自主的意识、独立的人格和批判的精神。确立教育的个性化原则，首先要从"将全面发展与个性发展对立起来"的误区中解放出来，正确理解马克思主义关于全面发展的理论。其次要鼓励他们大胆质疑、逢事多问几个"为什么""怎么样"、自己拿主意、自己做决定、不依附不盲从，引导和保护他们的好奇心、自信心、想象力和表达欲，使他们逐步养成自主、进取、勇敢和独立的人格。最后就是要因材施教。教师要针对人的能力、性格、志趣等具体情况施行不同的教育，激发学生的求知欲和创造欲，在所有的环节中把批判能力、创新性思维和多样性教给学生，培养学生的创新精神。

（二）系统性原则

所谓系统是由相互联系、相互作用的若干要素，以一定结构组成的、具有一定整体功能的有机整体。根据一般系统论原理，一方面，培养创新能力是一个包括培养创新意识、创新精神、创新思维、创新方法等诸要素的有机整体，绝不能割裂开来；另一方面，培养创新能力，是一项庞大的社会系统工程，需要政府、学校、家庭、社会各方面的共同参与，不能再搞封闭式的教育。

（三）实践性原则

实践是人所特有的对象性活动，是人类的存在方式。培养创新能力，无论是培养的目的、途径，还是最终结果，都离不开实践。遵循实践性原则，就是坚持马克思主义的教育观和人才观，坚持创新是一种创造性的实践，坚持以实践作为检验和评价大学生创新能力的唯一标准。

(四)协作性原则

所谓协作是指由若干人或若干单位共同配合完成某一任务。创新能力不只是跟智力因素有关,非智力因素也在很大程度上影响着创造潜能的发挥。我们要培养学生乐观、豁达、开朗的性格,让他们学会与人相处、关心他人,还要让他们参加各种各样的集体活动,学会在一个有竞争的集体中工作,学会在与人的合作中创造。

二、创新能力培养

只要采取合适的方法,大学生的创新能力是可以大幅度提高的。在遵循四个基本原则的基础上,可以从五个方面加强对大学生创新能力的培养。

(一)尊重学生的个性发展与创造精神

学生不是消极的被管理对象,更不是知识灌输的容器,如果给予机会,他们每个人都将是具有创造潜能的主体、具有丰富个性的主体。因此,学校要重视学生的个性差异,注重学生的个性发展。为此,学校应该改革传统的教育教学管理体制。目前一些改革试点实行的学习过程多元化的管理模式,允许大学未毕业的学生进行自主创业,为他们保留一定时间的学籍,这都是为了激励那些敢于创新的学生。

(二)营造校园创新环境与创新氛围

学校创新环境的建设是创新人才培养的必要条件。学校应该充分利用第二课堂,定期举办各种学术讲座、学术沙龙和大学生科技报告会,出版大学生论文集,鼓励学生积极参加学术活动,对于不同领域的知识有一个大体的涉猎,进行不同学科之间的交流,从而学习他人如何创造性地解决问题的思维和方法,以强化创新意识;鼓励学生大胆创新,可以让他们参加教师的科研课题,也可以由学生自拟题目,并选派教师指导,并对学生的科研课题进行定期检查和鉴定,这样可以培养学生的毅力和责任心,拓宽学生的视野,有效发挥他们的创造才能;建立激励竞争机制,举办各种形式的竞赛活动,对在创新方面成绩突出的学生进行表彰和奖励,对获得国家级或省(部)级创新成果的学生,应按相关规定给予奖励。

(三)构建合理的课程体系、开设专门的创新课程

创造能力的基础在于丰富的知识储备和良好的素质,仅仅掌握单一的专业知识是不够的。因此,在加强学生基础教育的同时,培养和发展学生包括观察力、记忆力、想象力、思维力、注意力在内的综合智力就显得非常重要。大学教育中要注重文、理渗透,适当增加科技教育和艺术教育,改变专业划分过细、学生知识面狭窄的现状,使课程之间互相渗透,打破明显的课程界限;要增加选修课的比重,允许学生跨系、跨专业选修课程,使学生依托一个专业,着眼于综合性较强的跨学科训练;要开设创新课程,从某一学科,如思维科或心理学、方法论的角度,来探讨创造性思维的问题并使学生掌握有关创新方法;有意识地给学生布置一些综合性大作业或小论文,对学生进行一些科研创新的基本训练,再加以必要的教师指导和

辅导,使学生初步掌握科研创新的方法和途径。

(四)改进教学方法、转变培养模式

兴趣是最好的老师。学生如果对所学知识产生了研究创新的浓厚兴趣,就会产生强烈的求知欲,就会如饥似渴地去学习和钻研。因此,教师在课堂教学中首先要解决的问题就是如何调动和激发学生对科研创新的兴趣。这就需要教师把过去以"教师单方面讲授"为主的教学方式转变为"启发学生对知识的主动追求",充分调动学生学习的自觉性和积极性。在教学方式上,根据"可接受原则",教师应该选择真正适合大学生的教材,着重培养学生获取、运用、创造知识的意识和能力,努力挖掘每一个学生的潜力,培养学生的创新意识,激发学生的创造积极性。

(五)改进考试方式

考试不仅要考查学生对知识的掌握,更要考查学生创造性地分析问题、解决问题的能力,以此培养学生的创新意识和创新能力。因此,在考试方式上,我们可以进行适量的开卷考试,并允许学生发表不同的见解,对那些有创造性见解的答卷要给予鼓励,力争把学生的精力引导到对问题的分析和解决上来。而在考试内容方面,我们要尽量减少试卷中有关基本知识和基本理论方面需要死记硬背的内容,尽可能地安排一些没有统一标准答案、需要学生经过充分而深入的思考才能够做出解答的探讨性问题,或是安排一些综合性较强、需要学生运用所学知识经过反复、仔细的分析思考才能做出回答的问题,这样的考试才有利于培养学生的创造性思维和创造能力,并对他们起到一种重要的导向作用。

国际竞争力的提高迫切需要作为综合国力重要方面的国民素质的提高,而国民素质的提高则迫切需要创新精神和创新能力的提高。因此,即将踏入社会、成为未来主人的大学生应该充分利用大学学习资源,在认真完成相关课程之余,积极参与第二课堂学习,参加社团活动、校内外竞赛,努力培养以开拓精神和求实精神为主体的创新精神,丰富知识储备,加强综合智力开发,提高自己的创新意识和创新能力,成为高层次、高素质的创造型人才。

三、创新能力建设

(一)创新者个人创新能力的培养与提高

一个人能否在创新实践中增强创新能力并走向事业成功,不但取决于其专业素质及个人创新能力,也取决于其合作或协作能力,取决于其所在机构的创新制度安排及创新文化。在一个缺乏创新文化的氛围里,个人创新能力是无法得到充分发挥的。同样地,一个没有合作或协作精神的"创新者",其失败的概率也远远高于成功的概率。相反,在一个生机勃勃的创新组织及文化氛围里,个人创新能力就有可能得到最大限度的发挥。个人创新能力包括学习、观察、想象、抽象、分析、类推、建模、展现、协作、更换思考维度、更换认识模式以及综合思考等方面的能力。创新者个人可以同时用以下三种方式进行锻炼,以提高自己的创新能力。

1. 自我锤炼

自我锤炼是指以"我"为行为主体而展开的创新能力锻炼过程。

专业知识和专业技能只是个人创新能力的基础。个人创新能力更主要地表现在创新思维的掌握和运用上,能够熟练运用创新思维,才能够熟练运用专业知识和技能解决有难度的问题,实现创新目的。因此,自我锤炼不但是一个不断充实自己的专业知识和技能的过程,而且是一个学习和运用创新思维的过程。学习和运用创新思维,其最大的奥妙在于思想的碰撞、移植和借用,在于思考问题的角度乃至思维方式的变换。创新的灵感每每产生于思想的碰撞、移植和借用过程之中。

2. 在协作中锤炼

在协作中锤炼是指以"我们"为行为主体而展开的创新能力锻炼过程。在此过程中,创新者个人通过参与有组织的创新实践来提升自己的创新能力,但他思考问题的角度不再是"我",而是"我们"。

群体意识淡漠的人是很难,甚至无法完成这种修炼过程的。因此,一个真正的创新者必须时刻保持开放而宽容的心态,必须善于表达或表现自己的思想、构想或见解,同时必须善于倾听他人意见,善于参加共同探讨、研究和行动。

3. 在学习中锤炼

创新是探索性和实践性极强的活动,而个人的创新机会和创新实践是十分有限的,因此通过学习专家学者总结的理论和方法、学习他人的创新实践来提高自己的创新能力便成了行之有效的方式。通过学习成功的创新案例,特别是通过学习借鉴创新环境大致相同情况下的成功案例,对提高个人和团队的创新能力很有帮助。创新案例中有个人也有团队集体的思维与行动特点,有个人和团队在创新活动中的经验教训,因此可以分别从"我"和"我们"的角度去揣摩和借鉴。

(二)创新组织整体创新能力的建设

对于一个企业或科研机构来说,通过持续学习和开展各种创新活动来提升其创新能力是该企业或科研机构迈向创新型组织的重要途径。

一方面,组织创新、制度创新等各种创新要求该机构重组它与外部环境之间的关系,在组织与环境之间建立起适当的资源流动和人才流动机制;同时在组织内部着手进行创新制度安排及创新文化建设,确立创新理念并将之落到实处。须知,创新制度及文化创新是一切创新项目赖以实施的"试验场",是持续创新的基础。另一方面,创新组织在实施各种具体创新活动时,要善于发现和聚集创新人才,要针对创新项目进行创新人才编队,形成强有力的创新团队,实现创新目的。

1. 以组织建设提升整体创新能力

在致力于创新型组织建设的过程中,至少须做好以下几个方面的工作:

(1)确立组织的基本价值理念并予以制度化。组织之所以成为组织,是因为有其基本价值理念。确立价值理念的基本方式就是将其制度化——以制度形式表达基本价值理念。

(2)确立创新价值理念并予以制度化。创新理念是变不可能为可能的关键所在,是一个企业或科研机构的生存和发展之道,只有建立适于创新活动的资源分配原则、组织实施原则和评价原则,创新活动才能够顺利展开。

(3)领导要具备多方面的创新素质,要有全局观念和对未来的预见能力。

(4)创新人才是创新的灵魂,要善于发现创新人才,充分发挥他们的创新能力并使之形成合力。

2.通过创新实践培养多方面的创新人才,提升整体创新能力

创新由新知识或创意的形成或引入、新产品等新事物的设计和制作以及新产品等新事物的社会化应用这三个环节组成。因此,创新需要这三方面的人才乃至综合型人才。第一类人才有着梦想家的气质、多方面的知识储备和全局观念,他们善于捕捉和产生新思想或创意,对创新组织的创新潜力有着全面而适当的了解,他们是创新蓝图的绘制者;第二类人才是工程师型的实干家,他们有精深的专业知识、设计才能和实践经验,能够将创新蓝图转化为具体的产品、成果或工艺;第三类人才在创新成果的社会化应用方面则有着特别的禀赋,是企业家型的实干家。梦想家拥有敏锐的创新意识和全局观念,而实干家拥有化梦想为现实的能力,并且对创新风险有着敏锐的意识和承受力。创新的品质、等级和成败主要取决于不同类型的创新人才的能力发挥以及相互之间的合作。因此,一个创新组织应善于发现、聚集这三方面的人才并合理地使用这些人才,应选择兼具梦想家和实干家素质的人才作为创新组织或机构的领导者或决策者。

(三)创新团队创新能力建设

创新团队是介于创新组织与创新者个人之间的创新行为单元或创新主体,其创新能力并非指该团队成员个人创新能力的总和,而是指团队作为一个整体而具有的创新能力。

创新团队创新能力的发挥,如同创新者个人一样,也需要有适宜的创新制度安排和创新文化氛围。另外,团队的整体创新能力取决于团队的编队形式、工作方式和效率。

1.在特定的目标指向下,创新团队存在多种编队理念和方式

在此,可以将编队理念及方式分为以下两种基本类型:

(1)强调思想互动,这种编队理念及方式常见于小型科研团队的组建过程。

(2)强调纵向管理,这种编队理念及方式常见于企业部门大型研发团队的组建过程。

在第一种模式中,创新团队由核心人物以及环绕在核心人物周围的其他创新成员构成,所有成员均享有较为充分的信息互换权利。在第二种模式中,整个创新团队可以区分出子创新团队,而创新团队负责人及子团队负责人合在一起构成核心团队,整个创新团队呈现出金字塔结构,只有核心团队成员才享有较多信息互换权利。第一种模式的优势在于,它能够最大限度地给予成员展开创新思维的空间;而第二种模式的优势在于,它注重纵向管理,能够获得较高的管理效率和较大的控制空间。

创新团队整体创新能力既取决于创新团队成员之间以及团队与外部环境之间的信息互换、思想互动以及协作的强度和有效性,也取决于创新团队的管理、评估以及激励机制。有了良好的信息互换、思想互动机制,创新成员的个人创造力就有了充分发挥的空间;而有了有效的管理机制和激励机制,非创新或反创新的文化潜规则或制度就将得到改变,创新者的

创造热情就将得到充分激发,其创造力将得到有效整合,形成强大的创新合力。

2.要提高个人的创新能力

(1)前人的经验和教训是我们创新工作的基础,通过借鉴前人的工作,我们可以站在巨人的肩膀上看待问题、考虑问题和解决问题。

(2)注意发现和总结前人失败的创新经验。失败是成功之母,这谁都不能否认,但是如果一味失败而不去考虑失败的原因,则对我们的工作没有任何的帮助。通过前人失败的经验,我们可以发现很多问题,还可以通过改变方法和途径,成功地解决一些我们目前遇到的问题。

(3)要学会借鉴和组合。借用别人的经验和成果而自己却不努力是不行的。借鉴可以是思路,也可以是方法,更可以是产品。我们不要因为借鉴了别人的东西而觉得对不起别人,我们只是知识借用而已。伟大的文学家鲁迅先生不是要我们用拿来主义精神去借鉴别人好的东西来弥补自己的不足吗,这叫作取长补短。国家的政策也是如此,要借用其他国家的好策略结合中国自身的情况再制定出适合中国国情的方针路线来建设有中国特色的社会主义国家。现在的中国正在飞速发展,向世界强国迈进。而其他比较落后的国家也借用我国的经验,使自己的国家不断进步。

(4)遇到问题要注意从多方面考虑,而且要持之以恒,更要养成思考的习惯。只有这样,创新才能在不知不觉中出现,单纯地为创新而创新,创新出现的可能性也不会很大。只有从多方面考虑和解决问题,才能出现解决问题的灵感,才能创新。千万不要把灵感放走,生活中每个人都是有灵感的,一旦产生,就要记录下来,时间一长,新的思路、方法和途径自然就出现了。

此外,针对每个人来说,要提高创新能力,还必须做到以下几点:

首先,必须具有强烈的事业心和责任感。具有高度使命感的人,才会有强烈的忧患意识,才能先天下之忧而忧,战胜自我,不断寻求新的突破。不可想象,一个对自己所从事的工作毫无责任心的人,会积极主动地开动思维机器,创造性地解决遇到的问题。

其次,必须用人类的文明成果武装自己的头脑。任何创造都是对知识的综合运用。创造性思维作为一种思维创新活动,必然要以知识的占有作为前提条件。没有丰富的知识作基础,思维就不可能产生联想,不可能利用知识的相似点、交叉点、结合点引发思维转向,不可能由一条思维路线转移到另一条思维路线,实现思维创新。

最后,必须坚持思维的相对独立性。思维的相对独立性是创造性思维的必备前提。爱因斯坦说过,应当把发展独立思考和独立判断的一般能力放在首位。提高创新思维能力必须在思维实践中不迷信前人,不盲从已有的经验,不依赖已有的成果,独立地发现问题,独立地思考问题,在独辟蹊径中找到解决问题的有效方法。

四、创新的方式

(一)好奇——创新意识的萌芽

黑格尔说过:"要是没有热情,世界上任何伟大事业都不会成功。"所有个人行为的动力

3

都要通过他的头脑,转变为他的愿望,才能使之付诸行动。如果一个学生仅仅记住了数学的各种定理与公式,而不能把学到的知识用于发现新问题,不能解决实际问题,只学习老师讲的知识,只记忆书本上的知识,是远远不够的,应在课堂上学到的知识的基础上,勇于探索,善于创新。因此教师应在教学中引导和培养学生的好奇心,这是唤起创新意识的起点和基础。

比如在英语教学中,老师可创设活跃的课堂气氛,引导学生热烈讨论,各抒己见,常用简笔画、体态语言、故事小片段,或与其他学科联系起来讲解英语知识点,引发学生的好奇心。

例如:在教 lie in, lie on, lie to(位于)的区别时,老师可在黑板上分别画几个表示内含、相切、相离的几何图形,清楚地表达这三个词组的不同意思。然后再画一幅中国地图、一幅日本地图及一幅俄罗斯地图,以它们在世界地图上的确切位置更加明确地显示了这三个词组的不同含义。学生们从好奇中掌握了知识,并逐步产生了创新的意识。

(二)兴趣——创新思维的营养

我国伟大的教育家孔子说:"知之者不如好之者,好之者不如乐之者。"可见他特别强调兴趣的重要作用。兴趣是最好的老师,兴趣是感情的体现,是学生学习的内在因素。事实上只有感兴趣才能自觉地、主动地、竭尽全力地去观察它、思考它、探究它,才能最大限度地发挥学生的主观能动性,容易在学习中产生新的联想,或进行知识的移植,做出新的比较,综合出新的成果。也就是说,强烈的兴趣是"敢于冒险、敢于闯天下、敢于参与竞争的支撑,是创新思维的营养"。有一位老师是这样做的,每天,他让值勤班长在黑板右边一小栏里写上座右铭(名人名言),让其在英语课开始时用英语说出这个座右铭。为了能在课上出色地表现,更加流利地用英语表达名人名言,每个学生在轮到自己当值勤班长的前几天就积极做好准备。每当值勤班长一说完,他总是用激励的话语"Well done!"(真棒)鼓励。久而久之,大大地增强了学生学习英语的兴趣和口语表达能力。同时,每逢重大节日,他总是让学生自制英语贺卡,送给老师和亲朋好友。圣诞节,有一个英语成绩很差的学生送给他一棵自己用小树枝拼制出来的圣诞树,上面挂满了彩灯、红星,还有一张贺卡,用并不漂亮的英文字母写着"Merry Christmas"(圣诞快乐),他感动不已,在班上高度赞扬了他的这种创新精神。这个学生从此喜欢上了英语,到毕业时已成为班上英语成绩的佼佼者。

(三)质疑——创新行为的举措

质疑——发现教学,是以智力多边互动为主的教与学相互作用的教学活动。质疑的指导思想是"以学生为中心",多渠道地培养学生的创新能力,发挥学生的主体作用,让他们积极地参与学习的过程,做学习的主人,开启他们创新思维的闸门。我国古代教育家早就提出"前辈谓学贵为疑,小疑则小进,大疑则大进""学从疑生,疑解则学成"。20世纪中期,布鲁纳认为发现教学有利于激活学生的智慧潜能,有利于培养他们学习的内在动机和知识兴趣。有位物理老师做了一个实验,他用一小支蜡烛,并在蜡烛的底部粘上一个硬币,放在半碗水里,蜡烛刚好露出水面一小段,然后点燃蜡烛,蜡烛燃烧了一会儿,逐渐接近水面。当蜡烛烧到水里时便熄灭了,过了一会又突然燃起来了;一会儿又熄灭了,再过一会儿又燃起来了,这样连续了三次,他就问同学为什么? 最终蜡烛真的熄灭了,他又问学生为什么? 他让学生们相互质疑、相互讨论,最后得出结论是,与氧气有关。这一实验让学生从悬念中获得了知识,使其深深地记在脑海里。

(四)探索——创新学习的方法

创新性学习方法——探索学习包括以下几个方面:

1. 直接式学习法

直接式学习法就是根据创新的需要而选修知识,不搞烦琐的知识准备,与创新有用的就学,没有用的就不学,直接进入创新之门。

2. 模仿学习法

模仿学习法就是指学生按照别人提供的模式样板进行模仿性学习,从而形成一定的品质、技能和行为习惯的学习方法。换句话说就是从学会到会学。

3. 探源索隐学习法

探源索隐学习法就是学生为了积极地掌握知识采用创新性的思维方式,对所接受的某项知识出处或源泉进行认真的探索和追溯,并经过分析、比较和求证,从而掌握知识的整个体系,探源索隐学习法对于激发自己提出问题大有益处。

4. 创新性阅读法

创新性阅读法就是以发现新问题,提出新见解,从而能超越作者和读物,产生创新思考,获取新答案的阅读方法。

5. 创新性课堂学习法

通过老师的传授和指导,让学生获得系统的知识和形成一定的能力。同时,学生也可以通过预习对新知识进行自学和探求,以便上课时进入一种全新的精神状态,利用一切机会大胆发言,大胆"插嘴",从而提高课堂学习效率。比如,为了能更好地培养学生探求知识的能力,发挥学习中的创新精神,教师应该让学生讲解英语课文中的某一段或整篇阅读材料。实践证明学生在准备时会很认真地阅读材料和分析课文,把其中的重点找出来,然后一一理解再给同学们讲解。讲解时他(她)会取老师之精华,方法往往很新颖独创、风趣幽默,常常收到出乎寻常、令人满意的效果。

综上所述,关于知识经济时代的教育,或未来的教育,不论作何种解释、有何种做法,如果不进行教学改革和创新,不通过创新性的教学,启发学生的学习兴趣、激活学生的思维、发掘学生的潜能、促进学生的个性发展、培养学生的操作技能,就不可能培养出学生的创造精神和创造能力,也就不可能培养出适应时代需要的创造性人才。

结　语

　　《中华人民共和国教育法》规定"教育必须为社会主义现代化建设服务，必须与生产劳动相结合，培养德、智、体等方面全面发展的社会主义事业的建设者和接班人"。由此界定教育是指能够增进人的知识和技能，影响人们思想品德和增强人的体质的活动。如果把教育比作树木，那么职业技能就是树干，职业素养就是根系。树木是否枝繁叶茂，能不能长成参天大树，关键在根系。高等教育培养的是直接为社会服务的合格的就职人员，其职业素养的培养是至关重要的。

　　人才培养工作是一个复杂的系统工程，而职业素养的培养也伴随并贯穿于人才培养的全过程，只有将职业素养的培养全方位贯穿于人才培养的全过程，职业素养的培养才能取得真正的实效，才可能培养出真正具有良好职业素养的高技能型人才，也只有将职业素养的培养有效融入人才培养的全过程，将其作为人才培养的一个重要方面与部分，这样培养出来的人才才是一个健全的、完整的职业人。

参考文献

［1］班杜拉.自我效能:控制的实施［M］.缪小春,等译.上海:华东师范大学出版社,2003.

［2］约翰·阿代尔.时间管理［M］.邓敏强,等译.海口:海南出版社,2008.

［3］黛安娜·苏柯尼卡,丽莎·劳夫曼,威廉·本达特.职业规划攻略［M］.边珩,靳慧霞,宋佶霖,等译.北京:化学工业出版社,2014.

［4］彼得·德鲁克.21世纪的管理挑战［M］.朱雁斌,译.北京:机械工业出版社,2018.

［5］艾建勇,陈瑛.职业道德与职业素养［M］.重庆:重庆大学出版社,2011.

［6］陈仲宁.敬业是最好的投资:你的敬业价值百万［M］.北京:电子工业出版社,2011.

［7］程宏伟,周斌.大学生职业素养开发与职业生涯规划［M］.成都:西南财经大学出版社,2008.

［8］仇洪博.优秀员工的行为准则［M］.北京:中国商业出版社,2014.

［9］丁川.敬业就是硬道理［M］.北京:中国长安出版社,2008.

［10］龚晓路,黄锐.员工职业素养培训:世界著名企业内训教程［M］.北京:中国发展出版社,2012.

［11］李良婷.百年北大讲授给青少年的人生智慧［M］.北京:华夏出版社,2010.

［12］刘佳,蔡俊.大学生职业素养［M］.成都:四川大学出版社,2011.

［13］刘明新,罗家玲.职业伦理与职业素养［M］.北京:机械工业出版社,2009.

［14］鲁宇红.大学生职业生涯规划与就业指导［M］.南京:东南大学出版社,2008.

［15］马蜂,胡广龙.基本职业素养［M］.天津:天津大学出版社,2012.

［16］毛庆根.职业素养与职业发展［M］.北京:科学出版社,2011.

［17］彭万忠,崔生祥.提升职业素养　争做优秀员工［M］.北京:中国言实出版社,2013.

［18］沈哲恒.一本书读懂社会保险法［M］.北京:中国法制出版社,2011.

［19］王冰田.职业素养与职业发展:从校园到职场［M］.北京:北京师范大学出版社,2010.

［20］魏涞.责任:优秀员工的第一行为准则［M］.北京:石油工业出版社,2009.

［21］吴甘霖.一生成就看职商:一流员工的职业素养［M］.北京:机械工业出版社,2006.

［22］许琼林.职业素养［M］.北京:清华大学出版社,2016.

［23］杨红玲,徐广.职业素养提升与训练［M］.大连:大连理工大学出版社,2012.

［24］杨俭修,杜元刚.职业素养提升［M］.北京:高等教育出版社,2011.

［25］杨千朴.职业素养基础［M］.南京:南京大学出版社,2009.

［26］杨燕绥.新劳动法概论［M］.北京:清华大学出版社,2004.

［27］姚金凤.大学生职业发展与就业［M］.苏州:苏州大学出版社,2011.

［28］尹凤霞.职业道德与职业素养［M］.北京:机械工业出版社,2012.

［29］张钢成.劳动争议纠纷诉讼指引与实务解答［M］.北京:法律出版社,2014.

［30］庄明科,谢伟.职业素养入门与提升［M］.北京:北京理工大学出版社,2009.